FAUNISTISCHE ABHANDLUNGEN

Herausgegeben vom

STAATLICHEN MUSEUM FÜR TIERKUNDE IN DRESDEN

In Kommission

AKADEMISCHE VERLAGSGESELLSCHAFT GEEST & PORTIG K.-G.

LEIPZIG

Staatliches Museum für Tierkunde in Dresden
DDR – 801 Dresden, Augustusstraße 2

ABHANDLUNGEN UND BERICHTE AUS DEM STAATLICHEN MUSEUM FÜR TIERKUNDE IN DRESDEN

Hinweise für unsere Autoren

Die Publikationen des Staatlichen Museums für Tierkunde in Dresden dienen der Veröffentlichung von Arbeiten aus dem Museum sowie solchen, die ganz oder teilweise Material des Museums behandeln oder über Materialien berichten, von denen Belegstücke in die Sammlung des Museums kommen.

Die Arbeiten sollen eine Thematik aus den Wissensgebieten Taxonomie, Phylogenie, Evolution, Morphologie, Anatomie, Biologie, Ökologie, Faunistik, Zoogeographie sowie den fachbezogenen Museumswissenschaften beinhalten. Arbeiten anderer Wissensgebiete sowie biographisch oder methodisch orientierte Arbeiten können aufgenommen werden, sofern sie zur Kenntnis der genannten Gebiete beitragen. Es werden nur Originalarbeiten veröffentlicht, die weder ganz noch teilweise bereits an anderer Stelle erschienen sind. Publikationen über Tiermaterial vom Gebiet der Deutschen Demokratischen Republik werden vorrangig behandelt.

Für Inhalt, sprachliche Gestaltung sowie Beachtung einer eventuellen Veröffentlichungsgenehmigung ihrer Arbeiten sind die Autoren selbst verantwortlich. Eine redaktionelle Bearbeitung der Manuskripte behält sich der Herausgeber vor. Die Autoren erhalten eine Eingangsbestätigung oder umfassendere Nachricht über die eingesandten Manuskripte. Nach Veröffentlichung ihrer Arbeiten erhalten die Autoren unentgeltlich 100 Sonderdrucke zugesandt; bei Veröffentlichungen, welche mehr als 200 Seiten umfassen, nur 50 Sonderdrucke. Von in den „Faunistischen Abhandlungen" erscheinenden Kurzmitteilungen werden 10 Belegexemplare ausgegeben. Diese Zahlen können aus technischen Gründen auch bei Veröffentlichungen von zwei oder mehr Autoren nicht erhöht werden.

Die Manuskripte können in deutscher, englischer oder französischer Sprache abgefaßt sein. Jede Arbeit (ausgenommen die für die „Reichenbachia" vorgesehenen Veröffentlichungen) muß eine kurze Zusammenfassung in der zur Abfassung des Manuskriptes verwendeten Sprache enthalten. Diese Zusammenfassung wird einschließlich des Titels der Arbeit bei deutschsprachigen Manuskripten in das Englische, bei fremdsprachigen Manuskripten in das Deutsche übertragen. Es ist erwünscht, daß die Autoren diese Übertragung selbst vornehmen.

Eine Rezension eingesandter Monographien wird auf Wunsch gern vorgenommen.

Spezielle Richtlinien über Manuskriptgestaltung, Ausführung der Illustrationen und Korrekturgang der Publikationen können auf Anforderung vom Herausgeber bezogen werden.

Faunistische Abhandlungen

Herausgegeben vom

STAATLICHEN MUSEUM FÜR TIERKUNDE IN DRESDEN

Band 7

1978 – 1979

In Kommission
AKADEMISCHE VERLAGSGESELLSCHAFT GEEST & PORTIG K.-G.
LEIPZIG

Inhalt:

Neue Namen, Synonyme und Kombinationen

ARACHNIDA

Theridiidae

Chrysso conigerum (SIMON, 1914) comb. n., p. 179: HEIMER

COLEOPTERA

Alleculidae

Omophlina muminovi sp. n., p. 291: MUCHE

Anthicidae

Anthicus dzhungaricus sp. n., p. 142: MEDVEDEV et MICHEETCHEV

Chrysomelidae

Afrophthalma gen. n., p. 57: MEDVEDEV

Afrophthalma elongata (JACOBY) comb. n., p. 57 – *A. filiformis* (LACORDAIRE) comb. n., p. 57 – *A. apicalis* (JACOBY) comb. n., p. 57 – *A. lefevrei* (CHAPUIS) comb. n., p. 57 – *A. lefevrei nigrosuturalis* ssp. n., p. 57 – *A. zanzibarica* (LEFEVRE) comb. n., p. 58: MEDVEDEV

Gynandrophthalma (Smaragdina) weisei JACOBY, syn. n. zu *Smaragdina immaculata* LACORDAIRE, p. 56: MEDVEDEV

Melitonoma ghanensis sp. n., p. 58: MEDVEDEV
Paraclytra crocata (LACORDAIRE) comb. n., p. 55: MEDVEDEV

Platypodidae

Diapus apertus sp. n., p. 119 – *D. latespinis* sp. n., p. 120: SCHEDL
Platypus ponomae SCHEDL, syn. n. zu *Pl. apicatus* SCHEDL, p. 96 – *Pl. ustus* SCHEDL, syn. n. zu *Pl. pilidens* SCHEDL, p. 96 – *Pl. artetruncatus* sp. n., p. 109 – *Pl. collaris* sp. n., p. 110 – *Pl. depressus* sp. n., p. 110 – *Pl. duplicatus* sp. n., p. 111 – *Pl. extensus* sp. n., p. 111 – *Pl. filipennis* sp. n., p. 111 – *Pl. frontebulbifer* sp. n., p. 112 – *Pl. globicollis* sp. n., p. 112 – *Pl. lablabiae* sp. n., p. 113 – *Pl. lucaris* sp. n., p. 114 – *Pl. micrographus* sp. n., p. 114 – *Pl. neotruncatus* sp. n., p. 114 – *Pl. paradoxus* sp. n., p. 115 – *Pl. plumatus* sp. n., p. 116 – *Pl. praetermissus* sp. n., p. 117 – *Pl. pseudoporus* sp. n., p. 117 – *Pl. rasilis* sp. n., p. 118 – *Pl. sulcaticeps* sp. n., p. 118 – *Pl. transversus* sp. n., p. 119 – *Pl. scalaris* sp. n., p. 188: SCHEDL

Scarabaeidae

Lasiopsis (Brahmina) medvedevi sp. n., p. 224 – *L. (Brahmina) glabellus* sp. n., p. 225 – *L. (Brahmina) kabulicus* sp. n., p. 226 – *L. (Brahmina) kandaharicus* sp. n., p. 227 – *L. (Brahmina) nurestanicus* sp. n., p. 227: NIKOLAJEV et KABAKOV
Lasiopsis (s. str.) kryzhanovskii sp. n., p. 223: NIKOLAJEV et KABAKOV
Miltotrogus nonveilleri sp. n., p. 227: NIKOLAJEV et KABAKOV

Scolytidae

Arixyleborus sus (SCHEDL) comb. n., p. 95 – *A. varicus* SCHEDL, syn. n. zu *A. sus* (SCHEDL), p. 95 – *A. deceptus* sp. n., p. 103: SCHEDL
Coccotrypes omissus sp. n., p. 101: SCHEDL
Cryphalomorphus ankius sp. n., p. 96 – *Cr. excellens* sp. n., p. 97 – *Cr. papuanus* sp. n., p. 97: SCHEDL
Cryphalus planicollis sp. n., p. 74 – *Cr. tetricus* (SCHEDL) comb. n., p. 95 – *Cr. erraticum* sp. n., p. 96 – *Cr. papuanus* SCHEDL, syn. n. zu *Cr. tetricus* (SCHEDL), p. 95 – *Cr. grayi* SCHEDL, syn. n. zu *Cr. tetricus* (SCHEDL), p. 95: SCHEDL
Eidophelus elongatus sp. n., p. 102 – *E. subsulcatus* sp. n., p. 102 – *E. sulcatus* sp. n., p. 103: SCHEDL
Hypocryphalus pilifer sp. n., p. 98: SCHEDL
Lepiceroides spinosus sp. n., p. 98: SCHEDL
Ozodendron aequalis sp. n., p. 100: SCHEDL
Peridryocoetes squamipennis sp. n., p. 101: SCHEDL
Poecilips abruptus sp. n., p. 99 – *P. fulgens* sp. n., p. 99: SCHEDL
Xyleborus atavus sp. n., p. 104 – *X. bispinus* sp. n., p. 104 – *X. cinctipes* sp. n., p. 105 – *X. densatus* sp. n., p. 106 – *X. devius* sp. n., p. 106 – *X. flavipennis* sp. n., p. 107 – *X. funestus* sp. n., p. 107 – *X. mesoleiulus* sp. n., p. 108 – *X. mixtus* sp. n., p. 108 – *X. australis* sp. n., p. 185 – *X. cinctipennis* sp. n., p. 186: SCHEDL

Staphylinidae

Paederus kamonoensis sp. n., p. 123 – *P. wauensis* sp. n., p. 124 – *P. okapaensis* sp. n., p. 125 – *P. reticulatus* sp. n., p. 125 – *P. copiosus* sp. n., p. 126 – *P. buluensis* sp. n., p. 126 – *P. kaindiensis* sp. n., p. 127 – *P. michaelensis* sp. n., p. 127 – *P. katubuensis* sp. n., p. 128 – *P. huonensis* sp. n., p. 128 – *P. cameroni* sp. n., 129 – *P. perlongus* sp. n., p. 131 – *P. hornabrooki* sp. n., p. 133 – *P. mimicus* sp. n., p. 133 – *P. chimbuensis* sp. n., p. 134 – *P. aequabilis* sp. n., p. 134 – *P. hagenensis* sp. n., p. 135 – *P. problematis* sp. n., p. 136 – *P. laensis* sp. n., p. 136 – *P. mafuluensis* sp. n., p. 137 – *P. fuscus* sp. n., p. 137: LAST

HYMENOPTERA

Megachilidae

Hoplitis (s. str.) heinrichi sp. n., p. 234: VAN DER ZANDEN

Tenthredinidae

Macrophya punctumalbum maroccana ssp. n., p. 92: MUCHE

TRICHOPTERA

Phryganeidae

Semblis atrata chinganica MARTYNOV stat. n., p. 173: MEY et DULMAA

LEPIDOPTERA

Holcopogonidae
Hesperesta gen. n., p. 61: GOZMÁNY
Hesperesta geminella (CHRÉTIEN, 1915) comb. n., p. 62: GOZMÁNY

Plutellidae
Ypsolopha bigraphella (TURATI, 1929) comb. n., p. 62: GOZMÁNY

Berichtigungen

Nr. 1 (MARTIN), S. 1: Der Titel der Arbeit muß korrekt lauten: „Zur Verbreitung der Zebraspinne (*Argiope bruennichi* [SCOP.]) in der DDR".

Nr. 6 (MEDVEDEV), S. 58: Die Zeilen 30 u. 31 dieser Seite (in der Beschreibung von *Melitonoma ghanensis* sp. n.) müssen wie folgt lauten:
„... holotype (male) and 5 paratypes; Northern region, Tamale (N 8°25' – W 0°53'), 24. IX. 1971, netted, No. 478, 1 paratype; Northern region, Yendy (N 0°25' – E 0°00'), ...".

Nr. 8 (RÜSSEL), S. 68: Die letzten 11 Zeilen dieser Seite (von unten) wurden vor dem Druck verstellt. Sie müssen in richtiger Reihung wie folgt lauten:

„Das entspricht einem Zahlenverhältnis von durchschnittlich 3,75 ♂♂ zu 1 ♀. Ein ähnliches großes Übergewicht männlicher Bartfledermäuse stellte HANÁK (1971) auch für das Winterquartier der Dobschauer Eishöhle in der Slowakei fest. Die Frage ist nun: Überwintern die weiblichen Tiere an anderen Orten oder entspricht das festgestellte Zahlenverhältnis der Geschlechter im Winterquartier der realen Zusammensetzung der Populationen?
Von den 450 beringten Bartfledermäusen wurden 90 Tiere bisher im Kalkwerk wiedergefunden. Das entspricht einer Wiederfundrate von 20 %. Die Wiederfunde bestärkten uns in der Vermutung, daß die Fledermäuse noch Ausweichquartiere haben müssen, denn in jedem Winter tauchen Tiere auf, die schon vor einigen Wintern hier beringt wurden, ohne daß sie bisher wiedergefunden worden waren. Aber auch der Umstand, daß bei ..."

(Ab S. 147 eventuell verbliebene, technologisch bedingte Fehler konnten hier nicht mehr zur Berichtigung aufgenommen werden.)

Faun. Abh. Mus. Tierk. Dresden | Band 7 | 1978–1979

Verantwortlicher Redakteur: Dr. RAINER EMMRICH

Staatliches Museum für Tierkunde Dresden
DDR – 8010 Dresden, Augustusstraße 2

Genehmigt zum Druck: Ministerrat der Deutschen Demokratischen Republik,
Ministerium für Kultur, unter Nr. 105/16/78 u. 105/11/79
Klischees: Graphischer Großbetrieb „Völkerfreundschaft" Dresden
Satz u. Druck: Graphische Werkstätten Zittau-Görlitz, BT V Druckerei Neugersdorf III-19-2

Gerhard Linke zum Gedenken (1911-1979)

Am 26. XI. 1979 verstarb nach kurzer, schwerer Krankheit Tischlermeister Gerhard LINKE in einem Leipziger Krankenhaus. Er war einer der besten und eifrigsten Staphylinidensammler des deutschen Sprachraumes. Von Kindheit an durch seinen Vater, Max LINKE, zur Entomologie geführt, wurde der am 29. XII. 1911 in Leipzig geborene Gerhard bald zum untrennbaren Begleiter seines Vaters, übernahm dessen reiche Sammelerfahrungen und bekam neue, eigene hinzu, war bald mit der oft mühseligen Präparation und Determination vieler Staphylinidenarten vertraut. Als Junge zog er mit seinem Vater zum Sammeln in die engere und weitere Leipziger Umgebung, zur Muldenaue, zum Schmielteich bei Polenz, in die Dübener Heide und an andere Orte. Später, als Jüngling und Mann, reiste er mit in das Erzgebirge und die Sächsische Schweiz, ins Berchtesgadener Land, in die Hohen Tauern und bis nach Kärnten in die Steiner Alpen. Der 2. Weltkrieg unterbrach diese fast jährlichen Sammelreisen der beiden jäh, und von 1940 bis 1945 wurde Gerhard LINKE zum Kriegsdienst eingezogen. Die in der Folge eingetretenen politischen und wirtschaftlichen Veränderungen sowie das zunehmende Alter des Vaters ließen größere Reisen nicht mehr zu. So untersuchten sie wieder um so intensiver die Leipziger Umgebung, Dübener Heide, Sächsische Schweiz, das Erzgebirge und Fichtelberggebiet, bis der Tod des Vaters im Februar 1963 der gemeinsamen entomologischen Tätigkeit ein Ende setzte. Gerhard LINKE, seit 1952 verheiratet und Vater einer Tochter, hatte nun in der vom Vater übernommenen Tischlerei vollauf zu tun, sammelte aber nach Möglichkeit eifrig weiter. Mancher wertvolle Fund ist ihm zu verdanken; hier seien nur weitere Nachweise von *Stenus kiesenwetteri* ROSH. und *Atheta islandica* KRAATZ oder die Entdeckung der nach ihm benannten *Meotica linkeiana* SCHEERP. in der Dübener Heide als Beispiele genannt. Schon Max LINKE hatte nicht viel über sein außerordentlich reichhaltiges gesammeltes Material veröffentlicht; Gerhard war dem Schreiben noch weniger geneigt, von ihm gibt es keine größeren Publikationen. Er führte lediglich den durch den Vater im Laufe der Jahrzehnte gewachsenen Briefwechsel mit vielen namhaften Entomologen weiter. Zu den Staphylinidenbänden HORIONs leistete er durch seine Fundortmeldungen wertvollste Zuarbeit. Doch ist damit der wissenschaftliche Gehalt der LINKEschen Sammlung längst nicht ausgeschöpft. Sie ist – noch auf Wunsch des Vaters – vertraglich dem Staatlichen Museum für Tierkunde Dresden übereignet und eine Fundgrube für Faunisten, Tiergeographen und Taxonomen, in der ganze Serien seltener Arten stecken. Der Nachwuchs unter den Staphylinidensammlern verdankt Gerhard LINKE manche Förderung durch Dubletten aus seiner Sammlung, aber auch durch gemeinsame Exkursionen zu Fundstellen seltener Arten u. a. m.

Bis kurz vor seinem Tode hat Gerhard LINKE eifrig gesammelt, stets war er voller Pläne – zuletzt bei dem Vorhaben, *Porrhodites fenestralis* (ZETT.) und *Eudectus giraudi* REDT. in der Sächsischen Schweiz wiederzufinden. Die damit verbundenen Anstrengungen trug er in seiner ruhigen und geduldigen, dabei humorvollen Art. Mit ihm verlieren wir einen bescheidenen, liebenswerten Menschen und stillen, unermüdlichen Arbeiter für die mitteleuropäische Staphylinidenfaunistik.

RÜDIGER KRAUSE

Faunistische Abhandlungen

STAATLICHES MUSEUM FÜR TIERKUNDE IN DRESDEN

Band 7 Ausgegeben: 25. April 1980 Nr. 15

Zur geographischen Verbreitung der Ginsterkatzen, Gattung Genetta G. CUVIER, 1816

(Mammalia, Carnivora, Viverridae)

Mit 3 Fundortkarten (thematische Computer-Kartographie, Programmsystem „Thekar")

LOTHAR SCHLAWE
Berlin (West)

1. Einleitung

Fundortkarten haben sich als aussagekräftiger erwiesen als flächige Verbreitungskarten, in die zwangsläufig auch Areale einbezogen werden, die nicht durch Funde belegt sind. In der vorliegenden Arbeit werden Fundortkarten für die Arten der Gattung *Genetta* wiedergegeben, die auf Grund der Sichtung und Nachbestimmung eines umfangreichen Materials und mit Hilfe des Programmsystems „Thekar" erstellt wurden.

Die Gattung *Genetta* ist, wie COETZEE (1967), DORST u. DANDELOT (1970) oder EWER (1973) betonen, revisionsbedürftig. Eine Untersuchung über die Artzugehörigkeiten der von mir nach Schädelmerkmalen (biometrisch) und Fellmustern bearbeiteten Exemplare steht vor dem Abschluß. Hier werden nur die Arten bzw. Populationen aus der Literatur berücksichtigt, deren Berechtigung nach eigenen Untersuchungen wahrscheinlich ist. Die Fundortangaben gehen hauptsächlich auf die Etikettennotizen zu den Fellen und Schädeln in den unter 2.1. genannten Sammlungen zurück. Sie wurden durch Angaben aus der Literatur vermehrt.

Die Ergebnisse sollen die in den letzten Jahren veröffentlichten Verbreitungskarten (CABRAL 1969, DORST u. DANDELOT 1970, HALTENORTH u. DILLER 1977 sowie KINGDON 1977 für die Arten; GRZIMEK et al. 1972, MICHAELIS 1972 und DE LA FUENTE et al. 1972 für die Gattung) verbessern helfen und anregen, weitere Beobachtungen einzufügen.

Die EDV-orientierten Fundortkarten wurden mit Hilfe des Programmsystems „Thekar" (KERN u. SCHULZ 1976, KERN 1978a) erstellt. Es gestattet die Umsetzung d e z i m a l e r geographischer Daten und thematisch festlegbarer Schlüssel (zur geeigneten Koordinaten-Transformation s. WILSKI 1978) in „Plots" verschiedener Symbole auch auf zoogeographischen Karten (KERN 1977, 1978b).

2. Material und Methode

2.1. Material

Insgesamt stand Material (Felle, Schädel, vereinzelt nur Farb-Diapositive) von mehr als 3000 Stücken der folgenden Sammlungen zur Bearbeitung zur Verfügung.

00 Museum für Naturkunde der Humboldt-Universität, Berlin
01 British Museum (Natural History), London
02 Koninklijk Museum voor Midden-Afrika, Tervuren

03 Koninklijk Belgisch Instituut voor Natuurwetenschappen, Brüssel
04 Muséum National d'Histoire Naturelle, Paris (in Verbindung mit 10)
05 Zoologische Sammlung des Bayerischen Staates, München
06 Instituut voor Taxonomische Zoölogie (Zoölogisch Museum) Universiteit van Amsterdam
07 Rijksmuseum van Natuurlijke Historie, Leiden
08 Staatliches Museum für Naturkunde Stuttgart
09 Forschungsinstitut Senckenberg, Frankfurt/M.
10 Office de la Recherche Scientifique et Technique Outre-Mer, Centre ORSTOM de Dakar (in Verbindung mit 04)
11 Zoologisches Museum der Universität Zürich
12 Zoologisches Forschungsinstitut und Museum Alexander Koenig, Bonn
13 Staatliches Museum für Tierkunde Dresden
14 Universität Hamburg, Zoologisches Institut und Zoologisches Museum
15 Museu e Laboratório Zoológico e Antropológico (Museu Bocage), Lissabon
16 Museo Civico di Storia Naturale „Giacomo Doria", Genua
17 Naturhistorisches Museum Wien
18 Sammlung Dr. L. BELLIER, Vaucresson in 06 lagernd
19 Sammlung Prof. Dr. H.-J. KUHN, Göttingen
20 The American Museum of Natural History, New York
21 Museo Zoologico de „La Specola", Florenz
22 National Museum of Natural History, Smithsonian Institution, Washington
23 Transvaal-Museum, Pretoria

Die Schlüsselzahlen für die Sammlungen werden in dieser Arbeit sowohl allein wie in Verbindung mit Katalognummern verwendet.

2.2. Taxonomisches Vorgehen

Ich habe versucht, das zur Verfügung stehende Material nachzubestimmen. Dabei ging ich von den Typenexemplaren aus und bildete nach Fellmerkmalen und Fundortangaben geographische Gruppen („Populationen"). Diese Gruppen ließen sich zu acht Formenkreisen im Sinne KLEINSCHMIDTs aneinanderreihen (s. ECK 1978). Dann versuchte ich, die Formenkreise den bereits in der Literatur gekennzeichneten taxonomischen Einheiten zuzuordnen. Für die Gliederung der Gattung *Genetta* in Arten besteht aber bei den Autoren keine Übereinstimmung. In manchen Fällen konnte ich kaum mit einem Autor Meinungsgleichheit erzielen. Zwei Formenkreise habe ich in vikariierende „Arten", einmal in *G. genetta* und *G. felina*, zum anderen in *G. tigrina* und *G. maculata* zerlegt. Dabei hielt ich noch an ROBERTS' (1951) Trennung von *G. rubiginosa* und *G. tigrina* fest. Neben diesem problematischen Formenkreis von Tigergenetten erkennen CABRAL (1970), DORST u. DANDELOT (1970) und HALTENORTH u. DILLER (1977) für Westafrika eine sympatrische, sporadisch verbreitete Art an. Sie wird „*G. poensis*" (CABRAL) bzw. auch „*G. pardina*" (DORST u. DANDELOT oder HALTENORTH u. DILLER) benannt. Hier wurden zumindest auch aberrant gezeichnete Individuen von *G. maculata* taxonomisch überbewertet. Aberrante Fleckung tritt in Westafrika geographisch dichter als in Ostafrika auf.

Die von mir vorerst ermittelten zehn taxonomischen Einheiten sind alphabetisch aufgeführt (Tabelle), wie es der noch unbefriedigende phylogenetisch-systematische Erkenntnisstand allein gestattet. Auch die Gliederung in mehrere Gattungen oder Untergattungen ist aus demselben Grunde nicht übernommen worden. Unterarten werden wegen der meist subjektiven Abgrenzung hier nicht berücksichtigt. Autorennamen und Publikationsdaten habe ich bei den wissenschaftlichen Namen wegen der hinreichenden Verweise auf zusammenfassende Vorautoren weggelassen. Ich würde „vollständige" Namen nur zitieren, wenn die Originalbeschreibungen vorgelegen hätten u n d im Literaturverzeichnis nach heutigen Ansprüchen (auffindbar) bibliographiert wären.

Tabelle: Die Arten der Gattung *Genetta.*

Art	Kennzeichnende Synonyme	Artkonzept nach (Autor)
Genetta abyssinica Sennargenette, Streifengenette		COETZEE (1967), DORST u. DANDELOT (1970)
G. angolensis Bürstengenette[1])[2])	*G. mossambica, G. g. hintoni*	CABRAL (1966, 1969, 1970), WENZEL u. HALTENORTH (1972)
G. felina[3]) Südliche Gemeine Genette, Gemeine Süd-Genette [1])	*G. senegalensis, G. dongolana, G. neumanni, G. granti, G. guardafuensis, G. pulchra, G. ludia*	Trennung von *G. genetta* ROBERTS (1951)
G. genetta Mediterran-Genette[1]), Nördliche Gemeine Genette	*G. afra, G. bonapartei, G. barbar, G. terraesanctae, G. rhodanica, G. g. balearica, G. g. isabelae*	Trennung von *G. felina* gem. ROBERTS; nicht mehr binär gespalten nach MATSCHIE (1915)
G. johnstoni Liberiagenette	*G. (Paragenetta) lehmanni*	KUHN (1965)
G. maculata[4]) Panthergenette, Nördliche Tigergenette	*G. pardina, G. poensis, G. amer, G. genettoides, G. rubiginosa*[5]), *G. fieldiana, G. aequatorialis, G. stuhlmanni, G. suahelica, G. deorum,* wohl auch *G. bini*	ROBERTS („*G. rubiginosa*"), CABRAL (1970; aber „*G. pardina*" und „*G. poenis*")
G. servalina Waldginsterkatze	*G. aubryana, G. bini*[6])	Alle Autoren seit SCHWARZ (1930); nur bedingte Abweichungen bei ROSEVEAR (1974)
G. thierryi Haussagenette, Glatthaargenette[1])	*Pseudogenetta villiersi*	CABRAL (1969 ff.), ROSEVEAR
G. tigrina Tigergenette, Südliche Tigergenette		Altes Artkonzept, von ROBERTS und auch CABRAL (1966 ff.) bestätigt
G. victoriae Riesengenette		Alle Autoren nach MATSCHIE (1902)

[1]) Eigene Namensvorschläge.
[2]) *G. angolensis* nach ROBERTS evtl. konspezifisch mit *G. tigrina?*
[3]) *G. felina* konspezifisch mit *G. genetta?*
[4]) *G. maculata* konspezifisch mit *G. tigrina?*
[5]) Älteres Synonym von *G. thierryi* quasi als Nomen oblitum?
[6]) Synonymie in dieser Art mit Vorbehalten (s. *G. maculata*)

2.3. Kartierungsmethode

Die auf den Sammlungsetiketten notierten Fundorte waren für mich grundsätzlich verbindlich, während die Artangaben nicht von vornherein übernommen wurden. Globale Fundortangaben („Tansania") habe ich eliminiert, wenn präzisere Daten schon dasselbe aussagten. Geographisch sehr isoliert liegende „Funde" wurden ebenfalls vernachlässigt oder besonders gekennzeichnet und diskutiert, sofern sich Zweifel in sie verstärkten. Ich habe zusätzlich versucht, Fundorte nach Literaturangaben zu übernehmen. Das geschah fast ohne Einschränkung (Mt. Carmel, s. 3.1.1.1.) nach der Angabensammlung von SCHAUENBERG (1966) für *G. genetta*. In allen Fällen afrikanischer Nachweise war zuerst zu prüfen, ob ein beschriebener Fund in eine der zehn taxonomischen Einheiten eingeordnet werden konnte. Die aus der Literatur stammenden Fundorte wurden in schwächer umrissene Symbole umgesetzt. Von mir nicht identifizierte Stücke blieben bei der Kartierung unberücksichtigt.

Die Computer-Kartierung mit „Thekar" war im vorliegenden Sonderfall sofort mit den eingegebenen **dezimalen** Koordinaten und mit Schlüsselzahlen für die Arten möglich. Die vermiedene weitergehende Koordinatentransformation machte aber eine Umrißfolie in quadratischer Planprojektion nötig. Besonders auffällige Verzerrungen entstanden im eurasiatischen Bereich. Dem steht der Vorteil einfacher Meßbarkeit in den Symbolmittelpunkten gegenüber, nachdem die ursprünglich dreischichtigen Karten (1. Tierschablonen, 2. Umrißfolie, 3. Plotpapier) auf ein Fünftel verkleinert wurden.

Die Verbreitungsgebiete der unterschiedenen Arten ließen sich ohne Überschneidungen auf drei Kartenblättern darstellen. Die Fundorte von *G. tigrina* wurden zweimal ausgedruckt (Karte 2 u. 3), um sie gut zu denen von *G. angolensis* und *G. maculata* in Beziehung setzen zu können. Besondere Morphen habe ich ohne taxonomischen Anspruch durch eigene Symbole hervorgehoben. Die in die Karten eingesetzten maßstabgerechten Totalabbildungen von Artvertretern entstanden nach Lebendfotos. Die Figuren für *G. thierryi*, *G. johnstoni* und *G. angolensis* sind nur Rekonstruktionen nach Fellmustern. Unter den Bildern stehen mit einer Ausnahme („extrem", Maximalwerte) die durchschnittlichen Schädel-, Kopf-Rumpf- und Schwanzlängen. Bei zwei Arten wurden je zwei Färbungstypen, bei einer dieser Arten auch fünf Bänderungsausprägungen des Schwanzes dargestellt.

3. Ergebnisse und Diskussionen

3.1. Zur Verbreitung der Arten

3.1.1. Karte 1, Maßstab 1 (cm) : 5 (Breiten- bzw. Längengrade)

3.1.1.1. G. genetta

Symbole: □, ▣ (Schwärzlinge)

Das Vorkommen der Art umschließt nur das südwestliche Mittelmeer. Sie findet sich in NW-Afrika im Bogen um die Sahara vom 28. Grad N an der atlantischen Küste über den Atlas bis Tunesien, wohl auch noch in Libyen, dann auf der iberischen Halbinsel und in Frankreich, geht auch vereinzelt darüber hinaus, wobei das linke Rheinufer die Grenze für „Irrläufer" bildet. Das Inselvorkommen auf den Balearen (Mallorca) und Pityusen (Ibiza) ist besonders im letzteren Fall reich belegt. Die Karte soll aber verdeutlichen, daß Berichte über das Auftreten von *Genetta* etwa auf den Kanarischen Inseln (FLOERICKE 1910), im nördlichen Ägypten, dem größten und nördlichen Teil der arabischen Halbinsel und im weiteren Vorderen Orient nicht durch Sammlungsstücke belegt sind. Ein von TRISTRAM gesammeltes Exemplar C1 1864.8.17.17 ist mit „Mt. Carmel" etikettiert, was sich als Irrtum herausgestellt hat, nachdem ich der Sammelgeschichte so weit wie möglich nachgegangen bin (SCHLAWE in Vorber.). Eine bei Döhlen (Oldenburg) erlegte Ginsterkatze ist nicht mehr belegbar. Sie wurde nicht artlich identifiziert. Dieser Fund war mit SCHAUENBERG zu ignorieren.

3.1.1.2. G. felina

Symbole: ,  **(Schablone nach einer "G. f. senegalensis")**

 **(schwarz-kleintüpflige bis schwarzstreifige Populationen SO-Afrikas, "G. f. felina", auch durch besondere Schablone hervorgehoben)**

G. felina wird überwiegend mit *G. genetta* konspezifisch gesehen und vertritt sie im übrigen Afrika, die südliche Hälfte der Sahara umgreifend. Im W liegt der nördlichste, der Literatur entnommene Fund über dem 20. Grad N; verbindende Fundorte zur Mediterrangenette fehlen.

Von der Westküste bis zum Nil hin wird der 10. Grad N nur um den 10. Grad E nach S unterschritten. Wegen der sehr spärlichen Fundorte läßt sich keine allgemeingültige nördliche Begrenzung angeben, der extremste Nachweis stammt von Aouderas (17.63 N/8.33 E). Das Material belegt keinen Fund östlich des Tschadsees bis annähernd zum 30. Grad E; das mag sammlungsbedingt sein. So ergibt sich bisher deutlich abgesetzt ein westliches Verbreitungsgebiet.

Die östliche Verbreitung läßt sich nach dem Material wie folgt umreißen: zwischen den 30. und etwa 46. Graden E und dem 22. Grad N bis zum 6. Grad S; im W (mit Ausnahme der 13. bis 10. Grade N) dem Nil folgend, den Viktoriasee ostwärts umgehend, zurück jedoch bis etwa nur zum 33. Grad E; im E wird der Südzipfel der Arabischen Halbinsel einbezogen; auf dem somalischen Zipfel fehlen hinreichend glaubhafte Belege von 46.5 Grad E an. Es scheint weiter so, als ob die Art zwischen den 3. und 6. Graden S im Küstengebiet nicht vorkäme. – Weiter gibt es Funde aus dem südöstlichsten Tansania.

Als drittes zusammenhängendes Verbreitungsgebiet kristallisiert sich das südwestliche und südliche Afrika heraus, beginnend im N ab 9. Grad S in einem schmalen Streifen, den 15. Grad E nicht überschreitend, entlang dem Atlantik, von dort in Höhe des 15. Grades S nach E, den Sambesi berühend hin zur Limpopo-Mündung. Das nördlichste Vorkommen wird auch von CABRAL (1969) belegt, während alte Fundortangaben vom „Kap der Guten Hoffnung" immer etwas problematisch sind. (Auf der Karte hätten die beiden Plots oberhalb des 25. Grad S und rechts vom 30. Grad E mit dem anderen Symbol für *G. felina* wiedergegeben werden sollen: für nicht schwarztüpflige Tiere im südlichen Afrika.)

Zeigt sich an dem bearbeiteten Material für das östliche Angola bis zur Ostküste, daß *G. felina* fehlt und fast überschneidungsfrei Raum für *G. angolensis* läßt, so müssen die Nachweise bei etwa 13.5 S und 23.0 E ins Auge fallen (01 1937.1.4.47 und 1937.1.4.50). Das zur Diskussion stehende, sonst nicht mit *G. felina* belegte Gebiet weist hinreichend Material von Panther- und Bürstengenetten auf; es ist unwahrscheinlich, daß die südliche Gemeine Genette nur zufällig übersehen worden wäre. Vielmehr ergibt sich für mich die ungelöste Frage, wie in das reiche Material, das in den 1930er Jahren für 01 in Malawi, Rhodesien (Simbabwe) und Sambia gesammelt und nur recht global auf den Etiketten beschriftet worden ist, die beiden Stücke *G. felina* vom Oberlauf des Sambesi geraten sein könnten.

Karte 1 zeigt im Gebiet von Botswana mit vielen Eintragungen nach SMITHERS (1971), wie wenig repräsentativ das mir zur Verfügung stehende Material streckenweise gewesen sein mochte. Die Problematik von Verbreitungsangaben aus der Literatur läßt sich daran aber besonders gut erläutern. SMITHERS erkennt für Botswana richtig zwei Genetten (*G. maculata* und *G. felina*, die er synonym mit *G. tigrina* und *G. genetta* bezeichnet); doch für Rhodesien, Sambia und Malawi erwähnt er (1966) ebenfalls nur zwei Arten, die er *G. tigrina* und *G. genetta* benennt. Somit macht auch er keinen spezifischen Unterschied zwischen *G. felina* (hiesiger Nomenklatur) und *G. angolensis*. SMITHERS' Nachweise (1971) waren hier erst verwendbar, nachdem ich annehmen durfte, daß *G. angolensis* nicht in Botswana auftritt. Von KINGDON (1977) konnte ich keine Eintragungen aus dem südlichen Tansania übernehmen, weil auch er nicht zwischen *G. felina* (hiesiger Nomenklatur) und *G. angolensis* unterscheidet. Ich kenne das von ihm benutzte Material aus diesem Gebiet offenbar nicht. Die Bemerkung von FUNAIOLI (1957) über das Auftreten dieser Art bis nach Mudugh hin (ca. 7.0 N/48.0 E) erschien mir zu allgemein, um sie zu übernehmen.

Einschlägige Vegetationskarten geben den Hinweis, daß *G. felina* Gebiete mit Steppen- und Wüstenvegetation, im NW auch der Savannenvegetation, bevorzugen könnte.

3.1.1.3. G. johnstoni

Symbol: 

Das kleine Verbreitungsgebiet ergibt sich vor allem für Liberia selbst, demgegenüber der einzige abweichende Fund von der „Goldküste" (01 1927.8.12.1; 0.1 Fell und Schädel) schon auffällt und die Frage nach dessen Sammelgeschichte aufwirft. Demnach lebt die Art außer Frage im Gebiet tropischer Regenwaldvegetation.

3.1.1.4. G. servalina

Symbole:  **(für Ausprägungen des Nacken- und Aalstrichbereiches, jedoch hier nicht ausgewertet; keine Schwärzlinge nachgewiesen!)**

Das Material stammt vom 8. Grad E jeweils fünf Grade nördlich und südlich des Äquators bis zu den afrikanischen Seen um den 30. Grad E. Im äußersten W zwischen dem 8. und 10. Grad E liegen Fundorte über den 5. Grad N bis zum 7. Grad N hinaus. Auch setzt sich das Vorkommen in der nördlichen Verbreitungshälfte nach E fort und ist für die Gebiete am und um den Mt. Elgon bis zum Äquator reich belegt, überschreitet aber keinesfalls den 36. Grad E und erreicht den Mt. Kenia nicht. In der südlichen Verbreitungshälfte wird der 5. Grad S zwischen dem 20. und 25. Grad E um maximal zwei Breitengrade nach S überschritten, desgleichen, dem rechten Ufer des Kongo folgend, um ein geringes an der Mündung des Stromes.

Damit ist dargelegt, daß ich die von ROSEVEAR (1974) und KINGDON (1977; bedingte, ungültige Beschreibung) hervorgehobenen, mit Mängeln behafteten Einzelfelle von extrem liegenden und eigentlich zu eliminierenden Örtlichkeiten (01 1950.315–6.75 N/5.15 E u. 01 1933.8.1.20–8.12 S/35.92 E) keinesfalls als taxonomisch relevante Funde erachte. Auch folgte KINGDON in seinen Angaben über das Vorkommen der Art auf dem Mt. Kenia irrtümlichen Identifikationen zweier *G. maculata* (01 1934.10.28.7 u. 1934.10.28.8).

G. servalina hält sich ziemlich genau an die Ausdehnung des tropischen Regenwaldes, ohne nach dem zur Verfügung stehenden Material den Niger nach W zu überschreiten.

FUNDORTE

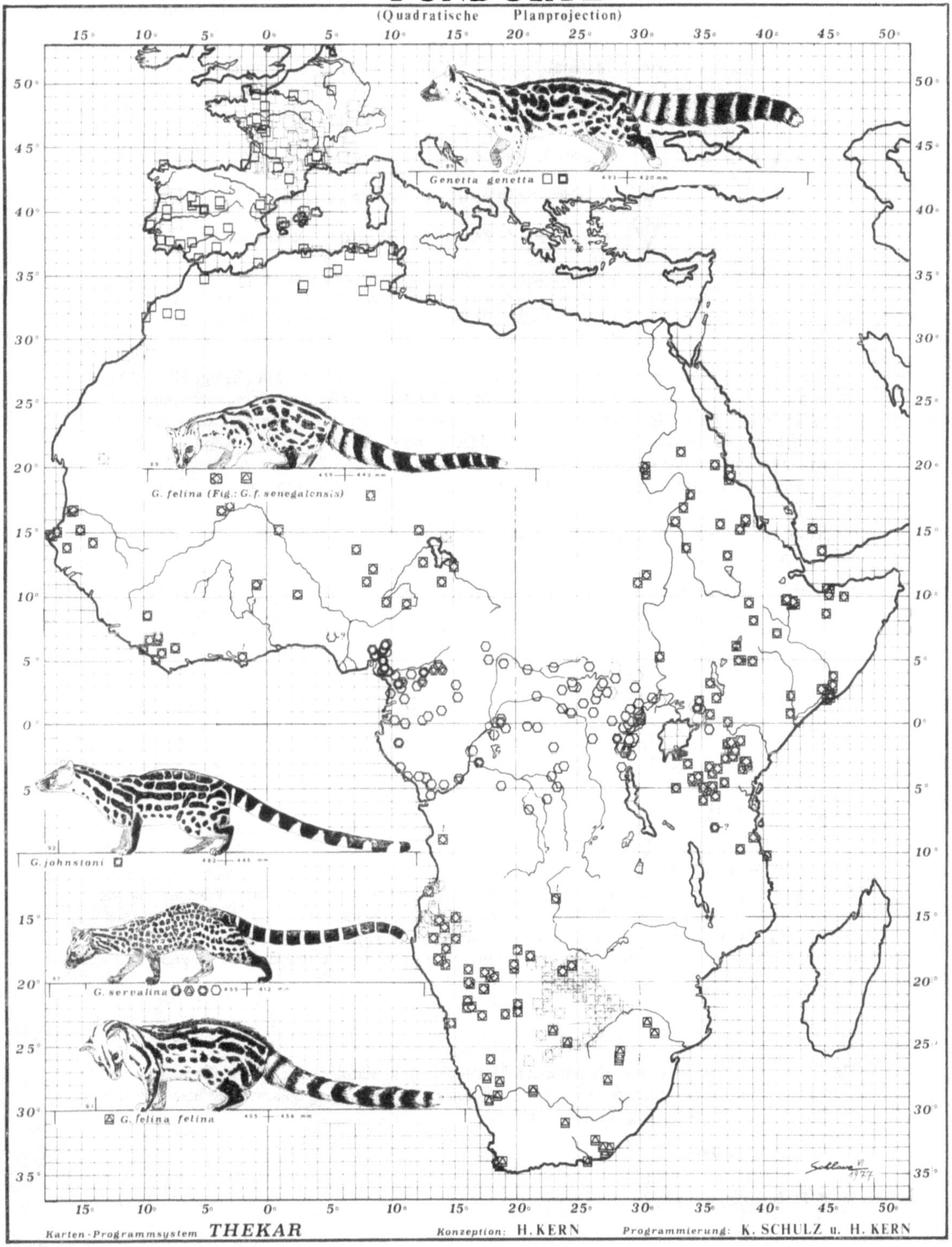

(Karte 1)

3.1.2. Karte 2, Maßstab 1 (cm) : 5 (Längen- bzw. Breitengrade)

3.1.2.1. G. angolensis

S y m b o l e : ▽ (unvollständige Melanos, Plot-Priorität 1)

▽ (Schwärzlinge, Plot-Priorität 2)

▽ ("normal"-farbige Stücke, nachgeordnet)

Das nördlichste Vorkommen scheint durch ein schadhaftes Fellteil von Turu belegt (00 19409), 9. Grad S nach E zu beim 6. Grad S. Dabei scheint das Vorkommen im W mit den Angola-Höhenzügen verbunden, folgt ihnen jedenfalls in die Quellgebiete der Flüsse; von hier an bildet offenbar der Sambesi die S-Grenze.

Das nördlichste Vorkommen scheint durch ein schadhaftes Fellteil von Turu belegt (00 19409), doch gibt es keine weiteren Nachweise für dieses Zentrum vielfältiger Sammeltätigkeit. Der nächstliegende Fundort in Tansania ist ebenfalls nur durch ein Stück von Mandera (04 1892. 1211) belegt, während 5 von EMIN PASCHA gesammelte Felle ohne Kopf (00) keine Sicherheiten für Verbreitungsangaben bieten. Es liegt kein Fund von den Querimba-Inseln vor; diese Angabe geht auf MATSCHIE (1902) offenbar in Ausdeutung von PETERS (1852) zurück.

Nach dieser Karte hat *G. angolensis* keine verbreitungsmäßige Verbindung zu *G. tigrina* im äußersten SSE Südafrikas.

Im Vergleich zu anderen Arten gab es auffällig viele melanistische Stücke. Ich war bemüht, die Fundorte von Teilmelanos (Grautönungen bis zur nahezu erreichten Schwärzung) in der Priorität vor den totalen Schwärzlingen und danach den „Normalfarbigen" festzuhalten. Eine regionale Bevorzugung läßt sich nicht erkennen.

3.1.2.2. G. tigrina (s. nochmals 3.1.3.2.)

S y m b o l . ⌂

3.1.2.3. G. thierryi

S y m b o l : ○

Diese kleine Art ist in W-Afrika etwa südlich des 15. Grades N, in östlicher Ausdehnung bis zum 15. Grad E, also bis ins Tschadgebiet, eher sporadisch nachgewiesen. Im Verbreitungsgebiet herrscht Savannenvegetation vor. Das mit „?" markierte Symbol an der „Goldküste" (01 1927.6.22.3) ließe sich unter derselben Fundortangabe auch nördlicher anbringen.

3.1.2.4. G. abyssinica

S y m b o l : △

Die Fundorte umreißen das abessinische Hochland und Randgebiete. Die übernommenen Angaben bedürfen besonderer Skepsis, weil ihnen offenbar viele angekaufte Stücke mit den Namen der Marktplätze zugrunde liegen.

3.1.2.5. G. victoriae

S y m b o l : ⊽

FUNDORTE

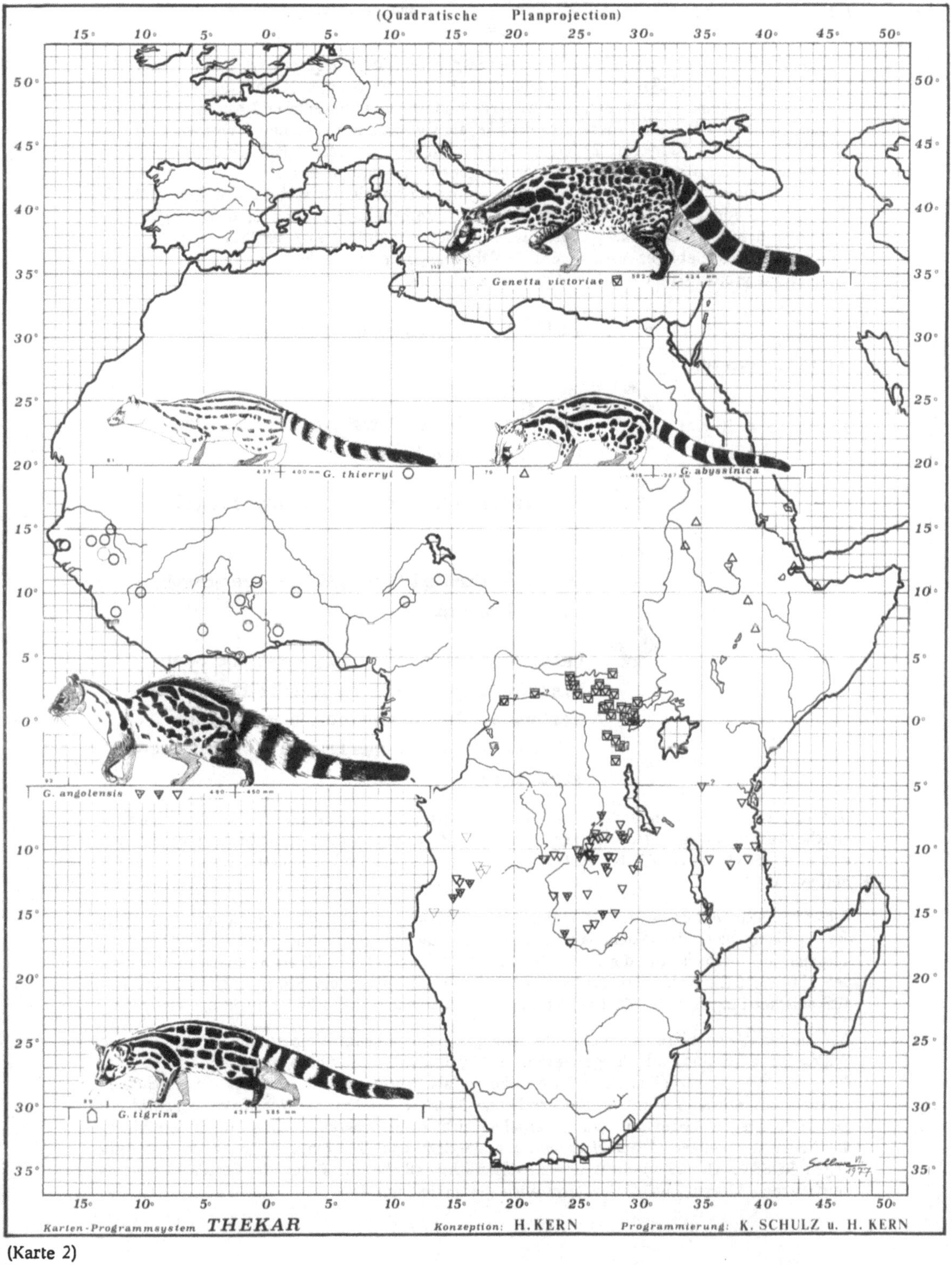

(Karte 2)

Bei grober Betrachtung umfaßt das Verbreitungsgebiet dieser größten Art den Bogen rechts vom Lualaba-Kongo-Flußsystem zwischen den 18. und 30. Graden E und den 4. Graden N und S. Dabei scheinen die beiden westlichsten Fundorte in unmittelbarer Stromnähe zu liegen. Es gibt Anhaltspunkte, daß diese Einzelstücke als Gebrauchsgut gehandelt worden sind. Ein dritter Fundort soll Basoko (1.23 N/23.6 E) gewesen sein. In diesem Fall schien mir die Verlegung des Symbols von der am Flußlauf gelegenen Ortschaft in das nordöstliche Hinterland des Areals einer gleichnamigen Bevölkerungsgruppe sinnvoll. Es verliert sich der Eindruck, daß die Art von einer zunächst angenommenen Verbreitungstendenz in das Kongobecken nur durch den Flußlauf zurückgehalten würde. Vielmehr drängt sich die Frage auf, ob sie in Ökosysteme des Gebirges rechts vom Lualaba-Kongo-Becken gehört, wobei die westliche Verbreitungsgrenze schon beim 24. Grad E liegt.

3.1.3. Karte 3, Maßstab 1 (cm) : 5 (Längen- bzw. Breitengrade)

3.1.3.1. G. maculata

Symbole:  **(Schablone nach einem Stück aus Kenia)**

 **(Schwärzlinge und Teilschwärzlinge)**

 **("Normalfarbige" jeweiliger geographischer Prägung)**

 **(aberrant kleintüpflig, -kettig oder kleinkettig-zerrissen gezeichnet, Priorität 1, durch besondere Schablone - "extrem" - mit Maximalwerten berücksichtigt)**

(An den beiden Figuren stellen von fünf Bänderungstypen des Schwanzes drei durchaus übliche Ausprägungen mit schwarzer Spitze dar. Zwischenstreifung am Schwanz ist nur einmal durch FINN u. HINTON 1920 nachgewiesen. Weiße Schwanzspitzen sind für die Art „untypisch".)

Diese häufigste Art ist – verallgemeinert ausgedrückt – südlich der Sahara mit Ausnahme der Trockengebiete des Somalilandes und des südwestlichen Afrika verbreitet. Das Vorkommen auf Inseln ist für die Bissau-Inseln (11.5 N/16.0 W), die Ukerewe-Insel im Viktoria-See (2.0 S/33.0 E), wohl auch für Pemba (5.17 S/39.8 E) durch ein Stück in einer Reihe ostafrikanischer Eingänge des 01 und für die Querimba-Inseln (ca. 12.45 S/40.58 E) sicher.

Auf die Einzelexemplare mit mehr oder weniger regelmäßigem kleinen oder kettenförmigen Fellmuster wird nochmals hingewiesen: Ein Stück von Usambara und die beiden vom Mt. Kenia (01, „*G. servalina*", s. 3.1.1.4.), die ich als Wurfgeschwister einschätzte, erscheinen durchaus als solche Varianten. Entsprechende Morphen treten in Westafrika geographisch gerade dort regelmäßiger auf, wo *G. servalina* nicht mehr vorkommt. Ganz besonders ähnelt das Fellmuster einiger *G. maculata* von Liberia dem von *G. johnstoni*. So ist es z. B. entgegen ROSEVEAR (1974) nicht unwahrscheinlich, daß die für Fernando Po als *G. poensis* beschriebene Morphe auf dieser Insel auch gesammelt wurde.

FUNDORTE

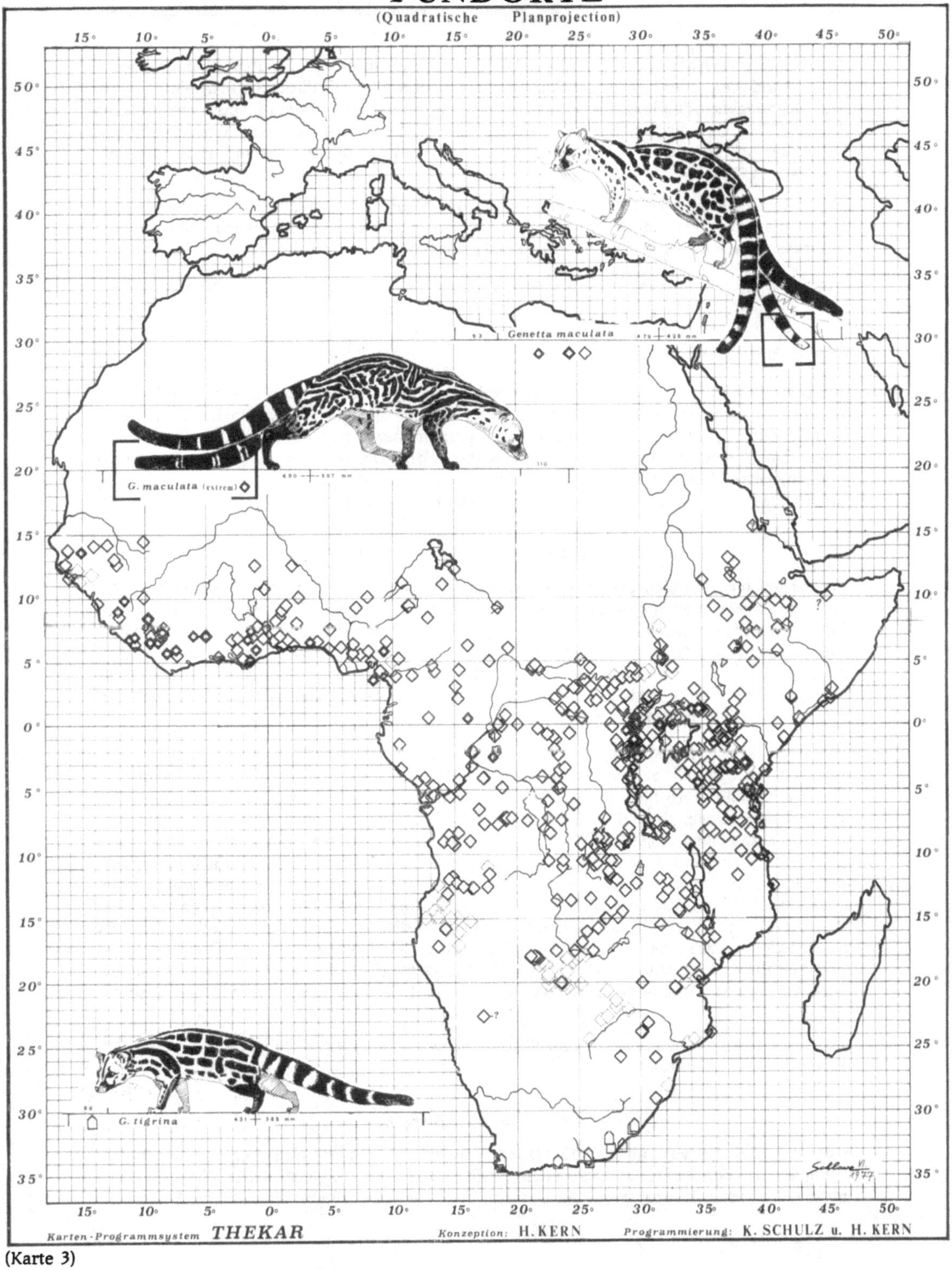

(Karte 3)

Die sporadisch erscheinende Symbolverteilung auf der Karte etwa für Gabun, Kongo, Moçambique, Rhodesien oder die Südafrikanische Union schreibe ich lückenhaftem Material zu. Drei eingetragene „Fundorte", je einmal belegt, ragen besonders heraus: jener von Massaua (15.63 N/39.47 E), jener bei Berbera (10.47 N/45.03 E, Etikettangabe „Nord-Somaliland") und zuletzt der bei Windhoek (22.57 S/17.1 E), der durch Materialverwechselung entstanden sein kann (alle in 00).

G. maculata erscheint nach ihren klimatischen und vegetationsmäßigen Ansprüchen als ökologisch plastische Art. Ihr Verbreitungsgebiet überschneidet sich mit denen aller anderen Ginsterkatzenarten, wenn man von *G. genetta* und von *G. tigrina* absieht.

3.1.3.2. **G. tigrina**

S y m b o l : 

Das sehr kleine Verbreitungsgebiet zieht sich nach dem vorliegenden Material südlich des 31. Grades S in einem schmalen Streifen zwischen den 30. und 23. Graden E hin und muß auch für das Kap der Guten Hoffnung trotz alter, immer etwas unsicherer Überlieferungen angenommen werden. Es erscheint als überschneidungsfreie Fortsetzung des Areals der Panthergenette. (Schon das Grundmuster der Fellfleckung hatte beim Nachbestimmen zu dem umfassenden Formenkreis Tiger- bzw. Panthergenette geführt.)

3.2. Schlußbetrachtung

Die Fundortkarten stellen ein Teilergebnis einer umfassenderen Untersuchung über die taxonomischen Zusammenhänge bei den Ginsterkatzen dar. Die Anwendung der EDV-orientierten thematischen Karthographie hatte bei der großen Zahl von Belegen den Vorteil schneller Reproduzierbarkeit Objekt – Symbol und leichter Kontrollmöglichkeit. Der anfängliche Aufwand würde etwa in Museen, die ohnehin Datenbänke anlegen (wie z. B. 01), sogar relativ verringert. Die einmal erstellten „Plot"-Files lassen sich leicht bearbeiten und nach Bedarf immer wieder berichtigen.

Auf die kritische Behandlung einiger überlieferter Fundortangaben ist hinreichend eingegangen worden. Globale Angaben sollten aber nicht vernachlässigt werden, wenn mit ihnen weiträumig sonst nicht belegte Gebiete sinnvoll angereichert werden können. Zum Beispiel wurde eine von JEANIN in 04 eingebrachte Serie dreier Genettenarten von „Kamerun" ungefähr nach seinen Angaben (JEANIN 1936) je nach Art auf drei verschiedene Stellen aufgegliedert. Es könnten aber auch Ortsangaben, wie etwa Tabora, zu eng aufgefaßt werden, falls die Etikettierung auf einen ganzen Distrikt verweisen sollte. Allerdings wurde einer solchen Spekulation nur in einem erläuterten Falle (bei *G. victoriae*) Raum gegeben. Einer besonderen Zielsetzung bedarf es über den Rahmen dieser Arbeit hinaus, fehlerhafte oder zweifelhafte Angaben der Literatur zu diskutieren (SCHLAWE in Vorber.). Das betrifft das nicht belegbare, doch seit der Mitte des 16. Jahrhunderts (BELON) immer wieder behauptete Vorkommen von *G. genetta* in der Türkei oder in Palästina, aber auch jüngere Beschreibungen.

Mit einer Reihe dann geklärter Einzelfragen wird die weitere Behandlung taxonomischer Aspekte erleichtert werden.

4.1. Zusammenfassung

Schädel und Felle von über 3000 Genetten wurden unter Berücksichtigung der Typenexemplare zu Formenkreisen zusammengestellt. Nach dem Vergleich dieser Gruppierungen mit taxonomischen Konzepten in der Literatur sind vorläufig zehn binär benannte Formen als

Arten akzeptabel: *Genetta abyssinica, G. angolensis, G. felina, G. genetta, G. johnstoni, G. maculata, G. servalina, G. thierryi, G. tigrina* und *G. victoriae*. Mit dem Karten-Programmsystem „Thekar" wurden für diese Arten überschneidungsfreie Verbreitungskarten auf Grund der Fundortangaben in den Sammlungen oder der Literatur erstellt. Extrem liegende Fundorte werden diskutiert. Besonders wird auf das Fehlen von stichhaltigen Nachweisen für die Verbreitung von Genetten in Asien mit Ausnahme des südlichsten Arabiens hingewiesen.

4.2. Summary

ON THE GEOGRAPHIC DISTRIBUTION OF GENETS, GENUS GENETTA G. CUVIER, 1816

More thau 3,000 specimens of *Genetta* (skulls and skins) were arranged resulting in eight „Formenkreise", which have been compared with various species arrangements in literature. Ten binominally named kinds are accepted temporarily: *G. abyssinica, G. angolensis, G. felina, G. genetta, G. johnstoni, G. maculata, G. servalina, G. thierryi, G. tigrina* and *G. victoriae*. Using the computer-system „Thekar" the localities were plotted on the basis from data in the collections or from carefully selected literature, resulting in three distribution-maps without overlapping species-areas. Some doubtful peripheric localities are discussed, e.g. the lack of valid proofs of genets in Asia excepting the most southern corner of the Arabian peninsuta.

5. Danksagungen

Zunächst bin ich allen unter 2.1. genannten öffentlichen Sammlungen und Sammlungseigentümern für die Bereitstellung des Materials, für Arbeitsplätze während der Sichtungen und viele persönliche Hilfen zu Dank verpflichtet. Leider konnte ich der Einladung des Transvaal-Museums in Pretoria zur Bearbeitung des Genettenmaterials aller südafrikanischen Museen aus ökonomischen Gründen nicht folgen.

Die Einrichtungen der Freien Universität Berlin (West) wurden vielfältig beansprucht:
Das Institut für Allgemeine Zoologie stellte einen Arbeitsplatz zur Verfügung; ein Teil meiner Aufenthalte an auswärtigen Institutionen wurde durch das Universitätsaußenamt finanziert; in besonders großzügiger Weise stellte die Zentraleinrichtung für Datenverarbeitung „Locherkapazitäten" und Rechenzeiten zur Verfügung; am Institut für Anthropogeographie, Angewandte Geographie und Kartographie wurden die Fundortkarten druckreif umkopiert.

Mein besonderer persönlicher Dank gilt einmal Herrn K. PREISER, jetzt Dortmund, für die Einweisung in die Arbeitstechnik mit SPSS und die betriebsfähige Einrichtung von Datensätzen, dann Herrn Dr. H. KERN, jetzt Universität Karlsruhe, für die Überlassung des Programmsystems „Thekar". Für Hinweise bei der graphischen Gestaltung der Karten danke ich Frau C. ST. FRIEDEMANN (Berlin) und für mancherlei Unterstützung, etwa mit Bildmaterial, den zoologischen Gärten Amsterdam, Antwerpen, Berlin, Chessington, Duisburg, New York, Paris (Jardin des Plantes), Prag und San Diego sowie den Herren J. C. DE M. CABRAL (Lissabon), S. ECK (Dresden), K. KUSSMANN (Berlin), D. R. H. LEVY (Christchurch), Dr. H.-S. RAETHEL (Berlin), Prof. Dr. U. RAHM (Basel), W. SCHEFFEL (Maintal), Dr. U. SCHÜRER (Wuppertal), W. SCHWARZ (Zürich), M. E. TAYLOR (Kamloops), Dr. CH. M. WEMMER (Front Royal), R. WILLIS (London) und Frau B. WIEDMANN (Berlin).

Herrn Prof. Dr. W. DOHLE und Herrn Ass.-Prof. Dr. J. STORK danke ich für weiterführende Diskussionen und diese Arbeit betreffende Anregungen sowie die Durchsicht des Manuskripts.

6. Literatur

AGACINO, E. M., 1945: Algunos datos sobre ciertos mamiferos del Sáhara Occidental. – Bol. Real Soc. Esp. Hist. nat., 43.

ALLEN, G. A., 1939: A Checklist of African Mammals. – Bull. Mus. Comp. Zool., 83, 1–763.

ALLEN, J. A., 1924: Carnivora Collected by the American Museum Congo Expedition. – Bull. Amer. Mus. Nat. Hist., 47, 73–282.

Anonymus, 1975: The Times Atlas of the World. Comp. Edition. 5. Aufl. London.

AZZAROLI, L. u. A. M. SIMONETTA, 1966: Carnivori della Somalia ex-italiana. – Monitore Zool. Ital., 74, 102–195.

BIGOURDAN, J. u. R. PRUNIER, 1937: Les Mammifères sauvages de l'Ouest Africain et leur milieu. Montrouge.

CABRAL, J. C. de MENESES, 1966: Note on the Taxonomy of *Genetta*. – Zool. Afr., 2, 25, 26.

–, 1969: As Genetas de Angola. – Bol. Inst. Invest. cient. Ang., 6 (1), 3–33.

–, 1970: As Genetas da Africa Central. – Bol. Inst. Invest. cient. Ang., 7 (2), 3–23.

–, 1973: As genetas da Guiné Portuguesa e de Moçambique. Lissabon.

COETZEE, C. G., 1967: Carnivora (Excluding the Family *Felidae*). – In: MEESTER (Ed.), 1967.

CUVIER, G., 1816: Le Règne Animal. Tome I. Paris 1817.

DAVIS, D. H. S. u. X. MISONNE, 1969: Gazetter of Collecting Localities of African Rodents. – Zool. Docum., 7, Tervuren.

DORST, J. u. P. DANDELOT, 1970: A Guide to the Larger Mammals of Africa. London.

ECK, S., 1978: Die Entwicklung superspezifischer Begriffe in der zoologischen Taxonomie seit der Jahrhundertwende. – Biol. Rdsch., 16, 98–103.

EWER, R. F., 1973: The Carnivores. London.

FINN, F. u. M. A. C. HINTON, ca. 1920: HUTCHINSON's Animals of all Countries. Vol. I. London.

FLOERICKE, K., 1910: Säugetiere fremder Länder. Stuttgart.

DE LA FUENTE, F. R. et. al., 1972: Fauna. Das große Buch über das Leben der Tiere. Band 5. München.

FUNAIOLI, U., 1957: Fauna e Caccia in Somalia. Mogadischo.

GRZIMEK, B. et. al., 1972: GRZIMEKs Tierleben. Säugetiere 3. Zürich.

HALTENORTH, TH. u. H. DILLER, 1977: Säugetiere Afrikas und Madagaskars. München.

HAYMAN, R. W., 1963: Mammals from Angola, Mainly from the Lunda District. – Publ. Cult. Comp. Diamantes Angola, 66, 81–140.

JEANIN, A., 1936: Les Mammifères sauvages du Cameroun. Paris.

KELTIE, J. S., 1899: The World-Wide Atlas of Modern Geography. 7. Aufl. Edinburgh und London.

KERN, H., 1977: Thematische Computerkartographie – Entwicklungen und Anwendungen. – Karlsruher Manuskripte zur Mathematischen und Theoretischen Wirtschafts- und Sozialgeographie (22). Karlsruhe.

–, 1978a: Neuere Techniken der Flächenschraffur und der Herstellung von Farbauszügen in der automatisierten thematischen Karthographie. – KN, 28, 1–8.

–, 1978b: The Thekar-System. – Paper prepared for "International Users' Conference on Computer Mapping and Data Bases", July 23–28, 1978, Harvard University.

– u. K. SCHULZ, 1976: Thekar – Ein Programm zur automatisierten Herstellung thematischer Karten nach dem Diagrammprinzip. – KN, 26, 94–100.

KINGDON, J., 1977: East African Mammals. An Atlas of Evolution in Africa. Vol. III A. London etc.

KUHN, H.-J., 1965: A Provisional Check-List of the Mammals of Liberia. – Senck. biol., 46, 321–340.

MALBRANT, R., 1936: Faune du Centre Africain Francais (Mammifères et Oiseaux). Paris.

MATSCHIE, P., 1902: Über die individuellen und geographischen Abänderungen der Ginsterkatzen. – Verh. V. Int. Zool.-Kongr. Berlin 1901, 1128–1144.

–, 1915: Einige Bemerkungen über ältere Arten der Gattung *Genetta*. – Sitzungsber. Ges. naturforsch. Freunde Berlin, Jg. 1915, 107–116.

MEESTER, J. (Ed.), 1967: Smithsonian Institution Preliminary Identification Manual for African Mammals. 7. Carnivora. Washington. Siehe COETZEE (1967).

MICHAELIS, B., 1972: Die Schleichkatzen (Viverriden) Afrikas. – Säugetierkdl. Mitt., 20, 1–110.

MOREAU, R. E., G. H. E. HOPKINS u. R. W. HAYMAN, 1946: The Type-Localities of Some African Mammals. – Proc. Zool. Soc. London 1945, 115, 387 ff.

NOACK, TH., 1894: Neue Beiträge zur Kenntnis der Säugethier-Fauna von Ostafrika. – Zool. Jb. (Syst.), 7, 523–594.

PETERS. W. C. H., 1852: Naturwissenschaftliche Reise nach Mossambique. Zoologie, I. Säugethiere. Berlin.

ROBERTS, A., 1951: The Mammals of South Africa. Johannesburg.

ROSEVEAR, D. R., 1974: The Carnivores of West Africa. London.

SCHAUENBERG, P., 1966: La Genette vulgaire (*Genetta genetta* L.), repartition geographique en Europe. – Mammalia, 30, 371–396.

SCHLAWE, L., in Vorber.: Material, Fundorte, Text- und Bildquellen als Grundlagen für eine Artenliste zur Revision der Gattung *Genetta* G. Cuvier, 1816.

SCHWARZ, E., 1930: Die Sammlung afrikanischer Säugetiere im Congo-Museum. Ginsterkatzen (Gattung Genetta Oken). – Rev. Zool. Bot. Afr., 19 (2), 275–286.

SCOBEL, A. (Ed.), 1909: ANDREEs allgemeiner Handatlas. 5. Aufl. Bielefeld u. Leipzig.

SETZER, H. W., 1956: Mammals of the Anglo-Egyptian Sudan. – Proc. US. Nat. Mus., 106, 447 ff.

SMITHERS, R. H. N., 1966: The Mammals of Rhodesia, Zambia and Malawi. London.

–, 1971: The Mammals of Botswana. (Mus. Mem. No. 4). Salisbury.

SWYNNERTON, G. H., 1945: A Revision of the Type-Localities of Mammals Occuring in the Tanganyika Territory. – Proc. Zool. Soc. London, 115, 49–84.

–, 1951: A Checklist of the Land Mammals of the Tanganyika Territory and the Zansibar Protectorate. – J. East Afr. Nat. Hist. Soc., 1950, 20.

TAYLOR, M. E., 1970: The Distribution of the Genets, *Genetta genetta, G. servalina* and *G. tigrina* in East Africa. – J. East Afr. Nat. Hist. Soc., 28 (1), 7–9.

WENZEL. E. u. TH. HALTENORTH, 1972: System der Schleichkatzen (*Viverridae*). – Säugetierkdl. Mitt., 20, 110–127.

WILSKI, I., 1978: Map-Projection Change – Some Programs for the Transformation of Contents of Available Maps According to Different Map Projections. – Nachr. Karten- u. Verm.wesen, R. 2 (35), 115 ff.

ZAMMARANO, V. T., 1930: Le colonie italiane di diretto dominio. Fauna e Caccia. Rom.

Anschrift des Autors:

L. Schlawe, FU Berlin, Institut für Allgemeine Zoologie, 1 Berlin 33 (West), Königin-Luise-Str. 1–3

Faunistische Abhandlungen

STAATLICHES MUSEUM FÜR TIERKUNDE IN DRESDEN

Band 7 Ausgegeben: 25. April 1980 Nr. 16

Wenig bekannte Köcherfliegen in der DDR (II)

(Trichoptera)

Mit 16 Figuren

WOLFRAM MEY
Kleinmachnow

Köcherfliegenlarven kann man in allen Binnengewässern der DDR (mit Ausnahme extrem verschmutzter) finden. Bei ihrem z. T. enormen Massenauftreten, ihrer Stellung innerhalb der Limnozönose und ihrer wachsenden Bedeutung als Indikatoren anthropogen beeinflußter Gewässer ist es verständlich, daß in zahlreichen limnobiologischen Arbeiten die Köcherfliegen berücksichtigt werden. Die Grundlage für die Determination der Arten ist bis heute das Bestimmungswerk von ULMER (1909), dessen Schwächen und Grenzen allerdings nur der Taxonom kennen kann (MEY 1977). Die Publikationsfolge „Wenig bekannte Köcherfliegen in der DDR", die als notwendige Ergänzung zu ULMER (1909) konzipiert ist, soll helfen, zukünftige Fehlbestimmungen zu vermeiden.

1. Apatania auricula FORSSL.

Die Art ist heller gefärbt als *A. fimbriata*. Antennen, Kopf, Thorax und Abdomen braun; Tibien und Tarsen gelbbraun.

Genitalia ♂ (Fig. 1–5): Sehr ähnlich der *A. fimbriata*, jedoch läuft der Aedeagus am Apex in 2 spitze Zipfel aus und trägt jederseits eine Reihe von Borsten. Die App. praeanales sind klein und erreichen nicht die Hälfte der Länge des äußeren Fortsatzes der oberen Anhänge. Untere Anhänge viel kürzer und gedrungener als bei *fimbriata*. (Weitere Details sind aus den Zeichnungen zu ersehen.)

Die Art ist in Skandinavien und im Pleistozängebiet südlich der Ostsee verbreitet. Im Gegensatz zu *A. fimbriata* PICT., die auf die Bäche der Gebirge beschränkt ist, ist *A. auricula* eine limnale Art (vgl. MOTHES 1967, SPURIS 1967).

Fundorte in der DDR: Waren/Müritz, 1901, (leg. ZANDER) (nach W. DÖHLER in litt.); Stechlinsee, 1960–1965, 19 ♂♂, 9 ♀♀, (leg. MOTHES).

An dieser Stelle möchte ich mich recht herzlich bei Dr. G. MOTHES für seine kollegiale Hilfe bedanken.

2. Halesus rubricollis PICT.

Der ganze Körper ist einförmig braun, nur Antennen, Kopfoberseite und Tarsen sind dunkelbraun. Die Vorderflügel sind braun, ohne verstreute helle Punkte in der Flügelmembran.

Genitalia ♂ (Fig. 6–8): Obere Anhänge groß, unter dem 8. Tergit liegend; mittlere Anhänge kurz und dorsal gerichtet, nicht divergierend; untere Anhänge länger als bei den anderen

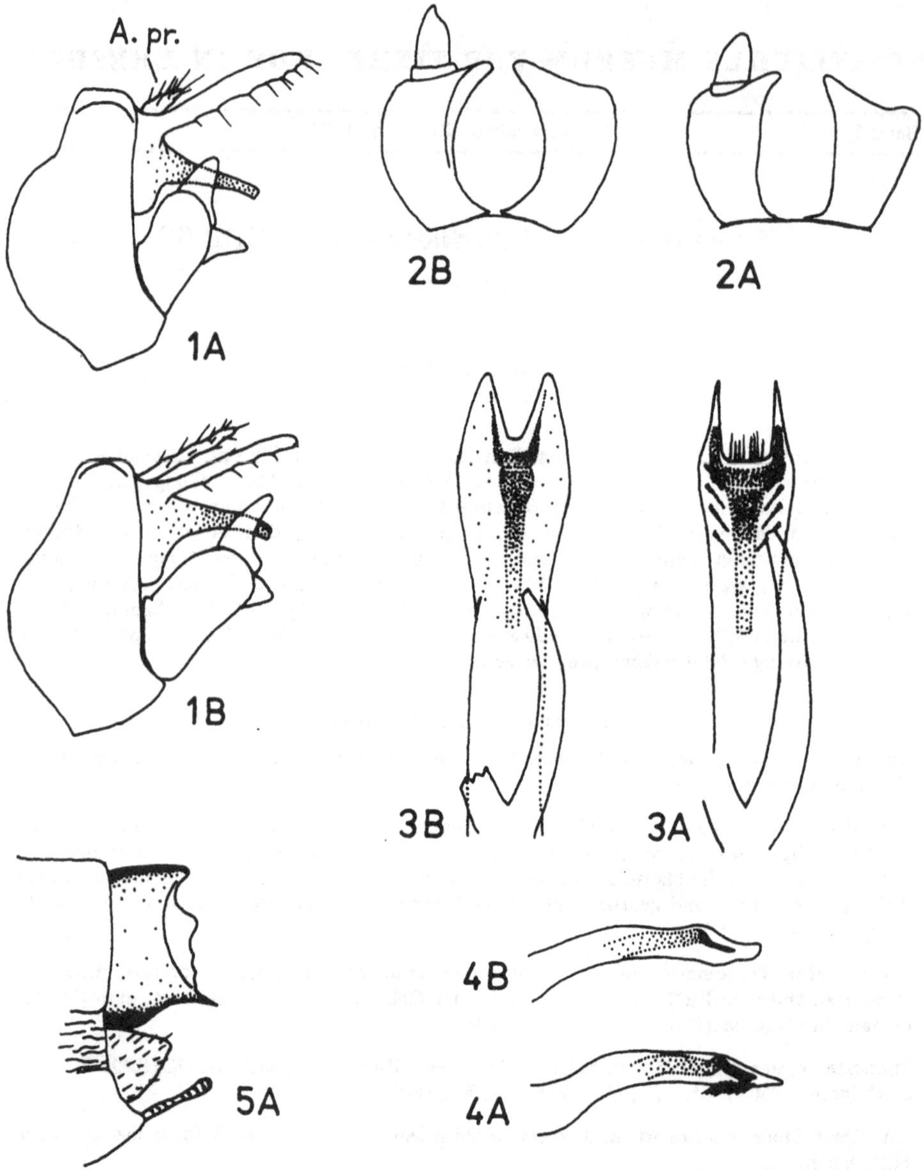

Fig. 1A–5A. *Apatania auricula* FORSSL.; Fig. 1B–4B. *Apatania fimbriata* PICT.
1: Kopulationsapparat (♂), lateral – 2: derselbe, ventral – 3: Parameren und Aedeagus, dorsal – 4: Aedeagus, lateral – 5: Kopulationsapparat (♀), lateral. (A. pr. = Appendices praeanales)

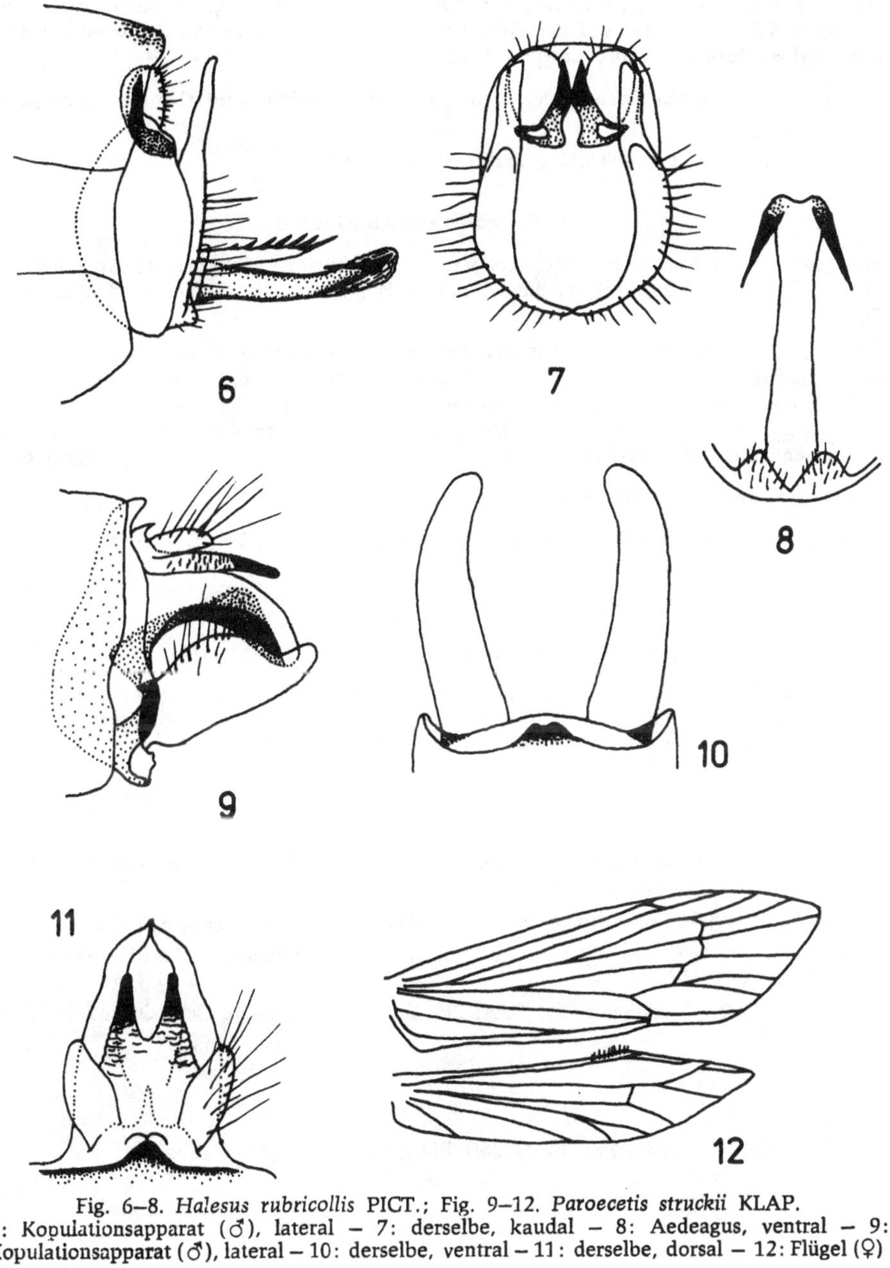

Fig. 6–8. *Halesus rubricollis* PICT.; Fig. 9–12. *Paroecetis struckii* KLAP.
6: Kopulationsapparat (♂), lateral – 7: derselbe, kaudal – 8: Aedeagus, ventral – 9: Kopulationsapparat (♂), lateral – 10: derselbe, ventral – 11: derselbe, dorsal – 12: Flügel (♀)

Halesus-Arten, ohne Besonderheiten. Die Parameren sind stabförmig, mit einer Reihe dorsomedian gerichteter Dornen auf der Oberseite; Aedeagus am Apex mit 2 proximal weisenden, starken Dornen. – Körperlänge: 12 mm.

H. rubricollis ist in den Gebirgen Mitteleuropas weit verbreitet, wird aber nur selten gefunden.

Fundort in der DDR: Pöbelbach (Erzgebirge), Okt. 1970, 1 ♂, 4 ♀♀, (leg. BRAASCH).

3. Paroecetis struckii KLAP.

Kopf und Thorax braun; Antennen hellbraun, mit schwarzer Artikulation, Abdomen und Beine hellbraun. Vorderflügel mit dunkelbraunen Haaren auf der Membran. (Aderung siehe Fig. 12).

Genitalia ♂ (Fig. 9–12): Obere Anhänge einfach; 10. Segment dorsal tief ausgeschnitten, die beiden Loben sind chitinisiert. Das 9. Segment trägt an den Seiten jeweils einen langen, ventral gebogenen Fortsatz. Zwischen diesen beiden Fortsätzen liegt der Aedeagus, der im apikalen Drittel eine dreieckige Form hat. Die unteren Anhänge sind groß, ohne Strukturen an der Innenseite und inserieren relativ weit oberhalb des Ventralrandes des 9. Segments.

Für diese mitteleuropäische Art sind bisher nur äußerst wenige Fundorte bekannt.

Fundort in der DDR: Dübener Heide, 7. 7. 1977, 2 ♂♂, 18 ♀♀, (leg. MEY).

Summary

LITTLE KNOWN CADDISFLIES IN THE G.D.R. (II)

The article should be considered as a contribution to ULMER's key for the caddisflies of the former Germany in order to improve the correct determination of *Apatania auricula* FORSSL., *Halesus rubricollis* PICT., and *Paroecetis struckii* KLAP.

Literatur

MEY, W., 1977: Wenig bekannte Köcherfliegen in der DDR (I). – Faun. Abh. Mus. Tierk. Dresden, 6, Nr. 29, 317–321.

MOTHES, G., 1967: Die Trichopteren des Stechlinsees. – Limnologica, 5, 1–10.

SPURIS, Z. D., 1967: Die Köcherfliegenfauna der Seen Lettlands. – Latvijas entomologs, Suppl. 1, 1–113.

ULMER, G., 1909: Trichoptera. In: BRAUER, Die Süßwasserfauna Deutschlands, Heft 5/6, 1–326.

Anschrift des Autors:
Dipl.-Biol. W. Mey, DDR – 1533 Stahnsdorf, PSF 59.

Faunistische Abhandlungen

STAATLICHES MUSEUM FÜR TIERKUNDE IN DRESDEN

Band 7 Ausgegeben: 25. April 1980 Nr. 17

Ein Nachweis des Siebenschläfers, Glis glis (LINNAEUS, 1766) aus Eulengewöllen von der Insel Elba, Italien

(Mammalia, Rodentia, Muscardinidae)

Mit 1 Abbildung

INDULIS E. VESMANIS und ANDREA VESMANIS
Frankfurt/M.

Während eines Aufenthaltes im Mai 1978 auf der Insel Elba konnten wir an verschiedenen Stellen der Insel unter Straßenbrücken Gewölle der Schleiereule, *Tyto alba*, aufsammeln. Bei der Auswertung der Gewölle von Montigliano, südlich von Mortaio (Westküste Elbas), fanden wir neben den ausgesprochen häufig auftretenden Schädelfragmenten von der Ratte sowie von Haus- und Waldmaus auch einen Vertreter der Schlafmäuse, den Siebenschläfer.

Wie uns Prof. Dr. H. KAHMANN (München) auf Anfrage mitteilte, hatte er bereits einige Siebenschläfer bei San Cerbone am Nordfuß des Monte Capanne sammeln können, doch sind die Exemplare verlorengegangen. Er erwähnt in seiner Arbeit von 1965 den Siebenschläfer Elbas und stellt ihn zur Unterart *italicus*. Dies ist der einzige literarische Hinweis auf die Schlafmaus der Insel, den wir finden und auswerten konnten.

Von der Schlafmaus sind uns aus dem Gewölle erhalten geblieben ein gespaltener Vorderschädel mit rechts I, P^4, M^1 und links I, P^4, M^1, M^2, M^3 gerade im Durchbruch, weiterhin die beiden Mandibel mit rechts I, P_4, M_3 im Durchbruch und links I, P_4, M_1, M_2, M_3 im Durchbruch.

Von den Schädelfragmenten konnten wir folgende Maße (in mm) nehmen (die Zahnmaße wurden unter einem Stereobinokular gemessen):

1. Oberschädel	rechts	links
Diastema-Länge	7.18	—
Foramen-Länge	3.06	—
Länge P^4 (maximal)	1.24	1.30
Breite P^4 (maximal)	1.43	1.55
Länge M^1 (maximal)	2.17	2.17
Breite M^1 (maximal)	2.26	2.33
Länge M^2 (maximal)	—	2.23
Breite M^2 (maximal)	—	2.42

2. Mandibel:	rechts	links
Postcoronar-Höhe	7.11	7.14
Coronar-Höhe	10.89	11.08
Coronar-Länge	19.65	20.19
Angular-Länge	17.40	—
maximale Mandibellänge incl. Incisivus	22.10	22.30
Diastema-Länge	4.86	—
Länge P_4 (maximal)	1.33	1.30
Breite P_4 (maximal)	1.33	1.27
Länge M_1 (maximal)	—	2.20
Breite M_1 (maximal)	—	2.36
Länge M_2 (maximal)	—	2.36
Breite M_2 (maximal)	—	2.40

Abb. 1. Fundplatz der Eulengewölle mit *Glis glis* bei Mortigliano, südlich von Mortaio, Westküste der Insel Elba (Italien).

Da uns nur sehr wenige Maße zur Verfügung stehen, die wir mit denen der Literatur vergleichen können, ist die taxonomische Zuordnung des jugendlichen Siebenschläfers äußerst schwierig. KAHMANN (1965) nennt einige Zahnmaße, mit denen sich ein vorläufiger Vergleich anbietet (Maße in mm):

Unterart	Breite M^1	Breite M^2	Summe der Breiten
glis	2.15	2.25	4.40
postus	2.32	2.48	4.80
italicus	2.51	2.55	5.06
Elba-Exemplar (juv.!)	2.26 rechts		
	2.33 links	2.42	4.75

In der Literatur finden wir mitunter 6 Unterarten des Siebenschläfers neben der Nominatform, die in Italien vorkommen können. Um einen Überblick über die Terra typica der beschriebenen Taxa, die Verbreitung und die teilweise unterschiedliche Beurteilung der Synonymien verschiedener Autoren zu gewinnen, haben wir eine tabellarische Darstellung gewählt (Tab. 1).

Nach der tabellarischen Darstellung könnten wir auf der küstennahen Insel Elba die Siebenschläfer-Unterart *italicus*, die wir auch auf dem gegenüberliegenden Festland finden, oder vielleicht die auf Korsika und Sardinien verbreitete kleine Inselrasse von *italicus*, *glis melonii*, vorfinden. KAHMANN (1965) vertritt die Ansicht, daß *italicus* auf Elba vorkommt. Der Vergleich mit den maximalen Breiten von M^1 und M^2 zeigt, daß unser jugendliches Siebenschläfer-Exemplar (M^3 u. M_3 befinden sich gerade im Durchbruch) zunächst viel kleinere Meßwerte aufweist als *italicus*; auch die kleine Verbreitungkarte bei VIETINGHOFF-RIESCH (1960: 18) bringt uns der Lage nicht näher, denn die gestrichelte Begrenzung der Verbreitung von *italicus*, *abrutti* und *intermedius* geht bei genauer Betrachtung genau durch Elba.

Wir möchten anhand des Gewöllefragmentes nicht voreilig eine Entscheidung auf Unterartbasis treffen. Dies verbleibt so, bis wir bei einer der nächsten Exkursionen eine Aufsammlung auf Populationsbasis zur Verfügung haben.

	Glis glis glis LINNAEUS, 1766	Glis glis italicus BARRETT-HAMILTON, 1898	Glis glis melonii THOMAS, 1907	Glis glis intermedius ALTOBELLO, 1920	Glis glis postus MONTAGNU, 1923	Glis glis abrutti ALTOBELLO, 1924	Glis glis insularis BARRETT-HAMILTON, 1899
Terra typica	Bundesrep. Deutschland	Siena, Italien	Marcurighé, Ursulei, Ogliastra; Sardinien, Italien	Abruzzi e Molise, Italien	Veliki Dergonel, Gorski Kotar, Kroatien, Jugoslawien	Abruzzen, südl. Italien	Monte Aspra, Palermo, Sizilien; Italien
MILLER (1912)	auch nördliches Italien	Umgebung von Genua und südlich davon; Sizilien (?)	Sardinien Korsika (?)				Synonym zu italicus
ELLERMAN & MORRISON-SCOTT (1951)	Italien allgem.	Italien, Sizilien, teilweise auch Jugoslawien	Sardinien		Synonym zu italicus	Synonym zu italicus	Synonym zu italicus
KAHMANN & FRISCH (1955)			Sardinien Korsika				
VIETINGHOFF-RIESCH (1960)		Mittel- und Süd-Italien; Korsika (?)	Sardinien	MIRIĆ (1960) setzt den Namen martinoi für intermedius ein; Süd-Italien, Gebirge Jugoslawiens südl. Save und Donau	Synonym zu italicus	Mittel- und Süd-Italien	Synonym zu italicus
WITTE (1962)		apenninisches Italien, Sizilien, Nordgrenze ist die Po-Ebene	Sardinien Korsika	Synonym zu italicus	westliches Jugoslawien, Nordgrenze ist die Save	Synonym zu italicus	Synonym zu italicus
KAHMANN (1965)		bis zum Nordrand des Apennin, Elba	Sardinien Korsika	Synonym zu italicus	Küste Jugoslawiens, Kroatien, Dalmatien, Herzegovina, Montenegro	Synonym zu italicus	Synonym zu italicus
TOSCHI (1965)	wahrscheinlich alpine Provinzen, Valle padana	von Ligurien bis Sizilien, wahrscheinlich im Mittleren Apennin	Sardinien, wahrscheinlich Korsika	Abruzzen und Molise wahrscheinlich im Mittleren Apennin	wahrscheinlich Venezia Giulia	Synonym zu intermedius	Synonym zu italicus

Tab. 1. Übersicht über Taxonomie und Vorkommen der verschiedenen Siebenschläfer-Unterarten in Italien nach einigen Autoren.

KAHMANN u. FRISCH (1955) konnten den Siebenschläfer nicht in Schleiereulengewöllen von Korsika nachweisen: „Er ist nicht nur zu groß und wehrhaft, sondern sein Lebensraum auch nicht Jagdgebiet der Eule." Der Siebenschläfer bevorzugt in Korsika als sog. „Hörnchen-typus" den Bereich von Buchenwaldbeständen, fehlt aber auch nicht im Misch- und Nadel-baumwald. Auf Elba (KAHMANN 1965) soll die Schlafmaus auf das Eßkastaniengebiet des Monte Capanne begrenzt sein, am Monte Gargano z. B. auf das Gebiet des Buchenwaldes. Unser junger Siebenschläfer stammt von der Westküste Elbas. Hier finden wir keine Eß-kastanien mehr vor, das Biotop wird durch mittelhohen Bewuchs von Steineiche, Mastix-bäumen, Erika, Rosmarien und indischen Feigen charakterisiert. Die Brücke, unter der wir die Eulengewölle fanden, überspannt ein kleines Tälchen mit einem Bach, dessen Ufer sehr dicht mit Brombeeren bewachsen sind, aufgelockert von Granitfelsen und kleinen Rasen-flächen mit Binsen in Ufernähe. Zum Meer hin ist das Land kultiviert, es wird Wein an-gebaut.

Summary

A RECORD OF THE EDIBLE DOORMOUSE, GLIS GLIS (LINNAEUS, 1766), FROM OWL PELLETS OF THE MEDITERRANEAN ISLAND OF ELBA (ITALY)

From the pellets of the barn-owl (*Tyto alba*) on Elba (in the Mediterranean) the edible doormouse, *Glis glis*, has been recorded. The skull fragment (of the young specimen) does not allow a determination of the particular subspecies (*italicus, melonii*) to which it belongs. The study was completed by a synopsis representing the data in tabular format.

Literatur

ELLERMANN, J. R. u. MORRISON-SCOTT, T. C. S., 1951: Checklist of Palaearctic and Indian Mammals 1758 to 1946. London.

KAHMANN. H., 1965: Le loir (*Glis glis* L. 1776) dans les Monts Gargano Italie (Apulie). – Mammalia, 29, 72–94.

KAHMANN, H. u. FRISCH, O. VON, 1955: Die Schlafmäuse (*Glirinae*) auf der Insel Korsika. – Zool. Anz. (Leipzig), 155, 11–20.

MILLER, G. S., 1912: Catalogue of the Mammals of Western Europe (Europe exclusive of Russia). London.

MIRIČ, G., 1960: Verzeichnis von Säugetieren Jugoslawiens, die nicht in der ‚Checklist of Palaearctic and Indian Mammals' von ELLERMAN & MORRISON-SCOTT (1951) enthalten sind. – Ztschr. f. Säugetierkde., 25, 35–46.

TOSCHI, A., 1965: Fauna d'Italia. Mammalia. *Lagomorpha–Rodentia–Carnivora–Artiodactyla–Cetacea*. Bd. VII, Bologna.

VIETINGHOFF-RIESCH, A. Frhr., 1960: Der Siebenschläfer (*Glis glis* L.). Monogr. Wildsäugetiere, Bd. XIV, Jena.

WITTE, G., 1962: Zur Systematik und Verbreitung des Siebenschläfers *Glis glis* L. in Italien. – Bonn. zool. Beitr., 13, 115–127.

Anschrift der Autoren:
Dr. I. E. u. A. Vesmanis, Institut für Paläoanthropologie u. Archäometrie, J. W. Goethe-Universität, D-6000 Frankfurt/M., Siesmayerstraße 70

Faunistische Abhandlungen

STAATLICHES MUSEUM FÜR TIERKUNDE IN DRESDEN

Band 7 Ausgegeben: 25. April 1980 Nr. 18

Beitrag zur Trichopterenfauna der Mongolei (I)

(Trichoptera)

Mit 3 Figuren

WOLFRAM MEY und A. DULMAA
Kleinmachnow Ulaanbaatar

Unsere derzeitige Kenntnis der Köcherfliegenfauna der Mongolei basiert hauptsächlich auf der Bearbeitung der reichhaltigen Ausbeuten von Dr. KASZAB's Expeditionen durch SCHMID (1970). Wir sind jedoch weit davon entfernt, eine gewisse Vollständigkeit der trichopterologischen Durcharbeitung des Landes anzunehmen. Die strenge hydrographische und klimatische Zonierung der Äußeren Mongolei, der hohe Anteil eremialer Gebiete, die Existenz eines Refugiums südlich des Tagny-nuruu während des Saale-Weichsel-Interglazials (DE LATTIN 1967) und die relative Nähe des Landes zu arborealen und eremialen Ausbreitungszentren lassen eine artenreiche Fauna erwarten. Die Mehrzahl der heute bekannten Arten sind mandschurische Faunenelemente mit sibirischer, eurosibirischer und holarktischer Verbreitung. Arten anderer Faunenkreise sind nur in geringer Zahl gefunden worden. Beim derzeitigen Erforschungsstand wird allerdings jede neue Kollektion eine Reihe von Arten aufweisen, die bisher für das Land als unbekannt gelten. Auch der vorliegende Beitrag enthält 10 solcher „Neuheiten", wobei allerdings *N. bimaculata* L., *L. rhombicus* L., *G. sajanensis* MART., *P. bipuncta* RETZ., *C. nigronervosa* RETZ., *C. excisa* MORT., *M. interjecta* BANKS, *M. sepulchralis* WALK. und *M. submarginalis* McL. a priori zu erwarten waren. Überraschend ist dagegen das Vorkommen von *A. appendix* ULM, die vom Kukunor (China) beschrieben wurde. (Alle Tiere leg. A. DULMAA).

1. *Rhyacophila* spec.
5 ♀♀, Dood-Cagaan, 26. 6. 1969, (Chövsgöl)

2. *Glossosoma intermedia* KLAPALEK
2 ♂♂ 2 ♀♀, Bajdrag-gol, 28. 6. 1966, (Bajanchongor).

3. *Glossosoma nylanderi* McLACHLAN
2 ♂♂, 26. 7. 1967, Bujant-gol, (Chovd).

4. *Arctopsyche ladogensis* KOLENATI
4 ♂♂ 17 ♀♀, Dood-Cagaan, 26. 6. 1969, (Chövsgöl).

5. *Hydropsyche kozhantschikovi* MARTYNOV
43 ♂♂ 5 ♀♀, Dood-Cagaan, 26. 6. 1969, (Chövsgöl); 7 ♂♂ 2 ♀♀, Bon-Cagaan, 27. 6. 1975, (Bajanchongor)

6. *Hydropsyche nevae* KOLENATI
19 ♂♂ 18 ♀♀, Dood-Cagaan, 9. 7. 1969, (Chövsgöl). – Im Material befinden sich 2 ♂♂, bei denen die Lateraldornen des Penis nach proximal gebogen sind (Fig. 1).

7. *Hydropsyche valvata* MARTYNOV
3 ♂♂, Dood-Šišchit, 21. 7. 1969, (Chövsgöl).

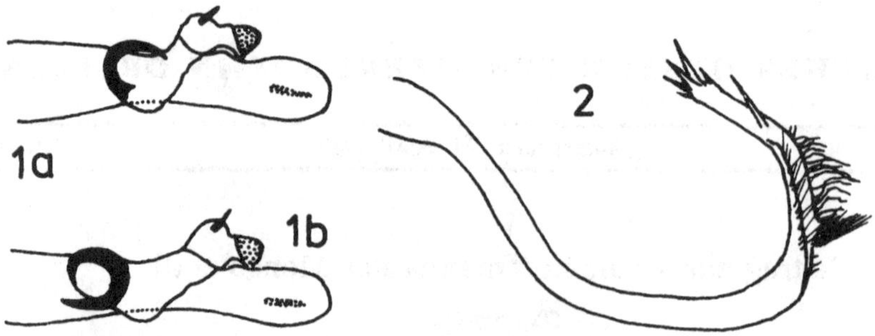

Fig. 1+2.
1: *Hydropsyche nevae* KOL., Penis (1a: Ex. von Moskau; 1b: Ex. vom Dood-Cagaan, Mongolei) – 2: *Asynarchus iteratus* McL., rechte Paramere.

8. *Neureclipsis bimaculata* L.
22 ♂♂ 6 ♀♀, Dood-Šišchit, 21. 7. 1969, (Chövsgöl).

9. *Dicosmoecus palatus* McLACHLAN
1 ♂, Chubsugul, 30. 7. 1970.

10. *Apatania stigmatella* ZETTERSTEDT
5 ♂♂, Dzuun Sajchan-uul, 26. 7. 1970, (Ömnögov).

11. *Apatania döhleri* SCHMID
3 ♂♂ 1 ♀, Dood-Cagaan, 29. 6. 1969, (Chövsgöl); 4 ♂♂, Churgan-nuur, 1. 7. 1971, (Bajanölgij); 1 ♂ 1 ♀, Bajdrag-gol, 28. 6. 1966, (Bajanchongor).

12. *Limnephilus rhombicus* L.
1 ♂, Onon, 28. 6. 1968, (Chentij); 2 ♀♀, Dood-Šišchit, 21. 7. 1969, (Chövsgöl); 4 ♀♀, Tajgan-nuur, 26. 7. 1969, (Chövsgöl).

13. *Limnephilus alaicus* MARTYNOV
2 ♂♂, Chöch-nuur, 20. 5. 1974, (Bajanchongor).

14. *Asynarchus iteratus* McLACHLAN
1 ♂, Chanuj-gol, 10. 8. 1967, (Archangaj). – Das einzige vorliegende Exemplar unterscheidet sich von der Nominatform in gleicher Weise, wie das bereits von SCHMID (1968) vermerkt wurde. Die abweichende Struktur der Parameren ist in Fig. 2 dargestellt.

15. *Anabolia appendix* ULMER
4 ♂♂, Chunuj-gol, 18. 7. 1967, (Archangaj).

16. *Agrypnia crassicornis* McLACHLAN
3 ♂♂ 2 ♀♀, Bajan-nuur, 24. 6. 1966, (Dzavchan); 1 ♂, Tajgan-nuur, 26. 7. 1969, (Chövsgöl).

17. *Agrypnia principalis* MARTYNOV
2 ♂♂, Char-nuur, 3. 8. 1975, (Chovd); 8 ♂♂, Char-nuur, 6. 7. 1976, (Chovd).

18. *Agrypnia obsoleta* Mc LACHLAN
5 ♂♂ 3 ♀♀, Chubsugul, 22. 8. 1960; 1 ♂, Selenga, 5. 8. 1966, (Bulgan).

19. *Phryganea bipunctata* RETZIUS
1 ♂ 1 ♀, Onon, 28. 6. 1968, (Chentij); 1 ♂, Dood-Šišchid, 21. 7. 1969, (Chövsgöl).

20. *Phryganea grandis rotundata* ULMER
10 ♂♂ 1 ♀, Char-nuur, 6. 7. 1976, (Chovd); 3 ♂♂ 2 ♀♀, Char-nuur, 3. 8. 1975, (Chovd). – Es ist jetzt noch nicht möglich, die gemeinsame Arealgrenze von *g. grandis* L. und *g. rotundata* ULM. zu erkennen. Es existiert offenbar ein breiter Bastardierungsgürtel in Westsibirien (MEY 1978).

21. *Semblis atrata chinganica* MARTYNOV stat. n.
1 ♂, Telmen-nuur, 16. 6. 1966, (Dzavchan). – Die von MARTYNOV (1908) aus dem Chingan (Mandschurei) beschriebene *S. chinganica* ist später von ihm selbst als Varietät von *atrata* GMELIN eingestuft worden (MARTYNOV 1914). KUWAYAMA (1973) betrachtet *chinganica* jedoch als bona species. Durch die freundliche Hilfe von Dr. Bo TJEDER (Stockholm), dem wir an dieser Stelle herzlich danken, konnten wir *chinganica* mit einem Exemplar aus Schweden vergleichen. Dabei zeigte sich, daß die gefundenen Unterschiede im Genitalapparat zu geringfügig sind, um für *chinganica* Artrang zu begründen. Auf Grund der bisher bekannten Fundorte (Chingan-Gebirge, Changaj-Gebirge und Korea) sind wir der Meinung, daß *chinganica* besser als Subspezies anzusehen ist, die ein Areal bewohnt, das in Zentral- und Ostasien südlich des Verbreitungsgebietes von *S. atrata atrata* liegt.

22. *Brachycentrus potanini* MARTYNOV
1 ♂, Egijn-gol, 26. 7. 1970, (Bulgan).

23. *Goera sajanensis* MARTYNOV
5 ♂♂ 1 ♀, Dood-Cagaan, 29. 6. 1969, (Chövsgöl); 2 ♂♂ 2 ♀♀, Churek-nuur, 19. 7. 1975.

24. *Ceraclea nigronervosa* RETZIUS
2 ♂♂, Dood-Cagaan, 29. 6. 1969, (Chövsgöl).

25. *Ceraclea excisa* MORTON
1 ♂, Čonocharajch-gol, 22. 7. 1967, (Chovd); 2 ♂♂ 1 ♀, Dood-Šišchid, 27. 7. 1969, (Chövsgöl).

26. *Oecetis ochracea* CURTIS
1 ♂, Char-nuur, 3. 8. 1975, (Chovd); 3 ♂♂, Ačit-nuur, 18. 7. 1975, (Uvs).

27. *Oecetis intima* McLACHLAN
10 ♂♂ 4 ♀♀, Char-nuur, 3. 8. 1975, (Chovd); 4 ♂♂ 3 ♀♀, Ačit-nuur, 18. 7. 1975, (Uvs).

28. *Oecetis furva* RAMBUR
5 ♂♂ 1 ♀, Char-nuur, 3. 8. 1975, (Chovd).

29. *Mystacides longicornis* L.
23 ♂♂ 2 ♀♀, Targan, 26. 7. 1969, (Chövsgöl); 8 ♂♂ 1 ♀, Ačit-nuur, 18. 7. 1975, (Uvs)

30. *Mystacides interjecta* BANKS
1 ♂, Selenga, 5. 8. 1966, (Bulgan). – Nach SCHMID (in litt.) ist *M. sibirica* MARTYNOV synonym mit *interjecta* BANKS.

31. *Mystacides sepulchralis* WALKER
10 ♂♂ 1 ♀, Dood-Šišchit, 21. 7. 1969, (Chövsgöl).

32. *Molanna albicans* ZETTERSTEDT
2 ♂♂, Ta'gan, 26. 7. 1969, (Chövsgöl).

33. *Molanna submarginalis* Mc LACHLAN
10 ♂♂, Dood-Cagaan, 9. 7. 1969, (Chövsgöl).

Summary

CONTRIBUTION TO THE TRICHOPTERA FAUNA OF MONGOLIA (I)

Within a list of 33 caddisfly species from Mongolia 10 species are recorded as new for this country. The article includes a short remark on *Semblis atrata chinganica* MARTYNOV.

Literatur

DE LATTIN, G., 1967: Grundriß der Zoogeographie. Jena.

KUWAYAMA, S., 1973: An enumeration of the family *Phryganeidae* from Japan and its adjacents territories. – Kontyu, **41**, 1, p. 35–43.

MARTYNOV, A. B., 1909: Trichoptera aus der Mandschurei. – Zool. Anz., **32**, p. 1.

–, 1914: Trichoptera Sibiriens und angrenzender Gebiete (russ.). – Ann. Mus. Zool. Sci. Imp. Petersbourg, 19, p. 279.

MEY, W., 1978: Trichoptera aus der Westmongolei. – Mitt. Zool. Mus. Berlin, **54**, 1, p. 97–98.

–, 1978: Köcherfliegen aus dem Ural. – Ent. Nachrichten, 22, 7/8, p. 122–125.

SCHMID, F., 1968: Ergebnisse der zoologischen Forschungen von Dr. Z. Kaszab in der Mongolei. 131. Trichoptera II. – Reichenbachia, Mus. Tierk. Dresden, **11**, Nr. 2, p. 5–16.

–, 1970: Ergebnisse der zoologischen Forschungen von Dr. Z. Kaszab in der Mongolei. 210. Trichoptera III. – Reichenbachia, Mus. Tierk. Dresden, **13**, Nr. 9, p. 113–124.

Anschriften der Autoren:

Dipl.-Biol. W. Mey, DDR – 1533 Stahnsdorf, PSF 59.

Dr. A. Dulmaa, Akademie der Wissenschaften der MVR, Zoologisches Institut, Ulaanbaatar-Choto, Mongol. VR.

Faunistische Abhandlungen

STAATLICHES MUSEUM FÜR TIERKUNDE IN DRESDEN

Band 7 Ausgegeben: 25. April 1980 Nr. 19

Zur Verbreitung der Keilflecklibelle (Anaciaeschna isoceles) in Mecklenburg

(Odonata)

Mit 1 Karte

DIETMAR KÖNIGSTEDT
Greifswald

Die Keilflecklibelle [*Anaciaeschna isoceles* (MÜLL.)] galt als mediterran verbreitete Art auf dem Gebiet der DDR als selten und lokal verbreitet (KANZLER 1954, 1959; SCHIEMENZ 1953, 1954). Aus dem mittleren Teil der DDR liegen einige Nachweise vor, die u. a. im Börde- und Börderandgebiet mit einer gewissen Regelmäßigkeit bestätigt werden konnten (HANDTKE 1966, MÜLLER 1969, SCHWARZBERG 1968a). Vereinzelte Funde wurden gelegentlich im Sinne von Zuwanderern oder einer Verfrachtung durch warme Luftströmungen diskutiert (HANDTKE 1966, 1968; MÜLLER 1969), bis sich seit einiger Zeit ein verändertes Bild abzeichnet. So ist nach PETERS (1967) *A. isoceles* an flachen bis mäßig tiefen vegetationsreichen eutrophen Gewässern in der weiteren Umgebung Berlins eine regelmäßige Erscheinung, und ZOERNER (1965) konnte sie bei Löwenberg (Mark) in großer Individuenzahl nachweisen. SCHEFFLER (1969) weist auf ihre Häufigkeit im NSG Thymen nördlich von Fürstenberg (Havel) hin.

Entsprechend war bisher auch der Status dieser Art in Mecklenburg, wo beispielsweise aus dem unmittelbaren Küstenbereich keine Nachweise aus der ohnehin spärlichen Odonatenliteratur jüngeren Datums bekannt geworden sind, und sie auch aus den übrigen Gebieten nur als Ausnahmeerscheinung angeführt wird. Lediglich SCHWARZBERG (1968b) fand sie Mitte Juni „außerordentlich häufig" im NSG Ostufer der Müritz, für das sie auch GÄBLER (1962) angibt. Außerdem stellte SCHEFFLER (1969) am 12. VI. 1968 am nördlichsten der Wienpietschseen südlich von Waren (Müritz) zahlreiche frisch geschlüpfte Tiere nebst den Exuvien fest. POOSCH (1973) führt Vorkommen aus dem NSG Mittelsee bei Langwitz südwestlich von Malchin und aus dem Torfmoor bei Dahmen (Kr. Malchin) an. In beiden Gebieten konnten im Zeitraum von 1966–68 regelmäßig Keilflecklibellen in geringer Zahl bestätigt werden. H. u. D. BRAASCH (1962 u. briefl.) sammelten 1960 1 ♂ am Haussee bei Feldberg und 1 weiteres ♂ im Juli 1962 bei Demmin. Verhältnismäßig häufig ist sie im NSG Serrahn (HACKETHAL 1975), so daß ein aus dem Juli 1969 stammendes Belegexemplar von B. PAUDTKE aus der weiteren Umgebung des NSG (genauer Fundort?), das sich in der Sammlung des Autors befindet, keine Ausnahme darstellt.

[1]) Den Herren Prof. Dr. G. PETERS, Dr. D. KÜHLMANN (Museum für Naturkunde Berlin), D. BRAASCH (Potsdam), B. PAUDTKE (Merzdorf b. Cottbus), D. SAEMANN (Augustusburg), W. SCHEFFLER (Neuglobsow) und H. SCHRÖDER (Stralsund) sei für das Überlassen von Beobachtungsmaterial, für Literaturhinweise und sonstige Auskünfte vielmals gedankt.

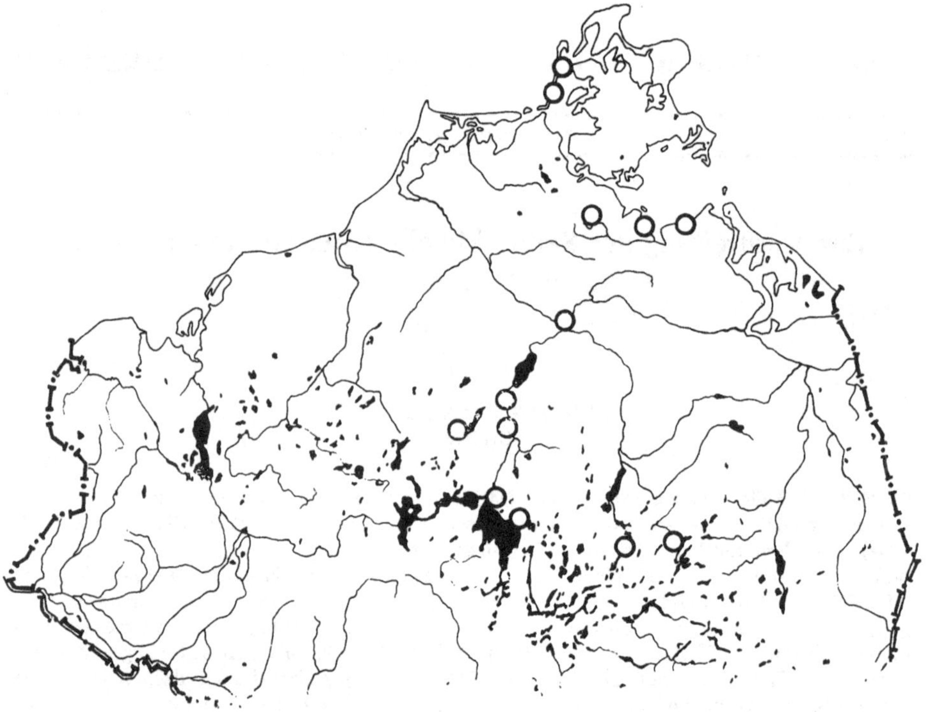

Fundorte der Keilflecklibelle *(Anaciaeschna isoceles)* in Mecklenburg.

Hinzu kommen einige weitere unveröffentlichte Funde, die das Bild über die Verbreitung von *A. isoceles* ergänzen. D. KÜHLMANN (lt. G. PETERS briefl.)[1] fand auf Hiddensee am 30. V. 1954 2 ♀♀ südlich von Neuendorf und am 24. VI. des gleichen Jahres 1 ♂ auf der Fährinsel. – EMMRICH (1970) erwähnt keinen Fund von Hiddensee.

Nach D. KÜHLMANN existierten weiterhin in der Sammlung des ehemaligen Naturkundemuseums Stralsund 2 undatierte Belegstücke (1 ♂, 1 ♀) aus Mannhagen, die sich aber heute nicht mehr dort befinden, und deren weiterer Verbleib unklar ist (H. SCHRÖDER briefl.). G. PETERS (briefl.) beobachtete und sammelte in der Kiesgrube Pisede bei Malchin, in der sich ein mit Rohrkolben (Typha) bewachsener Tümpel befindet, regelmäßig Keilflecklibellen (20. VI. 1978: 1 ♂; 7. VI. 1969: 2 juv. ♀♀; 8., 9. u. 10. VI. 1970: je 1 ♂; 11. VI. 1970: 5 bis 6 Expl.; 15., 17. u. 19. VI. 1970: je 1 Expl.).

Ein weiterer Fundort, der auch durch einen neueren Nachweis belegt ist, liegt bei Greifswald, wo der Autor am 8. VII. 1969 ein juveniles, noch weiches Expl. in der Nähe des Wampener Waldes, der an dieser Stelle unmittelbar an im Rosental gelegene Torfstiche grenzt, sammelte. – In der Umgebung von Greifswald wurde *A. isoceles* übrigens bereits von GERSTÄCKER (zit. nach PETER 1940), JOECKS (1925, ohne genaue Fundortangaben) und PETER (1940, Wampen, Lubmin), der außerdem auf deren Seltenheit verweist, nachgewiesen.

Daraus geht hervor, daß *A. isoceles* entgegen früheren Ansichten auch in Mecklenburg verbreitet und stellenweise nicht selten ist, wobei besonders im Gebiet der Mecklenburgischen Seenplatte Häufungen auffallen (s. Karte). Möglicherweise sind fehlende Nachweise – abgesehen von der geringen Sammlerdichte in verschiedenen Teilen Mecklenburgs, die zweifellos der Hauptgrund dafür sein dürfte – außerdem darauf zurückzuführen, daß diese Art kein „Patrouillenflieger" ist und demzufolge relativ schwer erbeutet wird (PETERS 1967).

Summary

ON THE DISTRIBUTION OF ANACIAESCHNA ISOCELES IN MECKLENBURG, G.D.R.

In the present paper the distribution of *Anaciaeschna isoceles* in Mecklenburg was described. Contrary to former informations about the distribution in the G.D.R. this species is widespread and partially not rare in this region. Hitherto records from 13 localities are known.

Literatur

BRAASCH, H. u. D., 1962: Zur Odonatenfauna um Feldberg und Serrahn im Kreis Neustrelitz. – Biol. Beitr., 1, 304–312.

EMMRICH, R., 1970: Zur Odonatenfauna der Insel Hiddensee. – Ent. Nachr., 14, 121–124.

GÄBLER, H., 1962: Die Libellen des Naturschutzgebietes „Ostufer der Müritz". – In: Beitr. Erforsch. NSG „Ostufer der Müritz", 104–107.

HACKETHAL, H., 1975: Zur Libellenfauna Serrahns. – In: Das Naturschutzgebiet Serrahn, 85–89.

HANDTKE. B., 1966: Die Libellen *(Odonata)* des Gröninger Erdfallgebietes im Westrand der Magdeburger Börde. – Naturk. Jber. Mus. Heineanum, 1, 67–80.

–, 1968: Neue Beobachtungen zur Libellenfauna des Gröninger Erdfallgebietes. – Naturk. Jber. Mus. Heineanum, 3, 18–23.

JOECKS, G., 1925: Beitrag zur Libellen-Fauna Pommerns. – Mitt. Naturwiss. Ver. Neupommern u. Rügen, 50/51, 72–76.

KANZLER, W., 1954: Märkische Libellenfauna (Eine Zusammenfassung bisher publizierter sowie neuer Fundorte). – Dtsch. Ent. Z., N. F., 1, 42–85.

–; 1959: Märkische Libellenfauna (Nachtrag). – Mitt.-bl. f. Insektenkd., 3, 140–150.

MÜLLER, J., 1969: Bemerkenswerte Odonatennachweise an den Löderburger Bruchfeldteichen (Magdeburger Börde). – Naturk. Jber. Mus. Heineanum, 4, 21–54.

PETER, R., 1940: Die Libellen von Greifswald und Umgebung. Greifswald.

PETERS, G., 1967: Einige Gedanken zur weiteren Erforschung der einheimischen Libellen *(Insecta, Odonata)*. – Veröff. Bez.-Mus. Potsdam, 14 (Beitr. Tierwelt Mark, 4), 31–49.

POOSCH, H., 1973: Zum Vorkommen und zur Populationsdynamik von Libellen an zwei Kleingewässern in Mecklenburg. – Natur u. Natursch. Meckl., 11, 5–14.

SCHEFFLER, W., 1969: Odonatenfauna des Naturschutzgebietes Thymen. – Brand. Naturschutzgeb., F. 11, 1–14.

SCHIEMENZ, H., 1953: Die Libellen unserer Heimat. Jena.

–, 1954: Die Libellenfauna von Sachsen in zoogeographischer Betrachtung. – Abh. Ber. Staatl. Mus. Tierkd. Dresden, 22, 22–46.

SCHWARZBERG, H., 1968a: Ein Beitrag zur Odonatenfauna des Hohen Holzes. – Naturk. Jber. Mus. Heineanum, 3, 15–17.

–, 1968b: Ein Beitrag zur Odonatenfauna des Naturschutzgebietes „Ostufer der Müritz". – Natur u. Natursch. Meckl., 6, 5–10.

ZOERNER, H., 1965: Beobachtungen zur Lebensweise und Häufigkeit von *Anaciaeschna isoceles* (Müller) bei Löwenberg (Mark) *(Odonata, Aeschnidae)*. – Ent. Ber., 2, 18.

Anschrift des Autors: Dr. D. Königstedt, DDR – 22 Greifswald, Erich-Weinert-Straße 9.

Nachtrag

Während der Drucklegung konnte noch eine Staatsexamensarbeit (DOMBROWSKI, Chr.: Beiträge zur Odonatenfauna der Umgebung von Greifswald, Greifswald 1966) eingesehen werden, in der über Larvenfunde von *A. isoceles* berichtet wird (Zeitraum vom 15. III. – 25. VIII. 1965), ohne daß aber genaue Ortsangaben mitgeteilt werden.

D 216/78

Faunistische Abhandlungen

STAATLICHES MUSEUM FÜR TIERKUNDE IN DRESDEN

Band 7 | Ausgegeben: 25. April 1980 | Nr. 20

Eine bemerkenswerte Kugelspinne aus dem Harz

(Arachnida, Araneae, Theridiidae)

Beiträge zur Spinnenfauna der DDR, IV

Mit 3 Figuren

STEFAN HEIMER
Dresden

Es ist mir eine angenehme Pflicht, an dieser Stelle meinem Kollegen Dr. H. HIEBSCH zu danken, der mir unter anderem auch diese interessante Spinne zur Bestimmung vorlegte.

Chrysso conigerum (SIMON, 1914) comb. n.

Euryopis pyramidalis SIMON, 1879
Theridium conigerum SIMON, 1914

Diagnose (♂)

Maße: Gesamtlänge: 1,6 mm; Cephalothorax-Länge: 0,9 mm.

Cephalothorax: Etwa so lang wie breit, vorn gleichmäßig verschmälert. Gelbbraun, schwärzlich verdunkelt, mit deutlich abgesetzter schmaler schwarzer Randlinie. Augenregion stärker verdunkelt, Radiärstreifen angedeutet. Clypeus deutlich konkav. Sternum so lang wie breit, zwischen die IV. Coxen verlängert, diese um ihren Durchmesser trennend. Etwas dunkler als die Cephalothorax-Oberseite, mit deutlichem schmalen schwarzen Rand. Labium gelbbraun.

Cheliceren etwas länger als der Clypeus, distal leicht divergierend. Gelbbraun, ohne Stridulationsorgan. Klauenfurchenränder ohne Zähnchen.

Mittelaugenfeld wenig länger als breit, vorn schmaler als hinten. HA-Reihe gerade, Augen um den Durchmesser der HMA getrennt. HMA deutlich größer als die übrigen Augen. VMA kleiner als SA, um ihren Durchmesser getrennt und breit schwarz umrandet. SA sich fast berührend, auf einer niedrigen gemeinsamen Erhöhung.

Abdomen: Etwas höher als lang, aboral-dorsal mit einem konischen Höcker. Oberseits grau mit angedeuteten unregelmäßigen hellen Flecken. Zwischen dem Höcker und den Spinnwarzen ein großes gelblichweißes Feld von ovaler Form. Ventralseite dunkler, Epigaster fast schwarz. Etwa in der Mitte zwischen Epigaster und Spinnwarzen beiderseits mit einem querovalen weißen Fleck. Davor, unmittelbar an der Epigastralfurche, ein kleiner gelber Fleck. Umgebung der Spinnwarzen braun. Ein Colulus ist nicht vorhanden.

Beine: Die Längenverhältnisse der Beinglieder sind aus Fig. 1 ersichtlich. Alle Patellen mit zwei dorsalen Borsten, ebenso alle Tibien. Länge der Tibialborsten etwa $1^1/_3$ des Durchmessers (d) des Gliedes, ausgenommen die proximale Borste auf Tibia IV (2d).

Alle Beine gelbbraun. Femur, Patella, Tibia und Metatarsus aller Beine distal braun verdunkelt, sonst alle Glieder undeutlich braun geringelt.

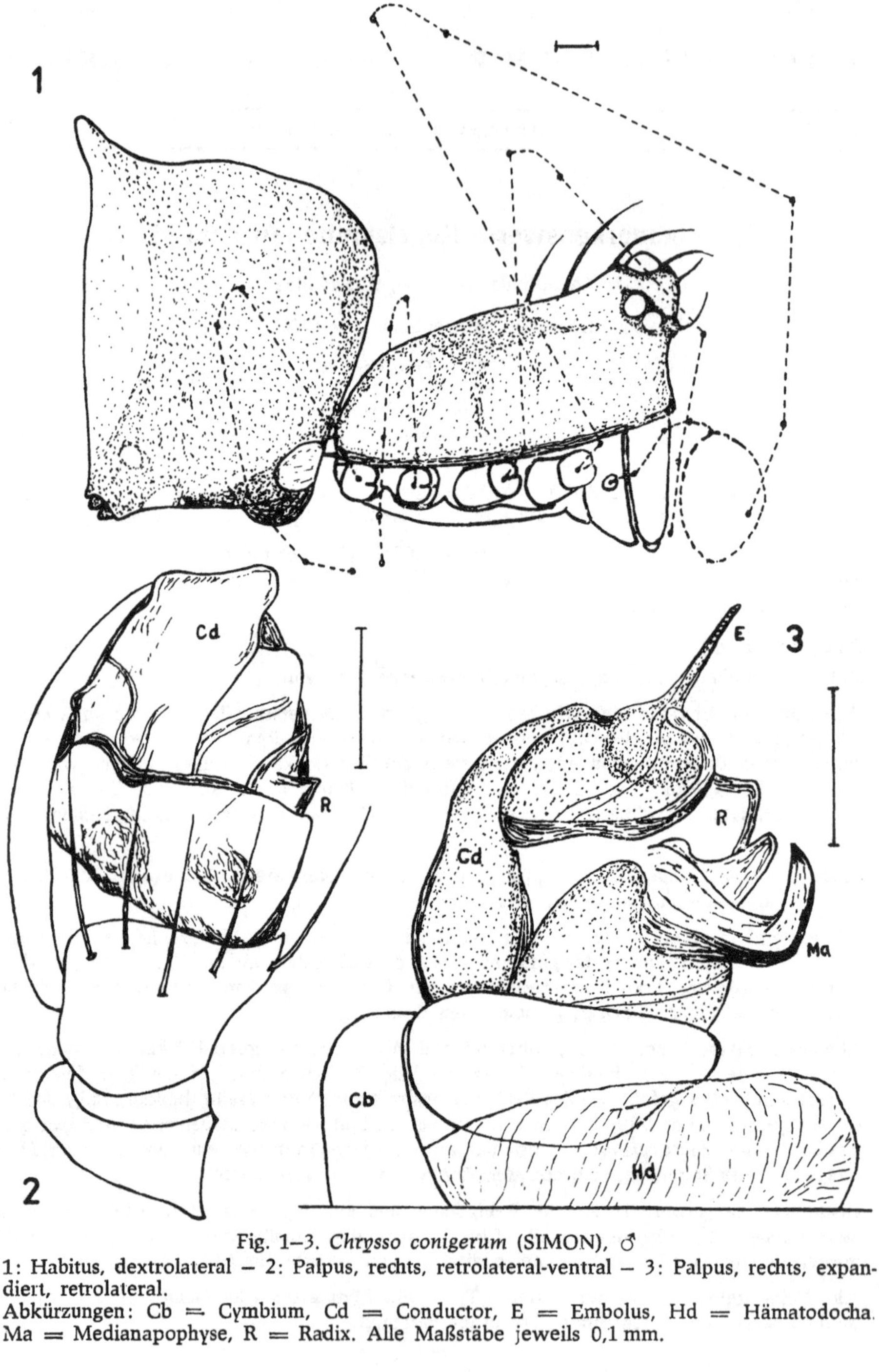

Fig. 1–3. *Chrysso conigerum* (SIMON), ♂
1: Habitus, dextrolateral – 2: Palpus, rechts, retrolateral-ventral – 3: Palpus, rechts, expandiert, retrolateral.
Abkürzungen: Cb = Cymbium, Cd = Conductor, E = Embolus, Hd = Hämatodocha. Ma = Medianapophyse, R = Radix. Alle Maßstäbe jeweils 0,1 mm.

Palpus: Ein Paracymbium oder Bildungen, die als solches gedeutet werden könnten, sind nicht vorhanden. Kräftig entwickelter, am distalen Ende leicht gelappter Conductor. Die große gebogene Medianapophyse ist distal breit gerundet (Fig. 3 mit Blick auf die Schmalseite.). Radix eingekerbt, etwa V-förmig. Embolus kurz, zierlich, distal durch Querrippen aufgerauht. Radix, Medianapophyse und Embolus sind als deutlich getrennte Sklerite ausgebildet.

Taxonomie

Das hier beschriebene ♂ entspricht im wesentlichen der Beschreibung von *Euryopis pyramidalis* SIMON, 1879. Besonders gut stimmen Form und Färbung des Abdomens, die Cheliceren sowie Stellung und Größe der Augen überein.

Es ist deshalb anzunehmen, daß das von WUNDERLICH (1973) als zu „*?Theridion conigerum*" gehörig beschriebene ♂ nicht zu dieser Art gerechnet werden kann, wobei zweifellos enge Verwandtschaft vorliegt. Gerade in den o. g. Merkmalen findet er Abweichungen und „... wertet diese Unterschiede zum ♂ mit Vorbehalt als Geschlechtsdimorphismen ...". Des weiteren sind im Bau des männlichen Palpus wesentliche Unterschiede zwischen den Zeichnungen WUNDERLICHs und dem dem Autor vorliegenden Tier zu finden.

Nach Kenntnis des ♂ (bisher waren nur wenige ♀♀ und Jungtiere bekannt) ist der Autor der Ansicht, daß *conigerum* zur Gattung *Chrysso* O.P.-CAMBRIDGE gestellt werden muß. Keinesfalls gehört die Art zu *Achaearanea* STRAND, wie das LEVI (1962) für das ♀ annimmt. Am männlichen Palpus der *Achaearanea*-Arten fehlt die Radix, und Medianapophyse sowie Embolus sind als ein Sklerit ausgebildet. Andererseits ist bei *Theridion* WALCKENAER ein modifiziertes Abdomen nicht bekannt (vgl. LEVI 1962).

WUNDERLICH (1973) schreibt über das ♀, daß die Receptacula seminis denen von *Theridion pinastri* L. KOCH ähneln, die Einführungsgänge dagegen kurz und ohne Schleifen sind. Eine solche Vulva ist unter anderem typisch für *Chrysso*, kommt allerdings auch bei verschiedenen anderen Theridiiden vor.

Material

1 ♂, Oberharz, Ilsenhütte, Krs. Wernigerode; im VII 1972 zusammen mit *Lepthyphantes expuntus* (CAMBRIDGE) von Fichten geklopft. Coll. Staatl. Museum f. Tierkunde Dresden.

Summary

A REMARKABLE THERIDIID SPIDER FROM THE HARTZ MOUNTAINS

The male of *Theridium conigerum* SIMON, 1914 is described. The genitalia show that this species belongs to the genus *Chrysso* O.-P.-CAMBRIDGE. *?Theridion conigerum* SIMON (WUNDERLICH 1973) seems to be another species.

Literatur

LEVI, H. W. u. L. R. LEVI, 1962: The genera of the spider family *Theridiidae*. – Bull. Mus. comp. Zool. Harvard Coll., 127, 3–71.

SIMON, E., 1879: Arachnides nouveaux de France, d'Espagne et d'Algèrie. – Bull. Soc. zool. France, 4, 251–263.

WIEHLE, H., 1937: *Theridiidae*. In: DAHL, F., Die Tierwelt Deutschlands, 33.

WUNDERLICH, J., 1973: Zur Spinnenfauna Deutschlands, XV. Weitere seltene und bisher unbekannte Arten sowie Anmerkungen zur Taxonomie und Synonymie. – Senck. biol., 54, 405–428.

Anschrift des Autors:
S. Heimer, Staatl. Museum für Tierkunde, DDR – 801 Dresden, Augustusstraße 2

Faunistische Abhandlungen

STAATLICHES MUSEUM FÜR TIERKUNDE IN DRESDEN

Band 7 | Ausgegeben: 25. April 1980 | Nr. 21

Scolytoidea from Queensland (Australia)

(Coleoptera)

336th Contribution to the Morphology and Taxonomy of the Scolytoidea

KARL E. SCHEDL †
Lienz, Osttirol, Austria

Mr. F. R. WYLIE and Mr. R. A. YULE have been collecting forest insects in Northern Queensland (Australia) during 1976, thus producing for the first time details about the distribution and the hostplants of the *Scolytidae* and *Platypodidae* of this region. From the 15 collected Scolytids *Aricerus eichhoffi* BLANDF., *Cryphalus brimblecombi* SCHEDL, *Cryphalus subopacus* LEA, *Xyleborus cinctipennis* n. sp., *Xyleborus parvus* LEA and *Xyleborus truncatus* ER. are endemic to eastern Australia, *Xyleborus insulindicus* EGG., *Xyleborus ipidia* SCHEDL, *Xyleborus novaguineanus* SCHEDL have been described from New Guinea, *Xyleborus destruens* BLANDF. and *Xyleborus subagnatus* SCHEDL are common in the Indomalayan region and New Guinea, and the distribution of *Xyleborus ferrugineus* FAB. is circumtropical. *Xyleborus perforans* WOLL. has been reported from Madeira, a few places in tropical Africa and the neotropical region, and is common in the Indomalayan region. Among the Platypodids *Crossotarsus chalcographus* SCHEDL has been described from New Guinea, *Baiocis pernanulus* SCHEDL has also been reported from the Philippines and New Guinea, *Diapus pusillimus* CHAP. is distributed from Africa in the west to New Guinea and Australia in the east, the other species of the following list are endemic to Australia. Two species of the genus *Xyleborus* EICHH. and one species of *Platypus* HERBST are new to science. This also applies to some of the second sex of known species. The abbreviations RAY/FRW refer to R. A. YULE and F. R. WYLIE.

Mr. G. MINKO, Plantation Research Officer in Myrtleford, Victoria, found a Scolytid beetle attacking dying branches of elm trees quite common in Southern Australia, but so far not connected with the Dutch Elm Disease. Specimens sent to me proved that the species in question is *Scolytus multistriatus* MARSH. It seems to be useful to include this new record in this paper, as it is quite possible that this species may gradually spread to Queensland.

New and interesting records

SCOLYTIDAE

Aricerus eichhoffi BLANDF.:
Nth. Qld., Bluewater via Townsville, 27. X. 1976, no host, RAY/FRW (1287/19). – Nth. Qld., B. Road Mt. Haig Danbulla, 30. X. 1976, ex Canarium australasicum, RAY/FRW (1287/16). – Nth. Qld., Goldsborough, 4. XI. 1976, ex Ficus sp., RAY/FRW (1287/1 and 4).

Cryphalus brimblecombi SCHEDL:
Nth. Qld., Bluewater via Townsville, 27. X. 1976, ex Cinnamomum sp. and Elaeocarpus sp., RAY/RFW (1287/20). – Nth. Qld., B. road Mt. Haig Danbulla, 30. X. 1976, ex Canarium

australasicum, RAY/FRW (1287/15). – Nth. Qld., B. road Mt. Haig Danbulla, 30. X. 1976, no host, RAY/FRW (1287/13 and 14).

Cryphalus subopacus LEA:
Nth. Qld., Kuranda, Mckenzie's Pkt., 3. XI. 1976, ex Mangrove, RAY/FRW (1287/22).

Xyleborus australis n. sp.:
Queensland, Rocky Scrob, 6. VII. 1973, M. DE BAER (?).

Xyleborus cinctipennis n. sp.:
Nth. Qld., Danbulla, Broad, 1. XI. 1976, X MV light, RAY/FRW (1293/2).

Xyleborus destruens BLANDF.:
Nth. Qld., Mossman, 2. XI. 1976, X MV light, RAY/FRW (1291/6).

Xyleborus ferrugineus FAB.:
Nth. Qld., A. Road Danbulla, 1. XI. 1976, ex Doryphoro aromatica, RAY/FRW (1288/11). – Nth. Qld., Goldsborough, 4. XI. 1976, ex Eugenia gustavioides, RAY/FRW (1287/2).

Xyleborus insulindicus EGG.:
Nth. Qld., Mt. Fox, 28. X. 1976, ex Elaeocarpus sp., RAY/FRW (1287/75).

Xyleborus ipidia SCHEDL:
Nth. Qld., Goldsborough, 4. XI. 1976, ex Beilschmiedia obtusifolia, RAY/FRW (1287/3).

Xyleborus novaguineanus SCHEDL:
Nth. Qld., B. road Mt. Haig Danbulla, 30. X. 1976, ex Alphitonia petriei, FRW/RAY (1287/14). – Nth. Qld., A. Road Danbulla, 1. XI. 1976, no host, FRW/RAY (1288/12 and 1287/12). – Nth. Qld., Danbulla, Broad, 1. XI. 1976, X MV light, FRW/RAY (1293/2). – Nth Qld., Goldsborough, 4. XI. 1976, ex Elaeocarpus sp., FRW/RAY (1287/6).

Xyleborus parvus LEA:
Nth. Qld., Mt. Fox, 28. X. 1976, ex Eucalyptus torelliana, RAY/FRW (1287/26). – Nth. Qld., A. road Danbulla, 1. XI. 1976, no host, RAY/FRW (1287/10).

Xyleborus perforans WOLL.:
Nth. Qld., Mossman, 2. XI. 1976, X MV light, RAY/FRW (1291/5). – Nth. Qld., Daintree R., Cape Tribulation ferry, 2. XI. 1976, no host, RAY/FRW (1287/28). – Nth. Qld., Kuranda, Mckenzie's Pkt., 3. XI. 1976, ex Mangrove, RAY/FRW (1287/21 and 23). – Nth. Qld., Goldsborough, 4. XI. 1976, no host, RAY/FRW (1287/9); ex Ficus sp., RAY/FRW (1285/6 and 1287/8); ex Beilschmiedia obtusifolia, RAY/FRW (1287/7); ex Elaeocarpus sp., RAY/FRW (1287/5); ex Eugenia gustavioides, RAY/FRW (1287/2).

Xyleborus similis FERR.:
Nth. Qld., Danbulla, Broad, 1. X. 1976, X MV light, RAY/FRW (1293/2). – Nth. Qld., Mt. Fox, 28. X. 1976, no host, RAY/FRW (1287/27). – Nth. Qld., Gadgarra, 31. X. 1976, Maple plantation, Flindersia brayleyana, RAY/FRW (1287/23). – Nth. Qld., Mossman, 2. XI. 1976, X MV light, RAY/FRW (1291/5).

Xyleborus subagnatus SCHEDL:
Nth. Qld., Kuranda, Mckenzie's Pkt., 3. XI. 1976, ex Mangrove, RAY/FRW (1287/21).

Xyleborus truncatus ER.:
Nth. Qld., B. Road Mt. Haig Danbulla, 30. X. 1976, ex Alphitonia petriei, RAY/FRW (1287/18).

PLATYPODIDAE

Crossotarsus chalcographus SCHEDL:
Nth. Qld., Mossman, 2. XI. 1976, X MV light, RAY/FRW (1291/3).

Crossotarsus nitescens SCHEDL:
Nth. Qld., Mt. Fox, 28. X. 1976, ex Elaeocarpus sp., RAY/FRW (1286/15). – Nth. Qld., Kirrama, 29. X. 1976, ex Schizomeria ovata, RAY/FRW (1286/7). – Nth. Qld., Danbulla, 30. X. 1976, ex Euodia sp., RAY/FRW (1285/37 and 38). – Nth. Qld., B. Road Mt. Haig, 30. X. 1976, ex Canarium australasicum, RAY/FRW (1285/36). – Nth. Qld., Gadgarra, 31. X. 1976, ex Araucaria cunninghamii, RAY/FRW (1286/14). – Nth. Qld., Goldsborough, 4. XI. 1976, ex Eugenia gustavioides, RAY/FRW (1285/14).

Baiocis pernanulus SCHEDL:
Nth. Qld., A. Road, Danbulla, 1. XI. 1976, no host, FRW/RAY (1285/34).

Platypus omnivorus LEA:
Nth. Qld., Bluewater via Townsville, 27. X. 1976, ex Cinnamomum sp., and Elaeocarpus sp., FRW/RAY (1285/39); no host, FRW/RAY (1285/42). – Nth. Qld., Danbulla, 28. X. 1976, no host, FRW/RAY (1286/40). – Nth. Qld., Mt. Fox, 28. X. 1976, ex Flindersia pubescens, FRW/RAY (1286/17); ex Elaeocarpus sp., FRW/RAY (1286/18); no host, FRW/RAY (1286/20). – Nth. Qld., Kirrama, 29. X. 1976, ex Schizomeria ovata, FRW/RAY (1286/8); ex Argyrodendron sp., FRW/RAY (1286/6). – Nth. Qld., B. Road, Mt. Haig, Danbulla, 30. X. 1976, ex Euodia sp., FRW/RAY (1285/22 and 23).
Nth. Qld., Gadgarra, 31. X. 1976, ex Hoop pine thinnings, Araucaria cunninghamii, FRW/RAY (1286/11). – Nth. Qld., A. Road, Danbulla, 1. XI. 1976, no host, FRW/RAY (1285/28); ex Doryphora aromatica, FRW/RAY (1285/35). – Nth. Qld., Goldsborough, 4. XI. 1976, ex Elaeocarpus sp., FRW/RAY (1285/9); ex Beilschmiedia obtusifolia, FRW/RAY (1285/12); no host, FRW/RAY (1285/17).

Platypus queenslandi SCHEDL:
Nth. Qld., Kirrama, 29. X. 1976, no host, RAY/FRW (1286/1). – Nth. Qld., B. Road Mt. Haig, Danbulla, 30. X. 1976, ex Canarium australasicum, RAY/FRW (1285/36 and 1287/17); mixed species, RAY/FRW (1285/21 and 31). – Nth. Qld., Danbulla, 30. X. 1976, ex Alphitonia petriei, RAY/FRW (1285/25 and 26). – Nth. Qld., Gadgarra, 31. X. 1976, ex Araucaria cunninghamii, RAY/FRW (1286/12). – Nth. Qld., A. Road, Danbulla, 1. XI. 1976, no host, RAY/FRW (1285/32).

Platypus scalaris n. sp.
Nth. Qld., Mt. Fox, 28. X. 1976, ex Flindersia pubescens, FRW/RAY.

Platypus semigranosus SCHEDL:
Nth. Qld., Mt. Fox, 25. X. 1976, ex Elaeocarpus sp., RAY/FRW (1286/18); 28. X. 1976, ex Panax sp., RAY/FRW (1286/16). – Nth. Qld., Bluewater via Townsville, 27. X. 1976, ex Cinnamomum sp., RAY/FRW (1285/41). – Nth. Qld., Kirrama, 29. X. 1976, ex Argyrodendron sp., RAY/FRW (1286/6). – Nth. Qld., Danbulla, 1. XI. 1976, ex Flindersia pubescens, RAY/FRW (1286/40). – Nth. Qld., Fong on Bay Road, 1. XI. 1976, ex Planchonella laurifolia, RAY/FRW (1285/29). – Nth. Qld., Goldsborough, 4. XI. 1976, mixed species, RAY/FRW (1285/5 and 19).

Diapus pusillimus CHAP.:
Nth. Qld., Gadgarra, 31. X. 1976, ex Hoop pine thinnings, Araucaria cunninghamii, RAY/FRW (1286/14). – Nth. Qld., Goldsborough, 4. XI. 1976, ex Beilschmiedia obtusifolia, FRW/RAY (1285/1 and 1285/3); ex Ficus sp., FRW/RAY (1285/8); ex Eugenia gustavioides, FRW/RAY (1285/13); ex Elaeocarpus sp., FRW/RAY (1285/18).

Description of new species

Xyleborus australis n. sp.

Female. – Piceous, 2,5 mm long, 2,5 times as long as wide. A new species to be placed near to *Xyleborus lineatus* EGG. but somewhat smaller, more finely sculptured, the elytral declivity obliquely convex, a little transversely aplanate, and on the interstices with a few pointed granules above.

Front convex, silky shining, minutely punctulate, also with numerous moderately small punctures, glabrous except of a fringe of short reddish hairs along the anterior margin.

Pronotum as long as wide, postero-lateral angles rectangular, evenly rounted, sides parallel on basal two fifths, apex broadly rounded, without distinct subapical constriction; summit rather high, situated in the centre, anterior area steeply convex, densely covered with very small asperities, basal area fairly shining, minutely punctulate, moderate finely and rather densely punctured, on anterior area and along the sides with some long very fine setae. Scutellum small, with a few fine punctures.

Elytra as wide and 1.5 times as long as the pronotum, sides parallel on basal half, apex very broadly rounded, declivity restricted to the distal half of the elytra, rather steeply and transversely aplanate convex; disc fairly shining, very finely and rather densely punctured, the two sets, those of the main rows and such of the interstices very difficult to distinguish, on the declivity the same type of punctures but little more crowded, at the commencement of the convexity with a pointed granule on each interstice, those of the third ones a little larger, some moderately long fine hairs arising from the interstices on the sides of the disc, more abundant on the declivity.

Holotype (♀) in Collection SCHEDL.

Type-Locality: Queensland, Rocky Scrob, 6. VII. 1973, M. DE BAER (?).

Xyleborus cinctipennis n. sp.

Female. – Ferrugineous, 1,9 mm long, 2,8 times as long as wide. Somewhat allied to *Xyleborus sculptilis* SCHEDL but distinctly smaller, the elytral declivity less steeply declivous, and the elytral disc not striate-punctate.

Front broadly convex, nearly opaque, minutely punctulate, rather coarsely punctured, a seam of minute hairs along the epistomal margin.

Pronotum about as long as wide, postero-lateral angles rectangular and somewhat rounded, sides parallel on little more than the basal half, apex broadly rounded, the subapical constriction difficult to recognize; summit a little before the centre, anterior area oblique convex and densely covered by very small asperities, basal area but very little shining, with rather densely placed very fine punctures, pubescence inconspicuous. Scutellum submerged, difficult to see.

Elytra not quite as wide and 1.7 times as long as the pronotum, sides parallel on the basal three fifths, apex broadly rounded, declivity restricted to the distal two fifths, obliquely convex, disc shining, densely punctured, the punctures a little larger towards the suture, finer on the sides, without distinct strial arrangement, nearly glabrous; declivity with a small pointed granules on the first interstices at the beginning of the convexity, three larger pointed tubercles along the third instertices being placed in equal intervalles, some more of such tubercles around the apical margin and on the sides, the declivital face shining, the suture elevated, the second interstices depressed, indistinctly finely punctured.

Holotype in Collection SCHEDL.

Type-Locality: Nth. Queensland, Danbulla Broad, 1. XI. 1976, X MV light, RAY/FRW.

Xyleborus insulindicus EGG., masc. n.

Male. – Piceous, 4.8 mm long, 2.4 times as long as wide. In general appearance somewhat similar to the male of *Xyleborus swezeyi* BEES. but much smaller, more coarsely sculptured, especially on the elytral declivity.

Head much smaller than the pronotum, front broadly convex, brightly shining, rather finely punctured in the lower half, minutely punctulate above, with the usual fringe of hairs along the anterior margin.

Pronotum shining, as long as wide, postero-lateral angles a little more than rectangular and but feebly rounded, sides slightly divergent on the basal fifth, thence rather strongly incurved, anterior margin beaklike extended, trapezoid in outline, with a small but distinct triangular emargination in the middle, the subapical constriction fairly distinct; summit far behind the centre, anterior area convex above, longitudinally impressed on tle beaklike extension below, the entire disc densely and rather coarsely punctured, the punctures bearing long inclined hairs on the sides. Scutellum very small, shining.

Elytra as wide and 1.4 times as long as the pronotum, sides parallel on the basal two fifths, apex broadly rounded, declivity extending over the distal three fifths of the entire elytra, obliquely convex, disc shining, striate-punctate, the striae narrow, the strial punctures small and closely placed, the interstices wide, flat, densely and irregularly covered with punctures being distinctly larger (rather coarse) than those of the striae; declivity with the suture somewhat raised, a shallow but wide longitudinal depression on the side extending to the fifth interstice, the punctuation similar to that of the disc but somewhat more dense and a little finer.

Allotype in Collection SCHEDL.

Type-Locality: Nth Qld., Mt. Fox, 28. X. 1976, ex Elaeocarpus species, FRW/RAY.

Xyleborus truncatus ER., masc. n.

Male. – Testaceous, brightly shining, 3.1 mm long, 2.3 times as long as wide. Easily distinguished from the female by the rectangular outline of the pronotum, the short elytra and the upper margin of the circular elytral declivity being not carinate.

Front broadly convex, finely granulate-punctulate below, more minutely punctulate above, some short inclined setae on the lower half, a fringe of longer hairs along the epistomal margin.

Pronotum longer than wide (39/34), rectangular in outline, postero-lateral angles a little more than rectangular and slightly rounded, sides somewhat divergent on the basal two thirds, apex abruptly extreme broadly rounded; summit rather poorly developed and situated far behind centre, disc very densely and very finely asperate-punctate, the short basal area extreme finely punctured, short scarce pubescence on the sides. Scutellum very small triangular, shining and impunctate.

Elytra as wide and as long as the pronotum, the sides parallel on basal half, very little narrowed behind, declivity perpendicular and circular as in the female but the upper half of the margin not carinate, disc shining, with rows of moderately fine punctures in subimpressed lines, the interstices wide and flat, each one with a more irregular row of similar punctures as in the main series; declivity brightly shining, flat, with three rows of rather large punctures in somewhat impressed lines, the suture not distinctly elevated.

Allotype in Collection SCHEDL.

Type-Locality: Nth Qld., Mt. Haig Danbulla, 30. X. 1976, ex Alphitonia petriei, FRW/RAY.

Crossotarsus nitescens SCHEDL, fem. n.

Female. – Piceous, brightly shining, 5.1 mm long, 3.2 times as long as wide. Somewhat allied to the female of *Crossotarsus horni* SCHEDL but much larger and with the pubescence of the front not uniform and very short.

Front broadly convex, silky shining, minutely punctulate, moderate coarsely punctured, with short pubescence above and a circular brush of longer hairs below.

Pronotum little wider than long (20:19), sides slightly arcuate, femoral emargination short and shallow, disc shining, with rather dense extremely fine punctuation, median sulcus indistinct, with very inconspicuous short setae along the anterior margin and on the sides.

Elytra as wide and twice as long as the pronotum, sides parallel on little more than the basal half, somewhat incurved behind, apex transverse, declivity restricted to the distal fourth of the elytra, somewhat convex above, perpendicular below; disc silky shining, striate-punctate, the striae very fine, the strial punctures small and closely placed, interstices moderately wide, minutely punctulate, the first and third narrowly elevated towards the base but without distinct transverse rugae; on the declivital convexity the striae fading away, the punctuation of the interstices little coarser and with some very short semierect hairs, the perpendicular face minutely granulate, the pubescence little more prominent.

Allotype and three paratypes in Collection SCHEDL, four paratypes in the Biology Laboratory, Department of Forestry in INDOOROOPILLY, Queensland.

Type-Localities: Nth. Queensland, Mt. Fox, 28. X. 1976, ex Elaeocarpus sp.; Firrama, 29. X. 1976, ex Schizomeria ovata; B. Road Mt. Haig, 30. X. 1976, ex Canarium australasicum; Danbulla, 30. X. 1976, ex Euodia sp., all collected by FRW/RAY.

Platypus scalaris n. sp.

Male. – Piceous, 4.8 mm long, 3.4 times as long as wide. More closely allied to *Platypus pseudoselysi* SCHEDL of the *Platypi gemmati* but much smaller, the alternating interstices on the upper margin of the elytral declivity more pointed, more slender and the postero-lateral angles marked by very small pointed teeth.

Front silky shining, broadly convex above, aplanate to slightly transversely depressed below, on this part with scattered rather coarse punctures, on the convex part above the punctures smaller, very densely placed and giving origine to short semierect setae, some longer hairs across the vertex.

Pronotum longer than wide (18:16), rectangular in outline, widest near base, without distinct femoral emarginations, disc somewhat shining, minutely punctulate, with some slightly larger punctures on basal half, median sulcus indistinct.

Elytra as wide and 1.8 times as long as the pronotum, sides straight and parallel on basal two thirds, very slightly narrowed behind, postero-lateral angles indicated by a minute tooth of the ninth interstice, the interstices one, three, five and seven horizontal drawn out into large very pointed teeth extending over the obliquely convex declivity below, the extended declivity trapezoid in outline, the apical margin of the latter nearly transverse and with its postero-lateral angles marked by a small pointed tooth, the oblique declivital face dull, minutely punctulate; the disc of the elytra brightly shining, striate-punctate, the striae well impressed but narrow, the strial punctures very small, largely indistinct, interstices somewhat convex, with some very fine punctures.

Female. – Of similar size as the male, little more slender, front on the upper convex part more coarsely punctured, elytra strictly parallel on basal two thirds, thence distinctly incurved, apex transverse, the postero-lateral angles without a tooth or tubercle, simply angulate, the declivity restricted to the distal fourth and obliquely convex above perpendicular below; disc more silky shining, striate-punctate, the striae fine and shallow, the strial punctures difficult to recognize, the interstices wide and flat, minutely punctulate, base of the third widened, somewhat raised and with a few transverse rugae, the punctuation of the declivity a little coarser, a short pubescence all over.

Holotype (♂), Allotype (♀) and 2 paratypes in Collection SCHEDL; 2 ♂, 1 ♀ paratypes in the Biology Laboratory, Department of Forestry in INDOOROOPILLY, Queensland.

Type-Locality: Nth. Queensland, Mt. Fox, 28. X. 1976, ex Flindersia pubescenc, FRW/RAY.

Platypus semigranosus SAMPS., fem. n.

Female. – Piceous, 3.8 mm long, three times as long as wide. Allied to the female of *Platypus queenslandi* SCHEDL, but distinctly stouter, the upper part of the front and the vertex densely and very coarsely punctured, the elytra 1.7 times as long as wide and the declivity more evenly convex.

Front aplanate, with impressed strigae just below the centre, fine and densely punctured on anterior half, coarsely punctured above and on the vertex, these large punctures giving rise short semierect setae.

Pronotum but very slightly longer than wide, rectangular in outline, femoral emargination hardly noticable if seen from above, disc brightly shining, with scattered very fine punctures behind, the punctures larger and more crowded in front, median sulcus very fine and short.

Elytra little wider and 1.9 times as long as the pronotum, sides parallel on basal three fifths, apex broadly rounded, declivity restricted to the distal third and obliquely convex; disc rather strongly striate-punctate, the striae narrow and deep, the stria punctures very small, indistinct in parts, interstices convex but little shining, irregularly and very finely punctured, on the declivital convexity the punctures little larger and more crowded and with a very short distinct pubescence.

Allotype (♀) und 4 paratypes in Collection SCHEDL, 5 paratypes in the Biology Laboratory, Department of Forests in INDOOROOPILLY, Queensland.

Type-Localities: Northern Queensland, Danbulla, 1. XI. 1976, ex Flindersia pubescens; Mt. Fox, 25. X. 1976, ex Elaeocarpus sp.; 28. X. 1976, ex Panax sp.; Bluewater via Townsville, 27. X. 1976, ex Cinnamomum sp.; Kirrama, 29. X. 1976, ex Argyrodendron sp.; all FRW/RAY.

Zusammenfassung

SCOLYTOIDEA AUS QUEENSLAND (AUSTRALIEN)

15 Arten der *Scolytidae* und 8 Arten der *Platypodidae* wurden 1976 in Nord-Queensland (Australien) gesammelt. Damit liegen zum ersten Male Angaben über Verbreitung und Wirtspflanzen von Arten dieser Coleopterengruppen aus der genannten Region vor. Neben der listenmäßigen Darstellung der Funddaten werden 2 *Xyleborus*-Arten und 1 *Platypus*-Art neu beschrieben, von einigen weiteren bekannten Arten wird das jeweilige andere Geschlecht beschrieben.

Faunistische Abhandlungen

STAATLICHES MUSEUM FÜR TIERKUNDE IN DRESDEN

Band 7 Ausgegeben: 25. April 1980 Nr. 22

Die Herpetofauna der Bezirke Leipzig, Dresden und Karl-Marx-Stadt

(Amphibia et Reptilia)

Mit 25 Karten

HANS SCHIEMENZ
Dresden

1. Einleitung

In den meisten Ländern Europas zählen die Amphibien und Reptilien heute zu den am stärksten gefährdeten Tiergruppen. Die Ursachen dafür sind die Melioration von Feuchtgebieten, die Verunreinigung und das Verschwinden von Gewässern, die Intensivierung der Binnenfischerei, Land- und Forstwirtschaft, die Verfüllung stillgelegter Gruben, der stark angewachsene Tourismus sowie örtlich der Verkehrstod von Fröschen, Kröten und Molchen auf der Laichwanderung.

Auch für die DDR trifft diese Situation zu. Die planmäßige Erhaltung und Förderung der geschützten Tiere aus kulturellen und wissenschaftlichen Gründen ist jedoch ein Hauptanliegen unseres Naturschutzes. Im Hinblick auf die Herpetofauna bedeutet das, möglichst keine Art aussterben zu lassen und in allen Bezirken eine genügende Anzahl lebensfähiger Populationen der dort lebenden Arten zu erhalten, wobei wir uns damit abfinden müssen, daß in manchen intensiv genutzten Gebieten diese oder jene Art verschwinden wird. Die Grundlage für alle weiteren Maßnahmen zum Schutz und zur Förderung unserer heimischen Amphibien und Reptilien ist die Kenntnis der gegenwärtigen Vorkommen aller Arten in der DDR. Nachdem bereits im Jahre 1972 eine Arbeitsgruppe von Freizeitforschern beim Rat des Bezirkes Leipzig mit der Erfassung der Herpetofauna dieses Bezirkes begonnen hatte, bemüht sich seit 1974 die Arbeitsgruppe Dresden des Instituts für Landschaftsforschung und Naturschutz Halle der AdL, mit Hilfe ehrenamtlicher Mitarbeiter alle Fundorte nach 1945 in der DDR in einer Zentralkartei zu erfassen. Im Januar 1978 wurde im Rahmen des Kulturbundes der DDR der Zentrale Fachausschuß „Feldherpetologie" gebildet, wodurch die organisatorische Grundlage für alle Mitarbeiter geschaffen war, deren Zahl bis Mai 1979 auf rund 400 anstieg, von denen die meisten (ca. 150) in den Bezirken Leipzig, Dresden und Karl-Marx-Stadt wohnen. Für diese drei Bezirke ist unsere derzeitige Kenntnis inzwischen so weit fortgeschritten, daß eine Zusammenfassung und Publikation derselben angebracht erscheint, nicht zuletzt mit dem Ziel, die Lücken aufzuzeigen und so die Handhabe für eine planmäßige Schließung derselben zu liefern; die angewandte Gitternetzkartierung weist die Lücken anschaulich aus.

Ohne die Mitarbeit zahlreicher Freizeitforscher wären so umfassende und detaillierte Ergebnisse niemals zustande gekommen. Es ist mir deshalb ein Bedürfnis, allen 294 Personen und den 6 Fachgruppen zu danken, die Fundortmeldungen aus den drei sächsischen Bezirken eingereicht haben:

J. Albertus/Dippoldiswalde, W. Andert/Ebersbach, D. Arndt/Groitzsch, A. Arnold/Zwickau, U. Augst/Sebnitz, F. Bachmann/Schmölln, H. Bähr/Freiberg, S. Bauch/Wurzen, Dr. R. Bech/

Bitterfeld, H. Bechmann/Thoßfell, Dr. W.-D. Beer/Leipzig, R. Benedikt/Schlettau, Dr. H. Berger/Leipzig, U. Berghammer/Karl-Marx-Stadt, F. Berndt/Zschortau, G. Berthold/Groitzsch, V. Beyer/Leipzig, H. Bieberstein/Niesky, S. Biedermann/Lauterbach, H.-J. Biella/Groß Särchen, Dr. A. Bochmann/Sitzenroda, G. Böhme/Lindhardt, Dr. R. Bösener†/Tharandt, H. Bormann/Geithain, F. Bröse/Welsau, A. Brühl/Dresden, E. Buchholz/Otterwisch, C. Büchner/Schildau, C. Büttrich/Großröhrsdorf, K.-H. Christoph/Bautzen, R. Conrad/Gera, Dr. G. Creutz/Neschwitz, R. Damme/Dresden, G. Delling/Geithain, A. Demmig/Plauen, O. Deubel/Trossin, W. Dick/Annaberg, R. Dietze/Großenhain, H. Doms/Torgau, H. Dottermusch/Thallwitz, R. Drogla/Tröbigau, Dr. W. Dunger/Görlitz, H. Ebert/Leipzig, J. Ebert/Rathewalde, G. Eismann/Hohenstein-Ernstthal, A. Eichhorn/Kröbeln, G. Erdmann/Leipzig, M. Ernst/Kamenz, FG Aquarien-Terrarienkunde Döbeln, FG Aquarien-Terrarienkunde Geithain, FG Aquarien-Terrarienkunde Markneukirchen, FG Ornithologie Aue, FG Ornithologie und Herpetologie Falkenhain, FG Terrarienkunde und Feldherpetologie Leipzig, C. Fehse/Döben, Dr. A. Feiler/Moritzburg, G. Fiedler/Leipzig, L. Fischer/Grimma, W. Flößner†/Olbernhau, P. Forbrig/Weischlitz, R. Francke/Karl-Marx-Stadt, U. Frank/Groitzsch, A. Fritsche/Karl-Marx-Stadt, J. Fritzsche/Dresden, S. Fröhner/Nossen, E. Frommhold/Halberstadt, M. Füge/Leipzig, K.-P. Füßlein/Karl-Marx-Stadt, J. Fuhrmann/Schmölen, W. Funke/Schönberg, F. H. Gaßmann/Magdeburg, R. Gaumnitz/Gröditz, L. Geißler/Dresden, R. Geißler/Leisnig, S. Gerlach/Bennewitz, W. Gerloff/Zschadraß, J. Gerth/Altenburg, G. Glaß/Markneukirchen, V. Göhler/Dresden, R. Goepel/Wurzen, U. Göthel/Scharfenstein, D. Goroll/Torgau, E. Grafe/Dresden, H. Große/Altenburg, Dr. W.-R. Große/Halle, W. Grünzig/Frohburg, W. Gruhn/Vogelgesang, Dr. R. Günther/Berlin, K. Gürgens/Jocketa, G. Gumprecht/Wurzen, C. Häßler/Steinpleis, K. Handke/Eilenburg, Dr. H.-J. Hardtke/Dresden, D. Hartkopf/Leipzig, J. Hartung/Naunhof, H. Hartwig/Görlitz, D. Haufe/Karl-Marx-Stadt, K. Haufe/Jena, S. Heinich/Geithain, W. Heinig/Karl-Marx-Stadt, H. Heinze/Leipzig, Dr. W. Hempel/Dresden, C. Hengst/Dresden, M. Hengst/Langenau, K. Hermann/Eilenburg, W. Herschmann/Pratzschwitz, E. Hertwig/Sebnitz, D. Heyder/Leipzig, Dr. H. Hiebsch/Dresden, E. Hilbig/Plauen, J. Hillig/Karl-Marx-Stadt, F. W. Hönig/Ebersbach, G. Hörder/Hennersdorf, K. Hörnlein/Auerbach, N. Höser/Windischleuba, G. Hofmann/Karl-Marx-Stadt, H. Hofmann/Dresden, P. Hofmann/Karl-Marx-Stadt, H.-P. Hohensee/Colditz, R. Hoppe/Taura, H. Hortenbach/Breunsdorf, Dr. D. Hülbert/Eberswalde, Dr. P. Hummitzsch/Dresden, H. Hunger/Marienberg, R. Jentzsch/Trebsen, S. Jeßen/Karl-Marx-Stadt, Dr. W. Jorga/Bad Liebenwerda, U. Karasek/Dresden, C. Kastl/Bad Gottleuba, H. Kaulfuß/Affalter, H. Keller/Dahlen, G. Kipping/Grimma, Dr. W. Kirmse/Leipzig, Dr. E. Kittlaus/Karl-Marx-Stadt, Dr. B. Klausnitzer/Dresden, Dr. G. Kleinstäuber/Freiberg, W. Klopfleisch/Belgern, C. Klouda/Horscha, W. Köcher/Grimma, W. Köckritz/Naunhof, H. Kopsch/Falkenhain, Dr. S. Kosmale/Zwickau, N. Krätzig/Zwönitz, A. Krauß/Einsiedel, B. Kretschmar/Niesky, R. Krieger†/Hüttengrund, H.-J. Kronbiegel/Colditz, B. Kubas/Dahlenberg, K.-D. Kühnast/Plottendorf, H. Kupfer/Rohrbach, E. Kurzhals/Burgstädt, H. Kusch/Döbeln, P. Landmann/Karl-Marx-Stadt, M. Lang/Johanngeorgenstadt, Dr. E. Lange/Berlin, M. Lange/Brand-Erbisdorf, S. Langner/Königswartha, E. Lehmann/Triestewitz, G. Lehmann/Niesky, H. Lehmann/Meerane, H. Lehmann/Torgau, T. Lehmann/Wurzen, U. Lehmann/Wurzen, P. Leidler/Bautzen, S. Leischnig/Voigtshain, J. Leonhardt/Falkenhain, H. Lindner/Marienberg, K. Ling/Klitzschen, P. Lorenz/Dresden, G. Lungwitz/Leipzig, K. Mager/Zöblitz, W. Mager/Marienberg, E. Makiola/Waldheim, Dr. W. Marschner/Königswartha, F. Martin/Torgau, M. Marx/Wilthen, H. Massny/Leipzig, Dr. G. Mauersberger/Berlin, E. Melzer/Auerbach, H. Meyer/Pflückuff, J. Mieder/Scharfenstein, G. Mikusch/Wurzen, J. Mühling†/Leipzig, A. K. Müller/Radebeul, B. Müller/Schönheide, E. Müller/Schwemsal, F. Müller/Karl-Marx-Stadt, Prof. Dr. F. P. Müller/Rostock, H. Müller/Roitzsch, J. Müller/Karl-Marx-Stadt, K. Müller/Hohenstein-Ernstthal, K. Müller/Obercarsdorf, S. Müller/Colditz, K. Münzner/Flöha, Dr. L. Nagel/Dresden, E. Naumann/Altenburg, U. Nebel/Doberschütz, C. Needon/Leipzig, H. Netzmann/Geithain, F. Neubauer/Karl-Marx-Stadt, E. Neubert/Karl-Marx-Stadt, G. Neuhof/Hartha, R. Neupert/Seehausen, F. J. Obst/Radebeul, K. Oehmig/Chursdorf, Dr. J. Oertner/Markkleeberg, A. Opitz/Belgern, D. Orlamünder/Hennersdorf, W. Pätz/Grobau, D. Pannach/Boxberg, G. Paul/Colditz, W. Pemp/Karl-Marx-Stadt, E. Pertsch/Liebersee, B. Peter/Scharfenstein, K. Petters/Neustadt i. Sa., L. Pfennigwerth/Großschönau, W. Pfützner/Neukirch, R. Pollmer/Sehma, U. Prokoph/Dresden, B. Pucherna/Dresden, R. Pürschel/Dresden, M. Ranft/Wilsdruff, F. Rast/Borna, S. Rau/Radebeul, H. Reichel/Reichenbach i. V., G. Rentsch/Sitzenroda, P. Reuße/Treugeböhla, H. Richter/Schwedt, K. Richter/Leipzig, W. Richter/Olbernhau, K. Rönicke/Wurzen, F. Rüdiger/

Grethen, K. Rudel/Eilenburg, G. Schaarschmidt/Schindelbach, K. Schaller/Zöblitz, M. Schaller/Karl-Marx-Stadt, W. Scheffler/Zwickau, L. Schellhammer/Schildau, M. Schenk/Pließkowitz, N. Schlögel/Thammenhain, J. Schmidt/Roitzsch, M. Schmidt/Dresden, R. Schnabel/Leipzig, U. Schnabel/Karl-Marx-Stadt, K. Schöbig/Leipzig, H. Schoenecker/Schlottwitz, G. Schönfuß/Ellefeld, G. Scholz/Bad Lausick, M. Schrack/Dresden, W. Schreyer/Geringswalde, W. Schröder/Dresden, Dr. A. Schubert/Zittau, W. Schultze/Neustadt i. Sa., Dr. Schulz/Kodersdorf, H.-J. Schumann/Leipzig, E. Schwerdtner/Karl-Marx-Stadt, K. Schwind/Dresden, B. Seifert/Zwickau, P. Seltmann/Zwönitz, H. Singer/Pirna, J. Spänig/Oschatz, A. Sprewitz/Eilenburg, H. Staude/Pirna, M. Stein/Eilenburg, W. Steiniger/Staritz, K. Stilbach/Dresden, D. Stingl/Doberschütz, H. Stöcker/Syrau, H. Straßburg/Karl-Marx-Stadt, P. Streckenbach/Berlin, W. Sykora/Altenburg, Dr. J. Tauchnitz/Leipzig, R. Terraschke/Geithain, S. Teufert/Bischofswerda, H. Thieme/Nerchau, Dr. H. Thomas/Dresden, K. Thomas/Döbeltitz, H. Thomaschke/Ottendorf-Okrilla, R. Tutzschky/Lauterbach, J. Uhlig/Oederan, R. Uhlig/Berlin, S. Uhlig/Eilenburg, J. Ulbricht/Radeburg, H. Unger/Carlsfeld, H. Wähner/Dresden, H. Wassersleben/Dresden, K. Weber/Ober-Uhna, R. Weber/Plauen, B. Weichelt/Weigmannsdorf, F. Weidt/Zschortau, K. Weller/Plauen, C. Wenzel/Radebeul, C. Wetzel†/Plauen, M. Wilhelm/Dresden, O. Wittich/Kleinwolmsdorf, E. Wolf/Karl-Marx-Stadt, H. Worms/Schildau, K. Zeibig/Wurzen, F. Zetsche/Leipzig, K.-G. Zill/Grimma, R. Zitschke/Leipzig.

2. Die Landschaftsgliederung Sachsens (Karte 1)

Die drei sächsischen Bezirke umfassen mit 17 713 km² rund 16,4 % des Gebietes der DDR. Nach den Hauptnutzungsarten, die primär den Landschaftscharakter und damit die Lebensräume der Wildtiere bestimmen, gliederte sich diese Gesamtfläche 1977 wie folgt:

Flächengröße in km²	Bezirk Dresden	Bezirk Leipzig	Bezirk Karl-Marx-Stadt
Gesamtfläche	6738	4966	6009
Landw. Nutzfläche	4030 (59,8 %)	3458 (69,6 %)	3380 (56,2 %)
davon Acker	2805 (41,6 %)	2844 (57,3 %)	2173 (36,2 %)
Grünland	954 (14,2 %)	398 (8,0 %)	1032 (17,2 %)
Forstl. Nutzfläche	1716 (25,5 %)	667 (13,4 %)	1838 (30,6 %)

Sachsen läßt sich großräumig in drei Einheiten gliedern: im Norden Flachland, südwärts anschließend die hügelige Gefildezone, im Süden Mittelgebirge. Die Meereshöhe reicht in Sachsen von 75 bis 1214 m (höchste Erhebung der DDR), der mittlere Jahresniederschlag von 540 bis 1200 mm, die mittlere Jahreslufttemperatur von + 3 bis über + 9 °C. Von West nach Ost nimmt die Kontinentalität des Klimas zu. Auf dem relativ kleinen Gebiet der drei sächsischen Bezirke finden sich boreale und subalpine, atlantische, submediterrane und subkontinentale Pflanzen- und Tierarten, was sich auch in der Herpetofauna zeigt.

Die nachfolgende Kurzcharakteristik der sächsischen Landschaften basiert im wesentlichen auf NEEF (1960). Für ergänzende geobotanische Hinweise danke ich meinem Mitarbeiter Dr. W. HEMPEL.

2.1. Nordsächsisches Flachland

2.1.1. *Leipziger Land*

Überwiegend ebene, reliefarme Flächen in 75–160 m NN (maximal 180 m), durchflossen von Weißer Elster, Luppe (im NW), Pleiße, Parthe und unterer Mulde. Mittlerer Jahresniederschlag 540–650 mm, mittlere Juli-Temperatur um + 18 °C. Auf den überwiegend schweren Lehmböden Ackerbau, Wald (kolline Laubmischwälder) nur in wenigen Resten (Oberholz, Tresen, Spröde) und vor allem in und bei Leipzig artenreicher Auwald. Im SE bei Rohrbach und Grethen Fischteiche. In Flußniederungen kontinentale Stromtalpflanzen. Nördlich und südlich Leipzig großräumig Braunkohlentagebau.

2.1.2. *Dahlener und Dübener Heide*

Flaches Hügelland in 100–200 m NN, das außer im NW nur von kleinen Bächen durchzogen wird. Auf Sanden, Kiesen oder groben Schottern der landschaftsbestimmende Kiefernforst, auf Lehm Mischwald, z. T. Buchenwald. Am Rande der Dübener Heide auch flache Dünen, in Senken Moore (NSG „Zadlitzbruch" und „Wildenhainer Bruch"). Um die Dörfer Grünland und kleine Ackerflächen. Westlich der Mulde die Prell-Heide (vorwiegend Kiefernforst). Am Ostrand bei Torgau der Große Teich. Zahlreiche subatlantische Eichen-Birkenwald-Pflanzen.

2.1.3. *Elbetiefland unterhalb Riesa*

Der sächsische Anteil (Kreis Riesa) nur klein. Breite, ackerbaulich genutzte Talaue auf Aulehm, die im W von der Elbe, im E von der Röder durchflossen wird. Nördlich Riesa die Gohrisch-Heide (Kiefernforst), im Rödergebiet Fischteiche. Zahlreiche kontinentale Stromtalpflanzen.

2.1.4. *Ruhland-Schwepnitzer Heiden*

Im N um 100 m, nach S auf 170 m ansteigend (einzelne Berge über 200 m NN). Holozäne Talsande, von kleinen Buckeln und Erhebungen (Grauwacken) unterbrochen. Außer der Pulsnitz nur kleine Bäche. Vorherrschend Kiefernforst, in anmoorigen Senken im N und NE Fischteiche. Zahlreiche atlantisch-subatlantische Pflanzenarten.

2.1.5. *Laußnitzer Heide*

Hochfläche in 170–180 m NN, vorwiegend Kiese und Sande mit Kiefernforsten. Auf Granitbuckeln (bis 244 m NN) Kiefern- oder Buchenmischwald. Nur einzelne kleine Bäche, im NW Fischteiche. Im S großflächige Kies- und Sandgruben.

2.1.6. *Oberlausitzer Teich-Heidegebiet*

Ausgedehnte, leicht wellige Sandflächen, die nach S allmählich bis fast 200 m NN ansteigen. Im südlichen Teil stärker gegliedert mit einzelnen Erhebungen bis zu 305 m (Hohe Dubrau). Schwarze Elster, Schwarzwasser, Spree, Schwarzer und Weißer Schöps durchfließen das Gebiet, im E bildet die Neiße die Staatsgrenze. Im Bereich tertiärer Tone zahlreiche Fischteiche, am Schwarzen Schöps der Stausee Quitzdorf. Klima kontinental getönt: mittlere Julitemperatur über + 18 °C, mittlere Januartemperatur — 1 °C, mittlerer Jahresniederschlag 600 (W) – 700 (E) mm. Auf grundwasserfernen Standorten Kiefernforsten, in Gewässernähe grundfeuchte Stieleichen-Hainbuchen-Wälder, auf exponierten Standorten Traubeneichen-Kiefern-Wälder, an Flüssen ferner Erlenwald. Zahlreiche subatlantische Wasserpflanzen.

2.2. Sächsische Gefildezone

2.2.1. *Altenburger Lößgebiet*

Flache bis leicht wellige Flächen, die von 140 m NN allmählich auf über 250 m im S ansteigen. Weiße Elster und Pleiße durchfließen das Gebiet. Überwiegend landwirtschaftlich genutzt, die Auwälder an den Flüssen weitgehend verschwunden. Großräumig Braunkohlentagebau. Nur noch wenige größere Waldgebiete: Leinawald, Kammerforst, Streitwald (Eichen-Hainbuchen-Wälder, Nadelholzforsten). Nur wenige Teichgebiete (Eschefelder und Haselbacher Teiche).

2.2.2. *Porphyrhügelland an der Mulde*

Typisches Hügelland in rund 200 m NN. Im N Einzelberge bis 240 m (Hohburger Berge), im S überwiegt geschlossenes Hügelland. Mosaik von Ackerbau und Wald: Polenzwald, Forst Wermsdorf und Hubertusburg, Forst Colditz und Glasten, Thümmlitzwald (Eichen-Hainbuchen- und Eichen-Birken-Wälder, Nadelholzforsten). Die Mulde mit vielen kleinen Seitentälern durchzieht die Landschaft. Bei Wermsdorf mehrere große Teiche. Aus dem Erzgebirge sind an der Mulde montane Tier- und Pflanzenarten vorgedrungen. Zahlreiche subatlantische Eichen-Birkenwald-Pflanzen.

2.2.3. *Mittelsächsisches Lößgebiet*

Stark bewegtes Hügelland in 140–260 m NN. Vorherrschend landwirtschaftliche Nutzung („Lommatzscher Pflege"). Nur in den Tälern, z. B. Freiberger Mulde, und an Steilhängen stockt ein artenreicher Laubmischwald.

2.2.4. *Oschatzer Hügelland*
Flacher als 2.2.3. Reliefarme Sandlöß- und Schotterflächen mit einzelnen Bergen (Laaser Berge; Collm, 318 m). Die Döllnitz durchfließt das Gebiet nach E zur Elbe. Nicht so waldarm (Laubmischwälder, Kiefernforsten) wie die Lößgefilde.

2.2.5. *Dresdener Elbtalgebiet*
Von Pirna bis Seußlitz. Breite, von Höhen (80 m über der Talsohle) umgebene Elbtalwanne, die sich unterhalb Meißen zu einem schmalen, kaum 1 km breiten Tal mit bis 50 m hohen steilen Talhängen verengt; dort mehrere Steinbrüche. Oberhalb Meißen in der Talaue das Syenit-Granit-Massiv des Spaargebirges. Ferner im SW die Ausläufer des Elbtalschiefergebirges.
In der Elbtalwanne rechtselbisch Heidesandterrassen mit Kiefernforst, linkselbisch Löß und Lößlehm mit Ackerland. Sommerwarmes, wintermildes Klima: mittlere Julitemperatur über + 18 °C, mittlere Temperatur in der Vegetationsperiode I (April–Juni) in Dresden über + 13 °C, mittlerer Jahresniederschlag um 600 mm. An Südhängen z. T. Weinbau, z. T. artenreicher Xerothermwald, in absonnigen Lagen mesophile Laubmischwälder. In den tief eingeschnittenen Bachgründen grundfrische Laubmischwälder. Zahlreiche submediterrane und subkontinentale Xerothermpflanzen.
Im Bereich des Elbtalschiefergebirges einschließlich der Rotliegend-Becken zwischen Freital und Kreischa befinden sich kleine Laubrestgehölze, Hecken und der größere Poisenwald (Buchenwald, Fichtenforst). Weißeritz und Lockwitz durchfließen das Gebiet; sie sind z. T. von steilen Felshängen (Syenit im Plauenschen Grund) begleitet.

2.2.6. *Großenhainer Pflege*
Wechsel von glazialen Sanden, Löß und durchragendem Felsuntergrund. Überwiegend Ackerbau, im Bereich von Flußläufen (Röder) Grünland und Auwaldreste, vereinzelt Fischteiche. Wälder (Eichen-Birken-Wald, Eichen-Hainbuchen-Wald, Kiefernforst) nur bei Zabeltitz und im N und S von Schönfeld.

2.2.7. *Lausitzer Platte*
Flachwellige Rumpffläche in 140–240 (maximal 387) m NN. Auch hier Wechsel von glazialen Sanden, Löß und Felsuntergrund, doch tritt letzterer großflächig zutage. Rund die Hälfte der Landschaft ist Ackerland, die andere Hälfte Wald. Die Röder durchfließt das Gebiet nach NW, die Wesenitz nach SW. Der mittlere Jahresniederschlag liegt um 800 mm. Die beiden größten Wälder, Friedewald und Dresdner Heide, sind vor allem mit Kiefernforst, z. T. mit Laubholzresten bestockt; im E dominieren Fichtenforsten. Bekannt ist das Moritzburger Teichgebiet im Bereich glazialer Felswannen.

2.2.8. *Nordwestlausitzer Bergland*
Den Kern bilden zwei breitrückige Bergreihen, von denen die östliche z. T. aus Grauwacken (bis 449 m, Hochstein), die westliche vorwiegend aus Granodiorit (bis 412 m, Keulenberg) besteht. Die weiträumigen Täler der Pulsnitz, Röder und Wesenitz sind vorwiegend mit Kiesen und Sanden, z. T. mit Lößlehm bedeckt. Mittlerer Jahresniederschlag zwischen 750 und 900 mm. Kiefern- und vor allem Fichtenforsten dominieren. Zahlreiche subatlantisch-montane Pflanzenarten.

2.2.9. *Lausitzer Gefilde*
Im Gegensatz zu den westsächsischen Gefilden nur 12–15 km breites Lößlehmgebiet in 160 bis 300 m NN zwischen dem Lausitzer Bergland und dem Oberlausitzer Teich-Heidegebiet. Klosterwasser, Schwarzwasser, Spree, Löbauer Wasser und Schwarzer Schöps durchfließen dieses typische, fast waldfreie Ackerbaugebiet nach N. Im Spreetal nordwestlich Bautzen ein Stausee, bei Niedergurig Fischteiche. Zahlreiche Restgehölze (Eichen-Linden-Hainbuchen-Wald), in tief eingeschnittenen Tälern („Skalen") artenreiche Laubmischwälder.

2.2.10. *Ostlausitzer Hügelland und Neißegebiet*
Ein Mosaik von Granitfels, Eiszeitschottern und Lößlehm bildet ein flachwelliges Hügelland in meist 300–360 m NN mit markanten vulkanischen Einzelbergen von 400–500 m Höhe

(z. B. Landeskrone, Rotstein, Löbauer Berg, Oderwitzer Spitzberg). Breite flache Talmulden wechseln mit Engtälern. Im N die Oberläufe von Schwarzem und Weißem Schöps, in der Mitte die Pließnitz, im S die ostwärts fließende Mandau. Die Neiße begrenzt das Gebiet im Osten. Auf Schotterflächen Nadelholzforsten, auf Granitbergen Fichtenforst, auf Basaltbergen Laubmischwald, in den Engtälern artenreicher Schluchtwald. In den Königshainer Bergen Traubeneichen-Buchen-Wälder. Zahlreiche subkontinentale xerothermophile Pflanzenarten. Braunkohlentagebau zwischen Ostritz und Zittau.

2.3. Sächsische Mittelgebirgszone

2.3.1. *Sächsisches Vogtland*

Rumpfflächen herrschen vor; meist paläozoische Gesteine, nur im Göltzschtalgebiet und im Elstergebirge Granit.

2.3.1.1. Die *Vogtländischen Hochflächen* reichen nach Sachsen nur in ein kleines Gebiet westlich Plauen. Sie sind überwiegend mit Fichtenforsten bestockt.

2.3.1.2. Das *Mittelvogtländische Kuppenland* zeigt mit breiten welligen Flächen in ca. 400 m NN und zahlreichen kleinen, oft steilhängigen Diabaskuppen (Pöhle) ein unruhiges Relief, das im SW bis 600 m ansteigt. Das Tal der Weißen Elster ist 40–60 m tief eingeschnitten und besitzt z. T. steile Hänge. Ober- und unterhalb Plauen die Talsperren Pirk und Pöhl. An den Talhängen und auf den Bergkuppen artenreicher Laubmischwald und Fichtenforsten. In der wärmebegünstigten Plauener Binnenzone zahlreiche xerothermophile Pflanzenarten.

2.3.1.3. Im *Ostvogtland* (Göltzschtalgebiet) bilden Granit und Glimmerschiefer langgestreckte Bergzüge und Einzelberge von 450–650 m NN. Das Göltzschtal erstreckt sich hier in 500 bis 370 m Meereshöhe. Vorwiegend Fichtenforsten.

2.3.1.4. Im *Oberen Vogtland* treten Hochflächen stärker hervor; sie steigen von 450 auf 760 m (Kapellenberg) an. Durch zahlreiche Nebentäler der Weißen Elster, die enger und tiefer als im mittleren Vogtland sind, ist die Rumpffläche stärker gegliedert. Klimatisch ist das Gebiet Gebirgsland, die jährliche Niederschlagsmenge erreicht z. T. 800–900 mm, doch liegt die mittlere Julitemperatur bei + 15–16 °C. Auf landwirtschaftlichen Flächen herrscht Grünland vor, den größten Teil der Landschaft bedeckt Fichten- und Kiefernforst. Bemerkenswerte Vorkommen dealpiner Pflanzen.

2.3.2. *Erzgebirgsvorland*

Landschaft zwischen der Gefildezone im N und dem Erzgebirge im S, im W und E etwa von Zwickauer und Freiberger Mulde begrenzt. Außer den beiden Mulden durchfließen Pleiße, Chemnitz, Würschnitz, Zschopau (mit Talsperre Kriebstein) und Striegis das Gebiet nach N. Die erzgebirgische Pultscholle ist durch Lößlehmdecken und Granulit (im N) sowie durch Rotliegendschichten (im S und W) modifiziert. Höhenlage rund 280–400 m NN, in Tälern bis unter 200 m. Nicht selten über 100 m tief eingeschnittene Täler, oft mit Felsklippen. Verbreitet Ackerbau, auf den Hochflächen kleine Wälder (besonders Fichten), an Talhängen und in kleinen Hohlformen vielfältige Laubmischwälder. Größere Wälder (größtenteils Fichtenforst) sind der Zellwald bei Nossen, der Rossauer Großwald, Rabensteiner Wald, Oberwald, Rümpfwald und Steegenwald.

2.3.3. *Erzgebirge*

Der steile Südabfall des Erzgebirges liegt in der ČSSR, auf dem Gebiet der DDR steigt das Gebirge nur allmählich an. Die Staatsgrenze verläuft auf den Kammlagen. Im Osterzgebirge, das sich nur vereinzelt über 900 m erhebt, überwiegen Rumpfflächen, im Westerzgebirge, das großflächig Höhenlagen über 1000 m aufweist, überwiegt ein vielgestaltiges Relief, in das die Täler z. T. bis 300 m tief eingeschnitten sind. In mehrfacher Hinsicht unterscheiden sich unteres und oberes Erzgebirge.

2.3.3.1. Das *Untere Erzgebirge* reicht südwärts bis zur Obergrenze der großen Waldhufendörfer, im Westerzgebirge im allgemeinen bis 500–600 m, im Osterzgebirge z. T. bis 700 m.

Im E herrschen Gneise, im W Phyllite und Schiefer vor. Dort gibt es ferner Granitstöcke, im gesamten Gebiet vereinzelt Basaltberge und Quarzporphyr-Höhenzüge; selten tritt Sandstein auf. Die wichtigsten Flüsse sind von W nach E Zwickauer Mulde, Schwarzwasser, Zwönitz, Zschopau, Flöha, Freiberger Mulde, Wilde und Rote Weißeritz, Müglitz und Gottleuba. Mehrere Talsperren und Staubecken. Wechsel von Ackerflächen, Grünland und Wald. Auf Basaltbergen (Wilisch, Luchberg, Pöhlberg, Bärenstein, Scheibenberg) und auf Quarzporphyr (Tharandter Wald, Augustusburg) artenreicher Laubmischwald, auf Sandstein (Dippoldiswalder Heide, Reinhardtsgrimmaer Forst, Höckendorfer Heide) trockene Kiefernforsten, auf den großflächigen Gneis- und Schiefergebieten Fichtenforsten, in den Tälern Schlucht- und Steilhang-Buchenmischwälder. Häufig sind kleine Restwälder in der Feldflur, charakteristisch im mittleren und östlichen Teil sind gebüschbestandene Steinrücken. Im unteren Westerzgebirge zahlreiche kleinere Moore und Teiche. Höhen- und Tiefengrenzen zahlreicher kolliner bzw. montaner Pflanzenarten.

2.3.3.2. Das *Obere Erzgebirge* zeigt im E geringe Reliefunterschiede; die höchsten Erhebungen sind hier der Kahleberg (Quarzporphyr, 901 m) und der Geisingberg (Basalt, 824 m). Im W Hochflächen zwischen 800 und 1000 m NN; der Fichtelberg ist mit 1214 m der höchste Punkt der DDR. Die Oberläufe der unter 2.3.3.1. genannten Flüsse (außer der Zwönitz) durchziehen das Gebirge; dazu kommen Pöhlwasser, Kleine Mittweida, Pöhlbach, Preßnitz und Schwarze Pockau. Vereinzelt Talsperren und Staubecken. Besonders im mittleren und Westerzgebirge zahlreiche Hochmoore mit insgesamt 40 km^2 Fläche. Der mittlere Jahresniederschlag liegt in den Kammlagen bei 1000–1200 mm, die mittlere Julitemperatur auf dem Fichtelberg unter + 12 °C, die mittlere Januartemperatur unter — 5 °C. Vorherrschend ist der Fichtenforst, obgleich früher bis 800 m NN Laubmischwald stockte; der natürliche Fichtenwald beginnt erst ab 950 m Höhe. Die unversehrten Hochmoore sind als Krummholzmoore ausgebildet. Zahlreiche boreal-montane und subarktisch-subalpine Pflanzenarten.

2.3.4. *Elbsandsteingebirge*

Die einst geschlossene Kreidesandsteindecke in reichlich 400 m NN bildet heute stark zerklüftete Felsreviere mit zahlreichen steilwandigen Tälern und Schluchten. Im Elbebereich schwach geneigte „Ebenheiten" mit landwirtschaftlicher Nutzung, darüber erheben sich als Tafelberge die „Steine". Ferner einzelne breitrückige Basaltberge (z. B. Großer Winterberg, 542 m). Außer der Elbe durchfließen Polenz und Kirnitzsch (rechtselbisch), Gottleuba, Bahra und Biela (linkselbisch) das Gebiet, das außerdem zahlreiche Sickerquellen, Rinnsale und kleine Bäche aufweist. Längs der Elbe Sandsteinbrüche. Auf Sandstein Kiefernforst, auf den Basaltbergen Buchenmischwald, in den Engtälern „Reliefumkehr": an den Oberhängen trockener Kiefernwald, an den Unterhängen und auf der Talsohle („Kellerklima") Fichtenstandorte. Zahlreiche subatlantische Eichen-Birken-Wald-Pflanzen und bemerkenswert tiefgelegene Vorkommen montaner Pflanzenarten.

2.3.5. *Lausitzer Bergland*

Granitbergland aus drei parallelen Höhenzügen in W-E-Richtung, dazwischen zwei breite Muldentäler. Berge zwischen 450 und 560 m NN, der Phonolith-Berg Kottmar im E erreicht 593 m. Die Oberläufe von Wesenitz, Spree, Löbauer Wasser und Mandau durchfließen den nördlichen Teil nach W, N bzw. E. Großer Temperatur-Unterschied zwischen Sommer und Winter (hohe thermische Kontinentalität). In den Tälern Ackerfluren und hoher Grünlandanteil, auf den Bergen Fichtenforsten, auf trockeneren Standorten Kiefernforst, im Bereich vulkanischer Gesteine artenreiche Mischwälder. Luftfeuchte Schluchtenwälder fehlen fast völlig.

2.3.6. *Zittauer Gebirge*

Im N weiche Formen des Granodiorits, im Zentrum Kreidesandstein; bis ca. 500 m NN. Im Kammgebiet zwei vulkanische Kuppen (Lausche 791 m, Hochwald 749 m). Im Granit breite Muldentäler, im Sandstein enge, z. T. steilwandige Täler. Nur kleine, nach N fließende

Bäche. Im Kammgebiet über 1000 mm Jahresniederschlag. Verbreitet Fichtenforst, Kiefernforst tritt zurück, auf den vulkanischen Kuppen Laubmischwald.

3. Die Amphibien und Reptilien der drei sächsischen Bezirke

Nach 1945 sind von den 19 in der DDR lebenden Lurcharten 17, von den 8 Kriechtierarten 7 in Sachsen nachgewiesen worden; es fehlen hier Fadenmolch, Geburtshelferkröte und Smaragdeidechse. Im Bezirk Karl-Marx-Stadt fehlen Rotbauchunke, Springfrosch und Sumpfschildkröte, dafür gibt es nur in diesem Bezirk Fundorte der Gelbbauchunke in Sachsen.

Die zentrale Kartierung der Herpetofauna erfolgt auf Gitternetzkarten, und zwar auf der Basis von Meßtischblatt-Vierteln (MTB-Quadranten). Jeder Punkt in den Karten steht also in Sachsen für eine Fläche von ca. 32–33 km^2. Wie es bei Rasterkartierungen üblich ist, sagt dieser Punkt nichts darüber aus, ob es sich auf dieser Fläche um einen, mehrere oder viele Fundorte handelt. Volle Kreise geben Funde ab 1965, leere Kreise Funde von 1945 bis 1964 an, was nicht bedeutet, daß die Art heute dort fehlt. Gezielte Nachsuchen im Bereich leerer Kreise sind daher erwünscht. Andererseits sind mit Sicherheit etliche Vorkommen, die 1965 noch existierten, inzwischen erloschen. Bei den nicht allgemein verbreiteten Arten sind auch Funde aus der Zeit vor 1945 in die Karten eingetragen; diese sind durch Kreuze kenntlich gemacht. Ferner ist zu bemerken, daß häufige und weitverbreitete Arten bisher nicht in gleichem Maße notiert und gemeldet wurden wie seltenere Arten, was sich natürlich in den Verbreitungskarten widerspiegelt. Das betrifft vor allem Teichmolch, Erdkröte, Gras- und Teichfrosch sowie den Kleinen Wasserfrosch. Weitestgehend real dürften die Karten von Feuersalamander, Rotbauchunke, Wechsel- und Kreuzkröte, Laub-, Spring- und Seefrosch, Ringel- und Glattnatter sowie Kreuzotter sein.

Die drei sächsischen Bezirke liegen im Bereich von 621 MTB-Quadranten. In 586 (= 94 %) dieser Quadranten liegen Fundortnachweise vor (siehe Karte 2). Da viele Quadranten nur angeschnitten und z. T. in anderen Bezirken oder Staaten gelegen sind, ergibt deren Aufrundung zu vollen Quadranten die Gesamtzahl von 559 für Sachsen (Bezirk Leipzig 162, Dresden 214, Karl-Marx-Stadt 183 volle Quadranten). Auf diese Zahl bzw. Fläche berechnet läßt sich nach unserer derzeitigen Kenntnis (Fundortmeldungen bis einschließlich 1978) folgende Reihenfolge aller Arten hinsichtlich ihrer Verbreitungsdichte (nicht der Populationsgrößen!) nach 1945 aufstellen:

Art	Zahl der MTB-Q mit Fundorten ab 1945	Prozent der Fläche von Sachsen
1. Grasfrosch *(Rana temporaria)*	366	65,5
2. Erdkröte *(Bufo bufo)*	354	63,3
3. Ringelnatter *(Natrix natrix)*	326	58,3
4. Blindschleiche *(Anguis fragilis)*	314	56,2
5. Kreuzotter *(Vipera berus)*	287	51,3
6. Zauneidechse *(Lacerta agilis)*	285	51,0
7. Waldeidechse *(Lacerta vivipara)*	276	49,4
8. Teichfrosch *(Rana „esculenta")*	258	46,2
9. Teichmolch *(Triturus vulgaris)*	244	43,6
10. Kammolch *(Triturus cristatus)*	196	35,1
11. Laubfrosch *(Hyla arborea)*	159	28,4
12. Knoblauchkröte *(Pelobates fuscus)*	152	27,2
13. Bergmolch *(Triturus alpestris)*	151	27,0
14. Glattnatter *(Coronella austriaca)*	149	26,7
15. Wechselkröte *(Bufo viridis)*	125	22,4
16. Rotbauchunke *(Bombina bombina)*	122	21,8
17. Moorfrosch *(Rana arvalis)*	118	21,1
18. Feuersalamander *(Salamandra salamandra)*	108	19,3
19. Kreuzkröte *(Bufo calamita)*	72	12,9
20. Seefrosch *(Rana ridibunda)*	59	10,6

21. Springfrosch *(Rana dalmatina)*	36	6,4
22. Kleiner Wasserfrosch *(Rana lessonae)*	28	5,0
23. Sumpfschildkröte *(Emys orbicularis)*	20	3,6
24. Gelbbauchunke *(Bombina variegata)*	2	0,4

Bei der folgenden Einzeldarstellung der Arten wird jeweils zu Beginn die Zahl der Unterarten (geographischen Rassen) und das Gesamtareal der Art angegeben. Am Ende jeder Artdarstellung wird ferner die derzeit bekannte Verbreitungsdichte in den drei Bezirken genannt (Anzahl der MTB-Quadranten mit Fundorten in Prozent der Gesamtzahl der vollen MTB-Quadranten des betreffenden Bezirkes). Dabei wurden die Funde vor 1945 nicht berücksichtigt. – Ausgesetzte sowie nach 1945 nicht mehr vorhandene Arten werden ohne laufende Numerierung kurz abgehandelt.

A. Lurche (Amphibia)

1. Feuersalamander, *Salamandra salamandra* L. (Karte 3)

11 Unterarten: Von NW-Afrika und Israel bis Niedersachsen (53°30'N); von Portugal bis SW-Polen, Rumänien, westliche und südliche Türkei, N-Irak und NW-Iran.

Die nordöstliche Arealgrenze verläuft durch die Bezirke Leipzig und Dresden. In Sachsen finden sich vorwiegend Mischformen der beiden Unterarten *S. s. salamandra* (L.) und *S. s. terrestris* LACÉPÈDE, bei Tharandt z. B. alle Übergänge von typischen *salamandra* zu typischen *terrestris* (GEILER 1974).

Als submontane Waldart hat der Feuersalamander in Sachsen die gleiche Verbreitung wie der submontane Ahorn-Eschen-Schluchtwald. Vorkommensschwerpunkt ist das Elbsandsteingebirge. Im unteren Erzgebirge, im Erzgebirgsvorland und den mittleren und unteren Lagen des Vogtlandes ist die Art lückenhaft verbreitet. Vereinzelt ist sie in die Gefildezonen vorgedrungen, so bei Frohburg, Grimma, Leisnig, Döbeln, zwischen Pirna und Meißen sowie zwischen Kloster Marienthal und Hirschfelde. Selbst in den rechtselbischen Gründen bei Pillnitz und Radebeul ist der Feuersalamander vorhanden. Der nördlichste Fundort in Sachsen liegt im NSG „Döbener Wald" bei Grimma. Im Zittauer Gebirge ist die Art äußerst selten und fehlt völlig im Lausitzer und Nordwestlausitzer Bergland (keine luftfeuchten Schluchtwälder!). Aus dem oberen Vogtland gibt es bisher keine Nachweise, vom oberen Erzgebirge nur vereinzelte (z. B. im Kreis Aue). Bisher wurden 8 Fundorte über 600 m NN bekannt, die höchsten bei Cunnerswalde/Kreis Brand-Erbisdorf in 680 m und in gleicher Höhe bei Sosa/Kreis Aue.

Verbreitungsdichte: Bezirk Leipzig 6 %, Dresden 23 %, Karl-Marx-Stadt 27 % der Bezirksfläche.

(Alpensalamander, *Salamandra atra* LAURENTI)

Diese alpin-subalpine Art gehört nicht zur Fauna der DDR. Im Sommer 1900 hat NITSCHE (1901) bei Tharandt 10 Exemplare ausgesetzt; Wiederfunde wurden nicht bekannt. 28 Tiere setzte SCHREITMÜLLER 1904 in den Gründen zwischen Dresden-Wachwitz und Dr.-Pillnitz aus, von denen letztmals 1910 ein Exemplar gefunden wurde.

2. Kammolch, *Triturus c. cristatus* (LAURENTI) (Karte 4)

4 Unterarten: Von S-Italien, N-Griechenland und Kleinasien bis S-Skandinavien (62°N); von Großbritannien (ohne Irland) bis zum Tobol (65°E) und NW-Iran.

Der Kammolch bevorzugt offene Habitate sowie lichte Wälder und kommt in Sachsen bis zur Höhengrenze des Traubeneichen-Buchen-Waldes vor. Er scheint im Mittelsächsischen Lößgebiet – wie auch viele andere Lurcharten – weitgehend zu fehlen, desgleichen im Elbsandsteingebirge. Im Erzgebirge, wo er ganz vereinzelt auch in den unteren Lagen des oberen Erzgebirges vorkommt, sind bisher 5 Fundorte über 600 m NN bekannt, der höchste mit 680 m bei Ansprung/Kreis Marienberg.

Verbreitungsdichte: Bezirk Leipzig 45 %, Dresden 32 %, Karl-Marx-Stadt 30 % der Bezirksfläche.

3. Bergmolch, *Triturus a. alpestris* (LAURENTI) (Karte 5)

9 Unterarten: Von N-Italien und N-Griechenland bis S-Dänemark (55°N); von M-Frankreich bis SW-Polen, W-Rumänien, Ukrainische SSR (27° E); ferner in NW-Spanien.

Die nordöstliche Arealgrenze verläuft durch die Bezirke Leipzig und Dresden. Die Verbreitung des Bergmolches in Sachsen entspricht dem allgemeinen Verbreitungsbild subatlantischer montan-demontaner Pflanzenarten (z. B. Meum). Südöstlich Leipzig sowie in der Oberlausitz dringt die Art sogar bis ins nordsächsische Flachland und über die Dresdener Bezirksgrenze hinaus vor. Der Bergmolch ist in allen sächsischen Mittelgebirgen nachgewiesen. Im Erzgebirge sind bisher zwei Fundorte in der hochmontanen Stufe bekannt: bei Tellerhäuser (900 m) und bei Johanngeorgenstadt (935 m) im Kreis Schwarzenberg. Der tiefstgelegene Fundort ist das Oberholz im Kreis Leipzig (110 m NN).

Nach M. FÜGE (Bericht 1976 an das Institut für Landschaftsforschung und Naturschutz) wurden folgende Vorkommen im Bezirk Leipzig von Terrarianern künstlich angelegt (nicht in der Verbreitungskarte enthalten!):

1. 1952 Steinbruch Cradefeld bei Taucha.
2. 1953 Tongruben am Kolmberg an der Straße Holzhausen–Seifertshain. Obgleich in großer Zahl ausgesetzt und Larven festgestellt wurden, erloschen beide Vorkommen 1956–1958.
3. 1953/54 in einem Restgewässer der Luppe bei Quasnitz 50 Exemplare ausgesetzt. Bis 1962 wurden adulte Tiere gefunden, aber keine Jugendstadien.

Verbreitungsdichte: Bezirk Leipzig 17 %, Dresden 32 %, Karl-Marx-Stadt 30 % der Bezirksfläche.

4. Teichmolch, *Triturus v. vulgaris* (L.) (Karte 6)

9 Unterarten: Von M-Italien, S-Griechenland und N-Kleinasien bis M-Skandinavien (65°N); von Irland und M-Frankreich bis NW-Iran und zum Ural, lokal bis zum Aral-See, Tobol und Balkasch-See (76°E); fehlt in der S-Ukraine.

Der Teichmolch ist eine planar-submontane Art, die an wärmebegünstigten Standorten im oberen Vogtland und im oberen Westerzgebirge bis in die eumontane Stufe vorkommt. Er ist in Sachsen der häufigste Schwanzlurch. Bisher sind 10 Fundorte über 600 m NN bekannt, die höchsten bei Schönberg (710 m)/Kreis Oelsnitz, bei Hermsdorf (700 m)/Kreis Dippoldiswalde und bei Ansprung (680 m)/Kreis Marienberg.

Verbreitungsdichte: Bezirk Leipzig 67 %, Dresden 34 %, Karl-Marx-Stadt 34 % der Bezirksfläche.

(Fadenmolch, *Triturus h. helveticus* [RAZOUMOWSKI])

3 Unterarten: Von N-Spanien bis Schottland (57° 30' N) (nicht in Irland); von N-Portugal bis zur Schweiz und Thüringen.

Im Sommer 1900 hat NITSCHE (1901) 10 Exemplare bei Tharandt ausgesetzt, über deren Schicksal nichts bekannt wurde. In der DDR ist die Art nur im Harzgebiet und westlichen Thüringen autochthon.

5. Rotbauchunke, *Bombina bombina* (L.) (Karte 7)

Keine Unterarten! Von S-Rumänien und NW-Kaukasus bis S-Schweden (56°30'N); von Niedersachsen bis zum Tobol (62°E); ferner im N von Kleinasien.

Die Areal-Westgrenze der Rotbauchunke verläuft durch die Bezirke Leipzig und Dresden. Das Verbreitungsgebiet dieser wärmeliebenden Art endet an der Grenze vom planar-subkollinen zum eukollinen Bereich und erstreckt sich damit über das Nordsächsische Flachland und die Gefildezone. Die Art fehlt völlig im Bezirk Karl-Marx-Stadt. ZIMMERMANN (1928) fand die Rotbauchunke in der Oberlausitz nur vereinzelt westlich der Spree, östlich davon fehlte sie ganz. Heute ist sie im gesamten Oberlausitzer Teich-Heide-Gebiet verbreitet, so daß eine Ausbreitung nach Osten in den letzten 50 Jahren erfolgt sein muß. Seit 1974 ist sie sogar südlich von Görlitz bekannt (H. HARTWIG in litt.). Aber auch in den Eschefelder Teichen und weiter südlich fehlte die Art vor 60 Jahren (ZIMMERMANN 1922), während sie heute dort und südwestwärts bis in den Kreis Schmölln vorkommt, wo seit 1974 ein Fundort direkt an der Bezirksgrenze Leipzig/Gera bekannt ist. Die bisher bekannten höchstgelegenen Vorkommen liegen in jeweils 300 m NN bei Rammenau/Kreis Bischofswerda und bei Drosen/Kreis Schmölln.

Verbreitungsdichte: Bezirk Leipzig 35 %, Dresden 30 % der Bezirksfläche.

6. Gelbbauchunke, *Bombina v. variegata* (L.) (Karte 7)

4 Unterarten: Von nördlich der Pyrenäen, Sizilien und S-Griechenland bis in die Niederlande (52°30'N): von Frankreich (6°W) bis Bulgarien und zur Moldauischen SSR (29°E).

Die Areal-Nordgrenze der Gelbbauchunke verläuft durch den Südwesten des Bezirkes Karl-Marx-Stadt; von Thüringen her erreicht die Art gerade noch das sächsische Vogtland. Die von SCHREITMÜLLER (1910) gemeldeten Vorkommen im Osterzgebirge, Elbsandsteingebirge und zwischen Radebeul und Meißen sind stark anzuzweifeln, m. E. auch die von ZIMMERMANN (1931) mitgeteilten Funde von Altenberg (3 Ex 1921) und Dresden-Kaditz (10 Ex. 1928). Hier handelt es sich wohl um ausgesetzte Tiere bzw. um orangegelbbauchige Rotbauchunken.

Nach 1945 sind in Sachsen nur zwei Fundorte bekannt geworden, die wie die meisten Vorkommen im angrenzenden Bezirk Gera inzwischen erloschen sein dürften:

1. Am Kapellenberg bei Schönberg/Kreis Oelsnitz (C. WETZEL in litt. 1959 u. 1960).
2. In Plauen-Chrieschwitz am Hermes-Berg bis Ende der 50er Jahre (Bericht DEMMIG 1978 an das ILN).

NITSCHE (1901) hat im Sommer 1900 bei Tharandt 10 Gelbbauchunken ausgesetzt, über deren weiteres Schicksal nichts bekannt wurde.

(Geburtshelferkröte, *Alytes o. obstetricans* [LAURENTI])

2 Unterarten: Von S-Spanien bis Niedersachsen (52°20' N); von Portugal bis zum Harz und Thüringen.

Auch von dieser in Sachsen nicht heimischen Art hat NITSCHE im Sommer 1900 bei Tharandt 2 Exemplare ausgesetzt. ZIMMERMANN (1931) berichtet vom Fund eines Männchens mit Laichschnüren 1928 im Plauenschen Grund bei Dresden; dort sollen „vor Jahren" aus Westfalen stammende *Alytes* ausgesetzt worden sein.

7. Knoblauchkröte, *Pelobates f. fuscus* (LAURENTI) (Karte 8)

2 Unterarten: Vom Kaukasus und N-Italien bis S-Schweden (56°18'N) und zur Estnischen SSR (58°30'N); von M-Frankreich bis Westsibirien (68°E) und Norden der Kasachischen SSR.

Der Verbreitungsschwerpunkt der subkontinentalen Knoblauchkröte liegt im Tiefland, vor allem auf Sandböden, doch kommt sie auch vereinzelt im unteren Erzgebirge vor, soweit es der Boden (nicht steinig!) zuläßt. Vorkommen über 400 m NN sind selten, bei Freiberg und Oederan/Kreis Flöha ist sie in 440–450 m NN nachgewiesen. Die höchsten Fundorte in Sachsen sind drei isolierte Vorkommen auf Sandboden (!) der wärmebegünstigten Annaberger Hochfläche: bei Schlettau in 600 m, bei Annaberg-Buchholz in 570 m und bei Schönfeld in über 500 m Höhe. An allen drei Stellen werden seit Jahren Larven und Adulte beobachtet. In Sachsen wurden bisher zweimal Albinos gefunden: 1967 bei Ottendorf-Okrilla/Kreis Dresden von FÖRSTER, 1973 bei Grubnitz/Kreis Wurzen zahlreich von BAUCH (BERGER 1978).

Verbreitungsdichte: Bezirk Leipzig 36 %, Dresden 32 %, Karl-Marx-Stadt 14 % der Bezirksfläche.

8. Erdkröte, *Bufo b. bufo* (L.) (Karte 9)

7 Unterarten: Von N-Afrika (ca. 30°N) bis N-Skandinavien (67°N); von Großbritannien (nicht Irland), Spanien und S-Portugal bis Sachalin und Japan.

Die Erdkröte ist bei uns neben dem Grasfrosch die häufigste Lurchart, doch ist die Größe ihrer Populationen in den letzten 20 Jahren in weiten Teilen stark zurückgegangen (örtlich um 90 %). Sie lebt in allen Höhenlagen vom Tiefland bis auf den Gipfel des Fichtelberges (1214 m). In der Lommatzscher Pflege scheint sie jedoch auf weiten Strecken zu fehlen.

Verbreitungsdichte: Bezirk Leipzig 73 %, Dresden 64 %, Karl-Marx-Stadt 55 % der Bezirksfläche.

9. Wechselkröte, *Bufo v. viridis* LAURENTI (Karte 10)

7 Unterarten: Von NW-Afrika, Israel, N-Iran und N-Afghanistan bis S-Schweden (59°N) und zur Estnischen SSR; von M-Frankreich bis zur Mongolischen Volksrepublik (ca. 97°E).

Die Wechselkröte ist eine kontinentale Steppenart, die in Sachsen etwa die gleiche Verbreitung hat wie die Rotbauchunke, aber stärker ins sommerwarme Hügelland tendiert. Ihre Verbreitung wird bergwärts von der 17 °C-Juli-Isotherme begrenzt. Im Bezirk Karl-Marx-Stadt sind gegenwärtig nur drei aktuelle Fundorte in den Kreisen Rochlitz und Zwickau bekannt. Alte Vorkommen in diesem Bezirk sind Erdmannsdorf/Kreis Flöha und Freiberg (DÜRIGEN 1897, einziger Fundort im unteren Erzgebirge!) sowie Göppersdorf/Kreis Rochlitz (ZIMMERMANN 1924), doch fehlen von dort neuere Nachweise. Der höchste existente Fundort in Sachsen liegt im Lausitzer Bergland in ca. 400 m NN bei Neugersdorf/Kreis Löbau.

Verbreitungsdichte: Bezirk Leipzig 45 %, Dresden 22 %, Karl-Marx-Stadt 2 % der Bezirksfläche.

10. Kreuzkröte, *Bufo calamita* LAURENTI (Karte 11)

Keine Unterarten! Von S-Spanien bis M-Schottland und S-Schweden (59°30'N); von Irland und Portugal bis zur Belorussischen SSR (26°E).

Die Kreuzkröte bevorzugt wie die Knoblauchkröte lockere Böden, in die sie sich eingraben kann. Sie kommt auf solchen auch in submontanen Lagen vor (unteres Westerzgebirge, Elbsandsteingebirge), wo ihre Verbreitung von der 16 °C-Juli-Isotherme begrenzt wird. Drei der bekannten Fundorte liegen über 400 m hoch: bei Hinterhermsdorf (405 m)/Kreis Sebnitz, Pechtelsgrün (410 m) und Irfersgrün (427 m) im Kreis Reichenbach.

Verbreitungsdichte: Bezirk Leipzig 23 %, Dresden 11 %, Karl-Marx-Stadt 6 % der Bezirksfläche.

11. Laubfrosch, *Hyla a. arborea* (L.) (Karte 12)

6–8 Unterarten: Von N-Afrika und Saudi-Arabien (25°N) bis S-Schweden (58°N); von Portugal, Frankreich (nicht Großbritannien) bis M-Iran (ca. 57°E).

Das Vorkommen des Laubfrosches beschränkt sich bei uns auf das Tiefland und das sommerwarme Hügelland und ähnelt damit stark dem Verbreitungsmuster der Kreuzkröte (Vorkommen begrenzt durch die 16 °C-Juli-Isotherme). Gleiche Verbreitung haben in Sachsen die Sommerwärme liebenden Röhrichtpflanzen (z. B. Sium). Drei der bekannten Fundorte liegen über 350 m hoch: bei Stollberg (375 m), bei Wüstenbrand (380 m)/Kreis Hohenstein-Ernstthal und in Karl-Marx-Stadt (400 m). Weitere Vorkommen im Erzgebirgsvorland sind inzwischen erloschen.

Verbreitungsdichte: Bezirk Leipzig 45 %, Dresden 34 %, Karl-Marx-Stadt 7 % der Bezirksfläche.

12. Grasfrosch, *Rana t. temporaria* (L.) (Karte 13)

3 Unterarten: Von N-Spanien, N-Italien und Bulgarien bis zum Nordkap (71°10'N); von Irland und NW-Spanien bis zum Irtysch und zum Ob-Busen (70°E).

Der Grasfrosch ist neben der Erdkröte unsere häufigste Lurchart, doch gilt hinsichtlich seines Populationsrückganges dasselbe wie für die Erdkröte (s. dort). Er lebt in allen Höhenlagen der drei sächsischen Bezirke bis auf den Gipfel des Fichtelberges (1412 m). Aus der Lommatzscher und Großenhainer Pflege gibt es bisher nur wenige Nachweise.

Verbreitungsdichte: Bezirk Leipzig 65 %, Dresden 68 %, Karl-Marx-Stadt 66 % der Bezirksfläche.

13. M o o r f r o s c h , *Rana a. arvalis* NILSSON (Karte 14)

2–3 Unterarten: Von Jugoslawien und N-Griechenland bis N-Skandinavien, N-Finnland und Murmansk (69°N); von NE-Frankreich bis zum Baikalsee (111°E).

Der Moorfrosch kommt in grundwassernahen Habitaten vom Tiefland bis zur hochkollinen Stufe vor. Alle bekannten Fundorte liegen unterhalb 500 m NN. Im unteren Erzgebirge sind bisher drei Vorkommen in über 450 m Höhe bekannt, das höchste bei Großhartmannsdorf/ Kreis Brand-Erbisdorf in 490 m NN (ZIMMERMANN 1922); ferner bei Zug (465 m) und im Hospitalwald (450 m) im Kreis Freiberg.

Verbreitungsdichte: Bezirk Leipzig 44 %, Dresden 19 %, Karl-Marx-Stadt 3 % der Bezirksfläche.

14. S p r i n g f r o s c h , *Rana dalmatina* BONAPARTE (Karte 15)

Keine Unterarten! Von Sizilien und N-Griechenland bis S-Schweden (57°N); von Frankreich und NE-Spanien bis zur DDR, Rumänien, Ukrainischen SSR (27°E).

Über den ersten Fund des Springfrosches in Sachsen bei Dresden berichteten FRITZSCHE u. OBST 1961, fast gleichzeitig wurde die Art bei Grimma entdeckt. Inzwischen gibt es zahlreiche Nachweise aus dem Raum Dresden und im Gebiet Colditz–Wurzen und darüber hinaus. Bisher ist der Springfrosch in 8 Landschaften Sachsens nachgewiesen: im Leipziger Land, im Porphyrhügelland an der Mulde, im Altenburger Lößgebiet, in den Ruhland-Schwepnitzer Heiden, auf der Lausitzer Platte, im Dresdener Elbtalgebiet, im Elbsandsteingebirge und im unteren Erzgebirge (am Wilisch, 340 m; Schlottwitztal, 305 m).

Das Verbreitungsbild der Art entspricht in Sachsen dem der wärmeliebenden Gebirgspflanzen. Die Lücke zwischen den Vorkommen in den Bezirken Leipzig und Dresden ist echt; sie ist auch in der Flora als Disjunktion zwischen Muldegebiet Grimma–Leipzig und unterem Osterzgebirge, Dresdener Elbtal bis Königsbrück charakteristisch für hygrothermophile und subkontinentale Arten niederer Lagen.

Verbreitungsdichte: Bezirk Leipzig 12 %, Dresden 7 % der Bezirksfläche.

15. S e e f r o s c h , *Rana r. ridibunda* PALLAS (Karte 16)

3 Unterarten: Von N-Afrika, N-Saudi-Arabien, Iran und Pakistan (25°N) bis Dänemark und zum Finnischen Meerbusen (59°30'N); von Portugal (fehlt in weiten Teilen Frankreichs und Italiens) bis zum Balkasch-See (80°E) und zum Indus. In SE-England und bei Helsinki eingebürgert.

Der Seefrosch lebt vor allem in großen Fluß- und wasserreichen Urstromtälern in der planaren bis eukollinen Stufe. Im Bezirk Karl-Marx-Stadt ist die Art von zwei Stellen im Pleiße-Einzugsgebiet und einem isolierten Vorkommen im Erzgebirgsvorland bei Limbach-Oberfrohna/Kreis Karl-Marx-Stadt bekannt, wo sie zahlreich auftritt. Mit 370 m NN ist hier gleichzeitig der höchste Fundort in der DDR.

Verbreitungsdichte: Bezirk Leipzig 25 %, Dresden 7 %, Karl-Marx-Stadt 2 % der Bezirksfläche.

16. K l e i n e r W a s s e r f r o s c h , *Rana l. lessonae* CAMERANO (Karte 17)

2 Unterarten: Von S-Frankreich, Sizilien und N-Bulgarien bis S-Schweden (61°N); von Frankreich bis jenseits der Wolga (55°E). In SE-England eingebürgert.

Da der Kleine Wasserfrosch erst vor wenigen Jahren als eigene Art erkannt und zuvor als Varietät zum Teichfrosch gestellt wurde, ist unsere derzeitige Kenntnis seiner Verbreitung noch sehr mangelhaft. Fest steht, daß die Art kleinere, vor allem Torfgewässer sowie Gräben bevorzugt.

Verbreitungsdichte: Bezirk Leipzig 6 %, Dresden 8 %, Karl-Marx-Stadt 0,5 % der Bezirksfläche.

17. Teichfrosch, *Rana „esculenta"* (L.) (Karte 18)

Verbreitung wie vorige Art.

Der Teichfrosch ist nachgewiesenermaßen (Größe, Färbung, Chromosomen, Serum, Ruffrequenz, reduzierte Fruchtbarkeit) eine Bastardform, die durch Kreuzung von Seefrosch mit Kleinem Wasserfrosch entstanden ist (siehe z. B. GÜNTHER u. SENGLAUB 1978).

In Sachsen ist der Teichfrosch in den unteren Lagen häufig und geht bis in den submontanen Bereich. Die Lücken in der Karte dürften auf mangelnder Kenntnis beruhen, wobei die Lommatzscher Pflege vielleicht echte Verbreitungslücken aufweist. Nirgends dringt die Art bis ins obere Erzgebirge vor. Bisher sind 8 Fundorte über 500 m NN bekannt; die höchsten liegen bei Falkenstein (550 m) und Werda (600 m) im Kreis Auerbach sowie bei Schönberg (600 m)/Kreis Oelsnitz.

Verbreitungsdichte: Bezirk Leipzig 70 %, Dresden 44 %, Karl-Marx-Stadt 28 % der Bezirksfläche.

B. Kriechtiere (Reptilia)

18. Europäische Sumpfschildkröte, *Emys orbicularis* (L.) (Karte 19)

Keine Unterarten! Von NW-Afrika und Cypern bis zur Elbe-Mündung und zur Estnischen SSR (58°N); von Portugal bis östlich des Aral-Sees (ca. 62°E) und NW-Iran.

Da die Sumpfschildkröte keine geographische Rassen gebildet hat, ist es nicht möglich, autochthone Tiere von ausgesetzten südosteuropäischen Exemplaren zu unterscheiden. Früher kam die Art östlich von Elbe und Mulde in den unteren Lagen an geeigneten Stellen überall vor, in prähistorischer Zeit selbst in Thüringen. Aus dem Ende des 19. und dem Beginn des 20. Jahrhunderts sind z. B. Vorkommen aus dem Pleiße-, Parthe- und Muldegebiet, der unteren Zwickauer und unteren Freiberger Mulde, aus der Elbe bei Dresden sowie aus der Neiße bei Görlitz mitgeteilt worden.

Seit 1945 sind im Bezirk Leipzig 13, im Bezirk Dresden 7 Nachweise bekannt geworden, die jüngsten im Jahre 1978.

19. Blindschleiche, *Anguis f. fragilis* L. (Karte 20)

3 Unterarten: Von N-Spanien, S-Italien, Griechenland, Kleinasien, NW-Iran bis Schottland, Skandinavien und Finnland (66°N); von Großbritannien (nicht in Irland) und N-Portugal bis zum Tobol (68°E); ferner in Algerien.

Die Blindschleiche kommt vom Tiefland bis in die Kammlagen des Erzgebirges vor. Im Kreis Delitzsch und in der Lommatzscher und Großenhainer Pflege ist sie anscheinend selten. Der bisher bekannte höchste Fundort liegt in 950 m NN bei Tellerhäuser/Kreis Schwarzenberg.

Verbreitungsdichte: Bezirk Leipzig 52 %, Dresden 67 %, Karl-Marx-Stadt 49 % der Bezirksfläche.

20. Zauneidechse, *Lacerta a. agilis* (L.) (Karte 21)

9 Unterarten: Von M-Frankreich, N-Italien, Albanien, Bulgarien und NO-Türkei bis Schweden (61°N; lokal auf 66°N); von England und N-Frankreich bis zum Baikal-See (107°E) und NW-China.

Die xerothermophile Zauneidechse ist in Sachsen bis zur Höhengrenze der hochkollinen Stufe verbreitet, nach Süden bis zur Obergrenze des Eichen-Hainbuchen-Bereiches. In warmen Lagen dringt sie bis ins mittlere Bergland vor, nicht aber bis ins obere Erzgebirge. Bisher sind 7 Fundorte über 500 m Höhe bekannt: Papstleithen (560 m)/Kreis Oelsnitz, Wernitzgrün (580 m) und Breitenfeld (580 m) im Kreis Klingenthal; Hirschsprung (600 m), Johnsbach (530 m) und Bärenstein (520 m) im Kreis Dippoldiswalde; Geyer (640 m)/Kreis Annaberg.

Verbreitungsdichte: Bezirk Leipzig 69 %, Dresden 55 %, Karl-Marx-Stadt 31 % der Bezirksfläche.

(Mauereidechse, *Lacerta muralis* [LAURENTI])

Im Elbtal zwischen Dresden und Meißen existiert nach Dr. H. THOMAS (in litt.) eine Population von *Lacerta m. brueggemanni* BEDRIAGA. Diese in Norditalien heimische Unterart wurde vor dem zweiten Weltkrieg hier ausgesetzt, hat sich also über mindestens 40 Jahre gehalten. Nach K. RICHTER (in litt.) wurde eine weitere Population dieser Art (Zwischenform von *L. m. muralis* und *L. m. brueggemanni*) 1976 in Leipzig entdeckt. Auch diese Population existiert mit hoher Wahrscheinlichkeit schon seit mehreren Jahrzehnten, doch besteht kein Zusammenhang mit den von R. MERTENS (1917) in Leipzig ausgesetzten Tieren.

21. Waldeidechse, *Lacerta v. vivipara* JAQUIN (Karte 22)

3 (?) Unterarten: Von N-Spanien, N-Italien und Bulgarien (41°N) bis zum Nordkap (71°10'N); von Irland bis Sachalin.

Wie Erdkröte und Grasfrosch kommt die Waldeidechse vom Tiefland bis in die Kammlagen (über 1000 m NN) des Erzgebirges vor. Echte Lücken gibt es vermutlich in den waldfreien Gebieten der Kreise Delitzsch, Altenburg und Schmölln, in der Lommatzscher und Großenhainer Pflege und im Lausitzer Gefilde.

Verbreitungsdichte: Bezirk Leipzig 39 %, Dresden 51 %, Karl-Marx-Stadt 57 % der Bezirksfläche.

22. Ringelnatter, *Natrix n. natrix* (L.) (Karte 23)

Etwa 10 Unterarten: Von NW-Afrika, Syrien und NW-Iran bis Schottland und N-Schweden (67°N); von Großbritannien (nicht in Irland) und Portugal bis NW-China, W der Mongolischen Volksrepublik und jenseits des Baikal-Sees (112°E).

Die Ringelnatter kommt vom Tiefland bis in die Kammlagen des Erzgebirges vor und meidet anscheinend nur die hochmontane Stufe (natürliche Fichtenwaldregion) und extrem arme Sandsteine. Auch bei dieser Art fällt auf, daß Nachweise aus den Kreisen Delitzsch, Altenburg und Schmölln sowie aus der Lommatzscher und Großenhainer Pflege weitgehend fehlen. Die höchsten Fundorte in Sachsen liegen bei Hammer-Unterwiesenthal (850 m NN)/Kreis Annaberg und am Auersberg (900 m)/Kreis Schwarzenberg.

Im nördlichen Leipziger Auwald kommt ferner die Unterart *N. n. persa* PALLAS vor, die dort 1963 in einem Paar ausgesetzt wurde, dem man später weitere Exemplare hinzufügte. Dieses Vorkommen besteht bis heute als teils reinrassige, teils Mischlingspopulation (*natrix x persa*) (GROSSE 1974, 1977).

Verbreitungsdichte: Bezirk Leipzig 56 %, Dresden 70 %, Karl-Marx-Stadt 48 % der Bezirksfläche.

(Würfelnatter, *Natrix t. tessellata* [LAURENTI])

Die Würfelnatter kam Ende des vorigen Jahrhunderts im Gebiet des Winterhafens von Meißen vor. Das letzte Exemplar wurde 1896 gesammelt. 10 Jahre später konnte ZIMMERMANN (1910) trotz seiner großen Erfahrungen als Feldzoologe die Art nicht mehr antreffen (OBST 1976). Allerdings teilt ZIMMERMANN (1922) mit, daß ein anderer zuverlässiger Beobachter noch um 1910 Würfelnattern beobachtet habe. Auf alle Fälle ist die Art seit Anfang unseres Jahrhunderts bei Meißen und damit in der DDR ausgestorben.

23. Glattnatter, *Coronella a. austriaca* LAURENTI (Karte 24)

2 Unterarten: Von M-Spanien, Sizilien, Kleinasien und NW-Iran bis M-England, M-Skandinavien (64°N) und S-Finnland; von Irland und N-Portugal bis zum Tobol (67°E) und zum Kaspischen Meer.

Die wärmeliebende Glattnatter ist eine Art kolliner bis submontaner Gebiete und besiedelt in Sachsen ein ähnliches Areal wie die Steilhang- und Felspflanzen des Eichen-Hainbuchen-Bereiches (z. B. Cytisus nigricans). Die Verbreitungsschwerpunkte sind im Bezirk Leipzig das Porphyrhügelland an der Mulde sowie die Dahlener und Dübener Heide, im Bezirk Dresden das Dresdener Elbtalgebiet, Tharandter Wald, Lausitzer Platte, Laußnitzer Heide, Lausitzer Bergland und Elbsandsteingebirge, im Bezirk Karl-Marx-Stadt das Mittelvogtländische Kuppenland und das Gebiet der mittleren Zschopau. Bisher sind 5 Fundorte über 600 m Höhe bekannt: bei Falkenhain (665 und 620 m) und Oberbärenburg (655 m) im Kreis Dippoldiswalde, bei Breitenbrunn (630 m)/Kreis Schwarzenberg und bei Zschorlau (600 m)/Kreis Aue.

Verbreitungsdichte: Bezirk Leipzig 26 %, Dresden 40 %, Karl-Marx-Stadt 12 % der Bezirksfläche.

24. Kreuzotter, *Vipera b. berus* (L.) (Karte 25)

4 Unterarten: Von N-Portugal, N-Italien, N-Griechenland (40°N) bis Schottland, N-Skandinavien und zur Murman-Küste (69°N); von Großbritannien (nicht in Irland) und NW-Spanien bis Sachalin.

Die Verbreitung der Kreuzotter in Sachsen entspricht sehr deutlich der Verbreitung azidiphiler Zwergstrauchheiden des Calluna-Typs auf Moor- und Podsolböden (Heidekraut, Preißelbeere, Arnika). Die derzeitigen Vorkommen stimmen weitgehend mit der Verbreitungskarte von ZIMMERMANN (1930) überein, doch gibt es heute im Bezirk Leipzig mehrere Nachweise östlich der Mulde. Die Art kommt vom Tiefland bis in die Kammlagen des Erzgebirges vor. Der Verbreitungsschwerpunkt in Sachsen – und gegenwärtig in der DDR überhaupt – sind Erzgebirge, oberes Vogtland, Elbsandsteingebirge und Oberlausitzer Teich-Heidegebiet. Kreuzotterfrei sind nur die Kreise Delitzsch, Döbeln und Riesa.

Verbreitungsdichte: Bezirk Leipzig 22 %, Dresden 57 %, Karl-Marx-Stadt 70 % der Bezirksfläche.

Zusammenfassung

Amphibien und Reptilien gehören heute in Mitteleuropa zu den am stärksten gefährdeten Tiergruppen, deren Lebensräume durch die Umgestaltung der Landschaft stark beeinträchtigt werden. Seit mehreren Jahren befassen sich daher Naturfreunde in allen Teilen der DDR mit der Erfassung der Vorkommen unserer Amphibien und Reptilien als Grundlage für gezielte Schutzmaßnahmen.

Am weitesten ist die Ermittlung der Verbreitung in Sachsen (Bezirke Leipzig, Dresden, Karl-Marx-Stadt) vorangeschritten, deren Ergebnis dargestellt wird. 294 Mitarbeiter haben für dieses Gebiet Fundorte an die Zentrale gemeldet.

Nach einem kurzen Überblick über die Landschaften von Sachsen werden die hier vorkommenden 17 Lurch- und 7 Kriechtierarten kurz abgehandelt, wobei jeweils die Gesamtverbreitung der Art und die Höhengrenze ihres Vorkommens in Sachsen angegeben wird. Auf der Bezugsbasis von Meßtischblatt-Quadranten ist die Verbreitung jeder Art kartographisch dargestellt, getrennt nach Funden vor 1945, 1945 bis 1964 und ab 1965. Nicht zuletzt sollen diese Karten zur Bearbeitung der Kenntnislücken anregen.

Ein umfangreiches Verzeichnis der faunistischen Literatur (97 Titel), die das sächsische Gebiet betrifft, beschließt den Beitrag.

Summary

THE AMPHIBIAN AND REPTILE FAUNA OF THE DISTRICTS LEIPZIG, DRESDEN, AND KARL-MARX-STADT

Amphibians and reptiles are today belonging to the most endangered Central European animal groups whose living areas are heavily interfered with by transformation of landscape. That is the reason why lovers of nature in all parts of the GDR have begun several years ago to acquire our reptiles and amphibians as a basis for purposeful protective measures.

The best results in determination of occurrence have been obtained in Saxony (districts of Leipzig, Dresden, and Karl-Marx-Stadt). These results are represented. 294 cooperators iuformed the center about findings in this region.

After a brief survey of the natural landscapes in Saxony, the here occurring 17 amphibian and 7 reptile species are dealt with. This includes information about overall distribution of the species in Saxony and the maximum altitude. Occurrence of the species is mapped on the basis of plane table map quadrants with separation of findings before 1945, 1945 to 1964, and from 1965. These maps are also intended to fill gaps in knowledge.

The last part of this contribution is a thorough list of faunistic literature (97 references) concerning the Saxon districts.

Literatur

a) Allgemein

BANNIKOV, A. G. et al., 1977: Bestimmungsschlüssel der Lurche und Kriechtiere der Fauna der UdSSR. Moskau 1977, 1–416. (Russ.)

BERGER, H., 1978: Albinos der Knoblauchkröte. – Der Rundblick (Wurzen) 25, H. 1, 59.

GEILER, H., 1974: Morphometrische Untersuchungen an einer Feuersalamander-Teilpopulation in einem Unterarten-Mischareal (*Salamandra s. salamandra* L. und *Salamandra s. terrestris* Lac.). – Hercynia N. F. 11, 272–280.

GÜNTHER, R. u. K. SENGLAUB, 1978: Das Geheimnis der grünen Frösche. – Wissenschaft und Fortschritt 28, 154–158.

OBST, F.-J., 1971: Der Springfrosch – unsere seltenste Braunfroschart. – Naturschutzarb. und naturkdl. Heimatforsch. in Sachsen 13, 62–69.

SCHIEMENZ, H., 1976: Kriechtiere und Lurche – Stiefkinder des Naturschutzes. Ibid. 18, 42–44.

b) Zur Herpetofauna von Sachsen

ANDERT, W., 1958: Es gibt doch die Kreuzotter in unserer engeren Heimat. – Ebersbacher Kulturspiegel, Juli 1958, 7–8.

–, 1965: Die Knoblauchkröte (*Pelobates fuscus*) im Gebirgsgebiet der Oberlausitz? – Abh. Ber. Naturkundemus. Görlitz 40, Nr. 11.

ARNOLD, A., 1977: Die Fauna einiger Höhlen und Stollen im Erzgebirge. – Der Höhlenforscher 9, 50–52.

–, 1979: Zum Vorkommen von Lurchen in Höhlen, Stollen und Bergwerken im Westerzgebirge (Amphibia). – Faun. Abh. Mus. Tierk. Dresden 7, 145–146.

BÄHR, H., 1964: Zum Vorkommen der Knoblauchkröte bei Freiberg. – Festschr. 100jähr. Bestehen Naturkundemus. Freiberg, 103–106.

BAUCH, S., 1977: Zum Kreuzottervorkommen in den Kreisen Wurzen, Oschatz und Grimma. – Der Rundblick (Wurzen) 24, 38–39.

–, 1977: Springfroschvorkommen in den Kreisen Grimma und Wurzen. – Ibid., 163.

BERGER, H., 1976: Herpetofaunistische Arbeit im Bezirk Leipzig. – Naturschutzarbeit u. naturkdl. Heimatforschung in Sachsen 18, 27–35.

BIELLA, H.-J., 1977: Studien zur Verbreitung und Ökologie der Kreuzotter (*Vipera b. berus* L.) in der Oberlausitz. – Abh. Ber. Naturkundemus. Görlitz 51, Nr. 4, 1–9.

–, 1979: Notizen zum Auftreten der Kreuzotter in der Oberlausitz. – Bautzener Kulturschau 29, H. 8, 12–15.

BISCHOFF, W., 1972: Ein interessanter Kreuzotterfund. – Aquarien/Terrarien 19, 279.

BLUM, J., 1890: Die Kreuzotter und ihre Verbreitung in Deutschland. – Abh. Senckenberg. Naturf. Ges. Frankfurt/M. 15, 121–278.

BRUCHHOLZ, S., 1963: Die Wirbeltierfauna des Naturschutzgebietes „Niederspreer Teiche" von 1900 bis heute. – Abschlußarbeit Fachschule f. Forstwirtschaft Ballenstedt (MS).

DÜRIGEN, B., 1897: Deutschlands Amphibien und Reptilien. – Magdeburg.

EHRHARDT, R., 1963: Von unseren Braunfröschen. – Heimatkalender Kreis Bad Liebenwerda 41, 9, 184–187.

ENGELMANN, W.-E., 1973: Erstnachweis des Springfrosches für den Leipziger Auwald. – Naturschutzarbeit u. naturkdl. Heimatforsch. in Sachsen 15, 92–93.

FRIESE, W. K., 1938: Zur Amphibien- und Reptilienfauna der Umgebung von Schönberg am Kapellenberg bei Bad Brambach. – Bl. Aquar.-Terrar.-Kde. 49, 186.

FRITZSCHE, J. u. F.-J. OBST, 1961: Ein neues Vorkommen des Springfrosches (*Rana dalmatina* Bonaparte) in Mitteleuropa. – Zool. Anz. 167, 390–391.

FROMMHOLD, E., 1957: Europäische Sumpfschildkröte in der Oberlausitz. – Aquarien/Terrarien 4, 224.

GERLOFF, W., 1974: Übersicht der Naturschutzgebiete des Kreises Grimma. – Aquila 2, 2–3.

–, 1975: Zum Vorkommen des Springfrosches im Kreis Grimma. – Ibid. 3, 38.

–, 1976: Beitrag zur Herpetofauna des Kreises Grimma. – Ibid. 7, 7–9.

–, KRONBIEGEL, H. J. u. W. KÖCHER, 1975: Das Schanzenbachtal als geplante Erweiterung des NSG „Kirstenmühle" im Kreis Döbeln. – Ibid. 5, 87–91.

GROSSE, H., 1973: Das Altenburger Land. In: Werte der Heimat 23, p. 45, 73, 85, 186.

GROSSE, W.-R., 1969: Die Verbreitung von Lurchen und Kriechtieren im nördlichen Leipziger Auwaldgebiet. – Aquarien/Terrarien 16, 382–383.

–, 1974: Das Auftreten der Streifenringelnatter, *Natrix natrix persa* Pallas, im Leipziger Auenwald. – Naturschutzarbeit u. naturkdl. Heimatforsch. in Sachsen 16, 64–72.

–, 1976: Krötenbastarde. III. Beitrag zur Herpetofauna des Leipziger Auenwaldes. – Faun. Abh. Mus. Tierkde. Dresden 6, Nr. 13, 155–161.

–, 1977: Analyse der Entwicklung der Herpetofauna einer ursprünglichen Auenwaldlandschaft. – Hercynia N. F. 14, 178–186.

GÜNTHER, R., 1974: Neue Daten zur Vorbereitung und Ökologie der Grünfrösche (Anura, Ranidae) in der DDR. – Mitt. Zool. Mus. Berlin 50, 287–298.

HAASE, E., 1887: Sachsens Amphibien. – SBer. Ges. Isis Dresden, 57–65.

HANDKE, K., 1969: Das NSG „Wildenhainer Bruch" und seine Herpetofauna. – Aquarien/Terrarien 16, 202–203.

–, 1969: Das Vorkommen des Teichfrosches, *Rana esculenta,* in der Dahlener Heide. – Ibid., 384.

–, 1970: Grasfrosch auf dem Fichtelberg. – Naturschutzarb. u. naturkdl. Heimatforsch. in Sachsen 12, 38.

–, 1971: Zur Herpetofauna der drei sächsischen Bezirke. – Ibid. 13, 30–34.

HESSE, E., 1920: Die Amphibien und Reptilien des Leipziger Gebietes. – Bl. Aquar.-Terrarienkde. 31, 159–162.

HILDEBRANDT, H., 1908: Beitrag zur Reptilien- und Amphibien-Fauna des Herzogtums Sachsen-Altenburg. – Mitt. a. d. Osterlande N. F. 13, 109–117.

HOFFMANN, M., 1968: Sumpfschildkröte in den Teichen bei Bautzen. – Naturschutzarb. u. naturkdl. Heimatforsch. in Sachsen 10, 21.

HOLLE, A., 1870: Die Reptilien der Umgegend von Annaberg. – Jber. Annaberg-Buchholzer Ver. Naturkde. 2, 98–99.

JORDAN, K. H. C., 1959: Von den Tieren unseres Kreises. – Bautzener Land, 47–53.

–, 1959: Zoologisches aus dem Neißetal. – Naturschutzarb. u. naturkdl. Heimatforsch. in Sachsen 1, 53–55.

KABISCH, K., 1974: Nachweis des Springfrosches im Naturschutzgebiet „Döbener Wald". – Ibid. 16, 37–39.

–, 1975: Winterquartiere für Schwanzlurche. Aquarien/Terrarien 22, 264–267.

KLINGELHÖFER, G., 1942: Die Kreuzotter in Ostthüringen. Borna.

KÖCHER, W., 1975: Glattnatter (*Coronella austriaca*) im Wermsdorfer Forst. – Aquila 3, 43.

–, 1975: Laichgewässer des Laubfrosches (*Hyla arborea*) bei Grethen. –Ibid. 5, 99.

KRAMER, H., 1916: Die Schlangen der Südlausitz. – Mitt. Naturw. Ges. Zittau, 113–116.

–, 1924: Zur Wirbeltierfauna der Südlausitz. – Ber. Naturw. Ges. Isis Bautzen (1921–24), 29–77.

KRONBIEGEL, H. J., 1975: Zur Häufigkeit der Kreuzotter (*Vipera berus*) im Colditzer und Glastener Forst. – Aquila 5, 100.

MAAR, V., 1972: Faunistisch-ökologische Studien zur Verbreitung der Lurche und Kriechtiere in den verlandeten Lehmgruben (Lossatal) im Kreis Eilenburg. – Belegarbeit PI Halle (MS).

MARTIN, D., 1973: Zum Vorkommen des Springfrosches (*Rana dalmatina* Bonaparte) im Kreis Geithain. – Abh. Ber. Naturkundemus. Mauritianum Altenburg 8, 59–60.

MERTENS, R., 1917: *Lacerta muralis* aus Italien bei Leipzig ausgesetzt. – Bl. Aquar.-Terrarienkde. 28, 203–205.

–, 1917: Die Reptilien und Amphibien des Truppenübungsplatzes Zeithain. – Ibid., 252–253.

–, 1918: *Emys orbicularis* L. bei Leipzig. – Ibid. 29, 13–14.

NITSCHE, H., 1901: (Mittlg. in der 4. Sitzung am 1. 11. 1900). – SBer. Naturw. Ges. Isis Dresden 1900, 21.

OBST., F.-J., 1960: Die Verbreitung der einheimischen Lurche und Kriechtiere in der Dresdener Umgebung. – Sächs. Heimatbl. 6, 308–311.

–, 1963: Der Springfrosch (*Rana dalmatina* Bonaparte) nun auch in Sachsen. – Ibid. 9, 110–112.

–, 1976: Die Würfelnatter bei Meißen – ein erloschenes Vorkommen. – Zool. Abh. Mus. Tierk. Dresden 34, Nr. 4, 47–52.

PFUHL, H., 1970: Vorkommen der Lurche und Kriechtiere im Landschaftsschutzgebiet „Zittauer Gebirge" und im Neißetal. – Staatsex.-Arb. PH Potsdam (MS).

RANFT, M., 1975: Kreuzotter im Saubachtal nördlich Wilsdruff. – Naturschutzarb. u. Heimatforsch. in Sachsen 17, 44.

REIBISCH, T., 1866: Sächsische Amphibien. – SBer. Ges. Isis Dresden 1866, 113–115.

REISCHOK, H., 1963: Beobachtungen an der Erdkröte, *Bufo b. bufo* L. – Aquarien/Terrarien 10, 68.

RICHTER, H., 1973: Ein interessanter Biotop. – Ibid. 20, 384–385.

SCHEFFEL, P. u. D. SCHEITHAUER, 1967: Faunistisch-floristische Untersuchungen in einem Braunkohlenrestloch unter besonderer Beachtung der Dreikantmuschel. – Abh. Ber. Mauritianum Altenburg 5, 161–186.

SCHIEMENZ, H., 1977: Zur Verbreitung der Amphibien und Reptilien in der Oberlausitz. – Abh. Ber. Naturkundemus. Görlitz 51, Nr. 3, 1–17.

–, u. H.-J. BIELLA, 1977: Die Unfälle durch Kreuzotterbisse (*Vipera b. berus* L.) in den Jahren 1955–1975 in Sachsen. – Zool. Abh. Mus. Tierk. Dresden 34, Nr. 16 229–243.

SCHLEGEL, R., 1959: Beitrag zur Kenntnis der Fauna des Seerosensumpfes bei Halbendorf/Spree Oberlausitz. – Dipl.-Arb. Zool. Inst. TH Dresden (MS).

SCHORTMANN, K., 1921: Kreuzottern im Mockrehnaer Moor. – Bl. Aquar.-Terrarienkde. 32, 299.

SCHREITMÜLLER, W., 1909: Kleine Notizen über ... *Emys orbicularia* L. (Sumpfschildkröte). – Wochenschr. Aqar.-Terrar.-Kde. 6, Beil. Lacerta, 57–58.

–, 1910: Die in der Dresdener Umgebung vorkommenden Kriechtiere und Lurche. – Wochenschr. Aquar.-Terr.-Kde. 7, Beil. Lacerta, 37–40, 41–42, 45–46, 49–51, 53–54.

–, 1922: Beiträge zur Verbreitung der gelbbauchigen Unke (*Bombinator pachypus* Bonaparte) in Sachsen. – Arch. Natursch. 88, Abt. A, 228–231.

SCHULZE, E. u. BORCHERDING, 1893: Fauna Saxonia. Amphibien und Reptilien. Jena.

SIMROTH, H., 1890: Das Vorkommen der gemeinen Teichschildkröte, *Emys europaea*, bei Leipzig. – SBer. Naturf. Ges. Leipzig 15/16, 61–64.

STOLZ, J. W., 1911: Beiträge zur Wirbeltierfauna der preußischen Oberlausitz. – Abh. Naturf. Ges. Görlitz 27, 72–88.

TOBIAS, R., 1865: Die Wirbelthiere der Oberlausitz. – Ibid. 12, 57–96.

TORNIER, G., 1904: Über das Auffinden von *Tropidonotus tessellatus* in Mitteldeutschland. – SBer. Ges. naturf. Freunde Berlin, Nr. 9.

WEZEL, C., 1888: Das Vorkommen der Kreuzotter (*Vipera berus*) im Herzogtum Sachsen-Altenburg. – Mitt. a. d. Osterlande N. F. 4, 81–87.

WICHAND, B., 1908: Zur Verbreitung von *Vipera berus* in der Umgebung von Leipzig nebst einigen Bemerkungen über die Gefährlichkeit des Bisses der Schlange. – Bl. Aquar.-Terrarienkde. 19, 30–32, 40–43.

WINKLER, A., 1977: Vorkommen von Lurch- und Kriechtierarten im Gebiet Saupsdorf-Hinterhermsdorf-Raumberg. Jahresarb. Biologie EOS Sebnitz, Kl. 12 (MS).

WOLTERSTORFF, W., 1888: Vorläufiges Verzeichnis der Reptilien und Amphibien der Provinz Sachsen und der angrenzenden Gebiete nebst einer Anleitung zu ihrer Bestimmung. – Z. Naturwiss. 61, 1–38.

–, 1920: Der Bergmolch und seine Verbreitung im norddeutschen Flach- und Hügellande. – Bl. Aquar.-Terrarienkde. 31, 21–24.

–, 1925: Katalog der Amphibien-Sammlung im Museum für Natur- und Heimatkunde zu Magdeburg. – Abh. Ber. Mus. Natur-Heimatkde. Magdeburg 4, 155–234.

WONKA, M., 1970: Amphibien und Reptilien der näheren Umgebung Freitals. Staatsex.-Arb. PH Potsdam (MS).

ZILL, K. G., 1975: Drei weitere Springfroschfunde bei Grimma. – Naturschutzarb. u. naturkdl. Heimatforsch. in Sachsen 17, 39.

ZIMMERMANN, R., 1909: Zur Schlangenfauna von Rochlitz i. Sa. – Wochenschr.-Aquar.-Terrar.-Kde. 6, Beil. Lacerta, 81–83, 85–86.

–, 1910: Über das Vorkommen der Würfelnatter im Königreich Sachsen. Ibid. 7, Beil. Lacerta, 8.

–, 1911: Die Rochlitzer Echsen. – Ibid. 8, Beil. Lacerta 57–59.

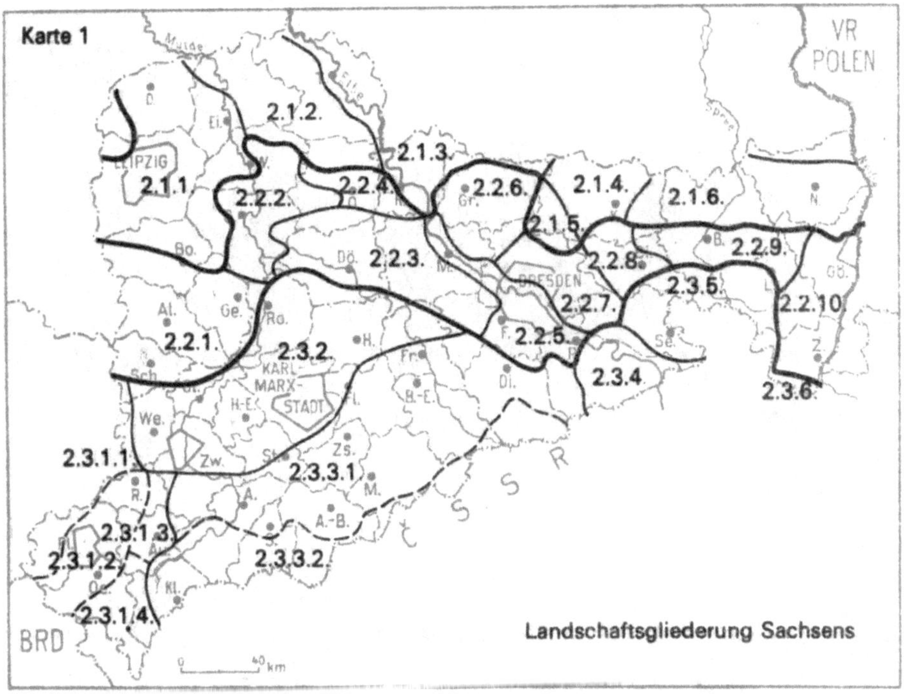

Legende zu Abb. 1: Landschaftsgliederung von Sachsen

2.1. NORDSÄCHSISCHES FLACHLAND

2.1.1. Leipziger Land
2.1.2. Dahlner und Dübener Heide
2.1.3. Elbetiefland unterhalb Riesa
2.1.4. Ruhland-Schwepnitzer Heiden
2.1.5. Laußnitzer Heide
2.1.6. Oberlausitzer Teich-Heidegebiet

2.2. SÄCHSISCHE GEFILDEZONE

2.2.1. Altenburger Lößgebiet
2.2.2. Porphyrhügelland an der Mulde
2.2.3. Mittelsächsisches Lößgebiet
2.2.4. Oschatzer Hügelland
2.2.5. Dresdener Elbtalgebiet
2.2.6. Großenhainer Pflege
2.2.7. Lausitzer Platte
2.2.8. Nordwestlausitzer Bergland
2.2.9. Lausitzer Gefilde
2.2.10. Ostlausitzer Hügelland und Neißegebiet

2.3. SÄCHSISCHE MITTELGEBIRGSZONE

2.3.1. Sächsisches Vogtland
2.3.1.1. Vogtländische Hochflächen
2.3.1.2. Mittelvogtländisches Kuppenland
2.3.1.3. Ostvogtland
2.3.1.4. Oberes Vogtland
2.3.2. Erzgebirgsvorland
2.3.3. Erzgebirge
2.3.3.1. Unteres Erzgebirge
2.3.3.2. Oberes Erzgebirge
2.3.4. Elbsandsteingebirge
2.3.5. Lausitzer Bergland
2.3.6. Zittauer Gebirge

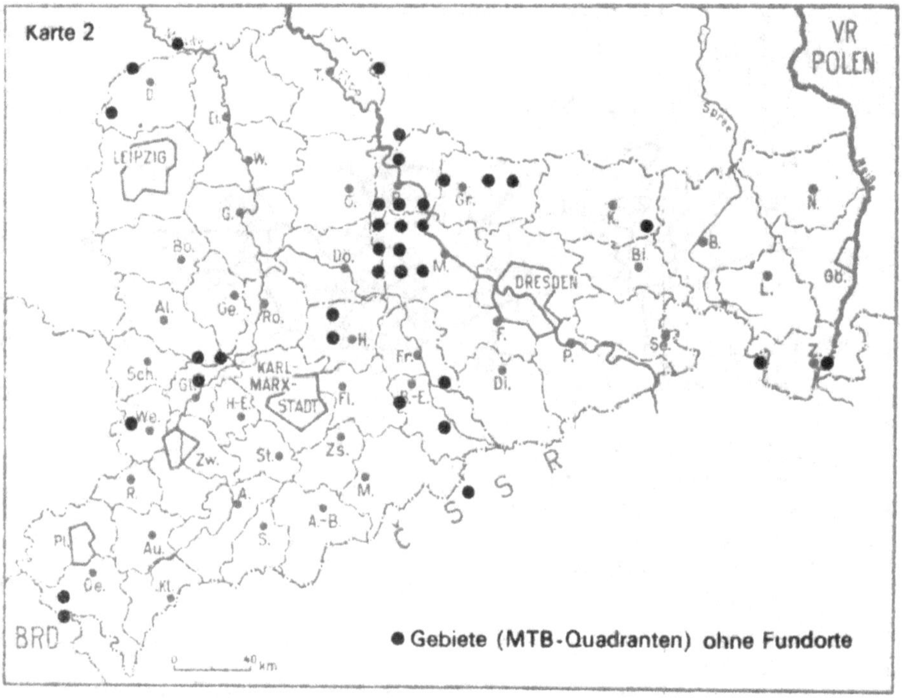

Karte 2
VR POLEN
LEIPZIG
KARL-MARX-STADT
DRESDEN
BRD
ČSSR
Gebiete (MTB-Quadranten) ohne Fundorte

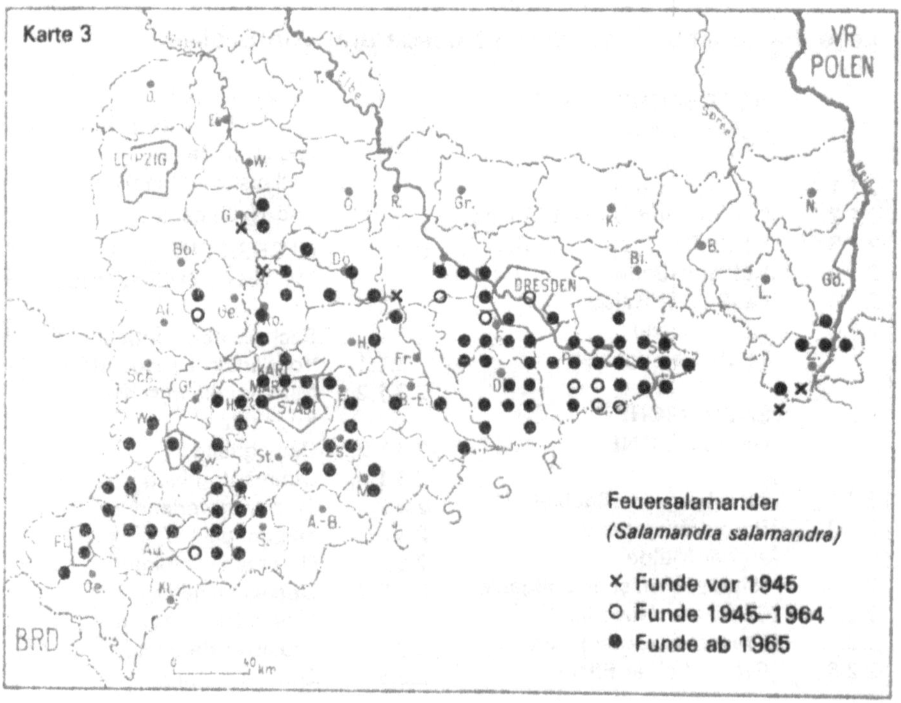

Karte 3
VR POLEN
LEIPZIG
KARL-MARX-STADT
DRESDEN
BRD
ČSSR
Feuersalamander
(Salamandra salamandra)
× Funde vor 1945
○ Funde 1945–1964
● Funde ab 1965

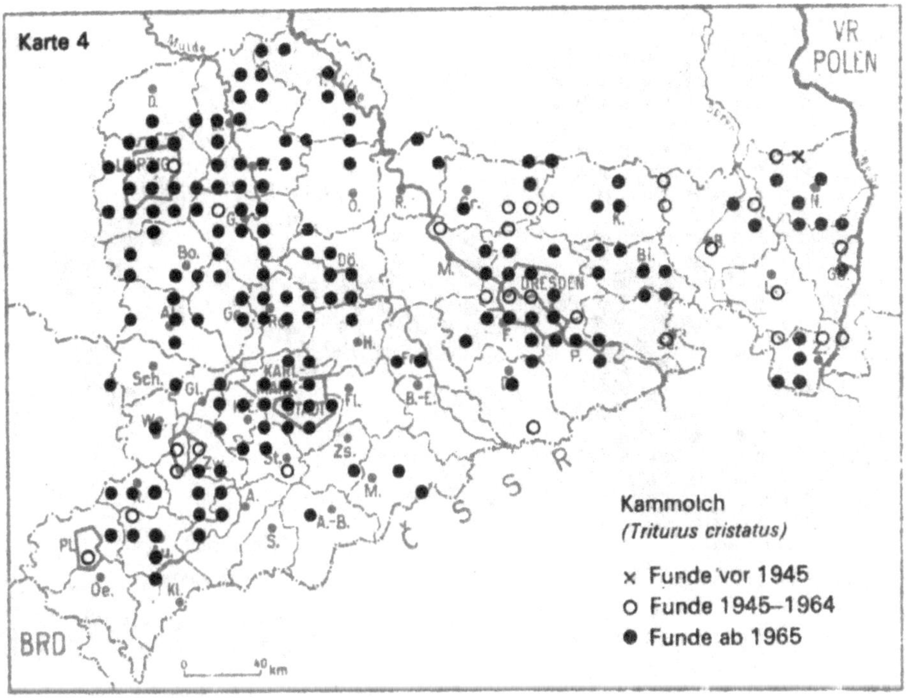
Karte 4
VR POLEN
LEIPZIG
DRESDEN
KARL-MARX-STADT
BRD
ČSSR
Kammolch
(Triturus cristatus)
× Funde vor 1945
○ Funde 1945–1964
● Funde ab 1965
0 40 km

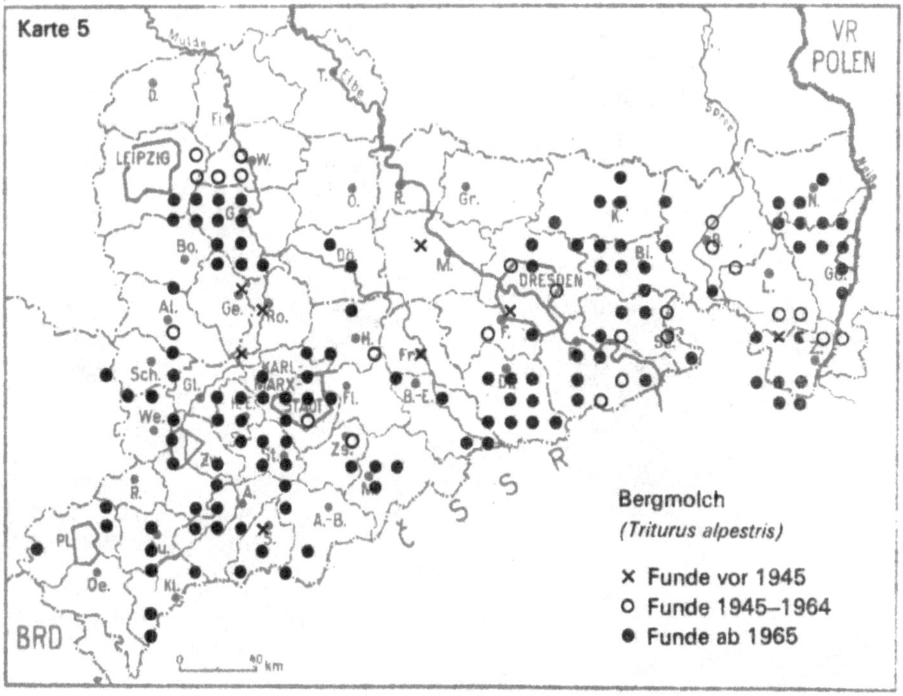
Karte 5
VR POLEN
LEIPZIG
DRESDEN
KARL-MARX-STADT
BRD
ČSSR
Bergmolch
(Triturus alpestris)
× Funde vor 1945
○ Funde 1945–1964
● Funde ab 1965
0 40 km

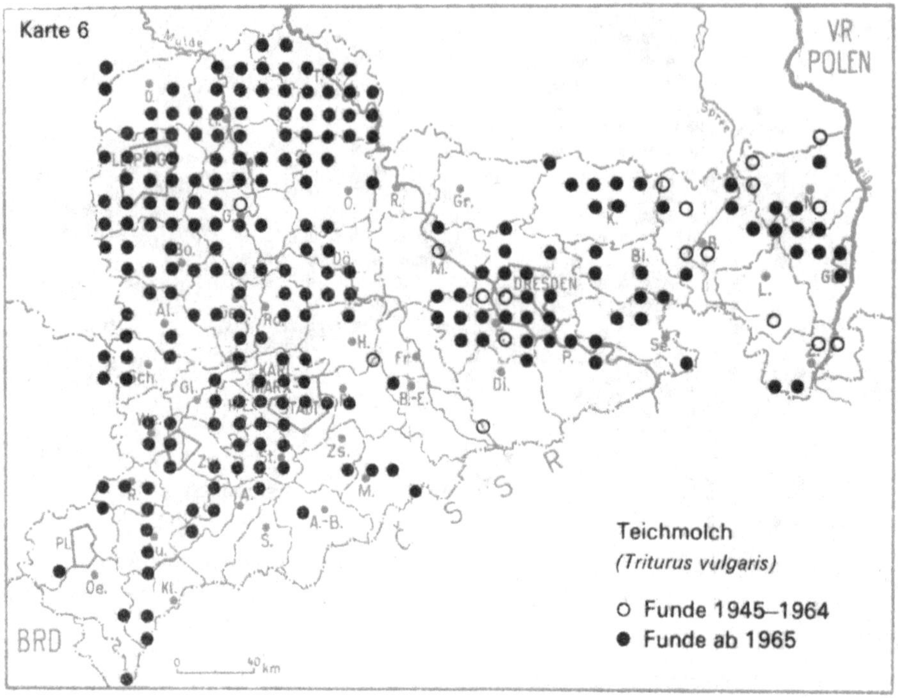
Karte 6
VR POLEN
Mulde
Spree
Neiße
LEIPZIG
DRESDEN
KARL-MARX-STADT
D.
O.
R.
Gr.
K.
B.
Bl.
N.
L.
Gö.
M.
Bo.
Dö.
Al.
Ge.
Ro.
H.
Fr.
Sch.
Gl.
B.-E.
Di.
P.
Se.
Z.
We.
Zw.
St.
Zs.
A.
M.
A.-B.
S.
Pl.
Oe.
Au.
Kl.
BRD
Č S S R
Teichmolch
(Triturus vulgaris)
Funde 1945–1964
Funde ab 1965
0 40 km

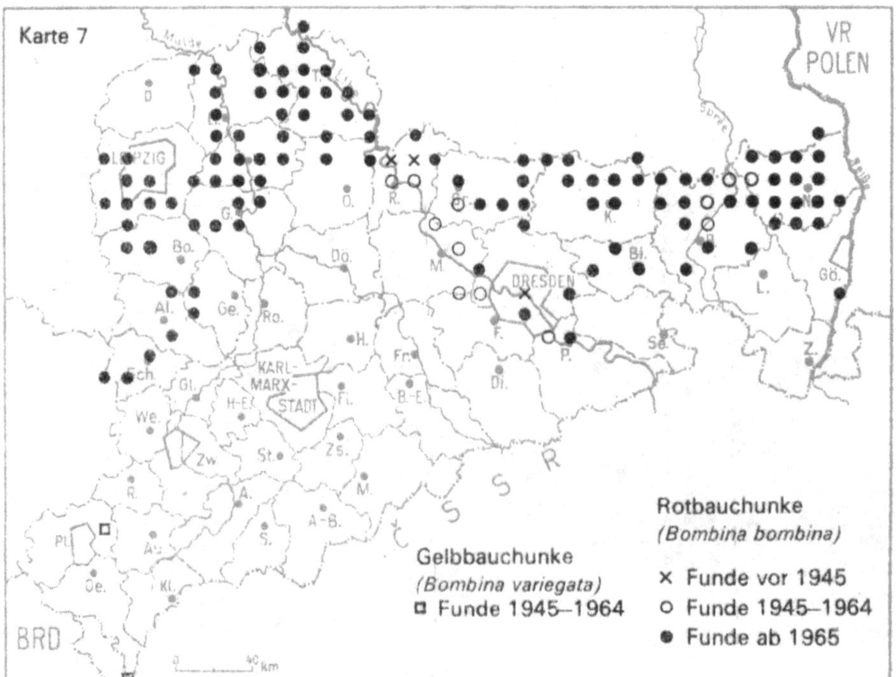
Karte 7
VR POLEN
Mulde
Spree
Neiße
LEIPZIG
DRESDEN
KARL-MARX-STADT
D.
O.
R.
Gr.
K.
B.
Bl.
N.
L.
Gö.
M.
Bo.
Dö.
Al.
Ge.
Ro.
H.
F.
Fr.
P.
Se.
Z.
Di.
Sch.
Gl.
H.-E.
Fl.
B.-E.
We.
Zw.
St.
Zs.
R.
A.
M.
A.-B.
S.
Pl.
Au.
Oe.
Kl.
BRD
Č S S R
Rotbauchunke
(Bombina bombina)
Funde vor 1945
Funde 1945–1964
Funde ab 1965
Gelbbauchunke
(Bombina variegata)
Funde 1945–1964
0 40 km

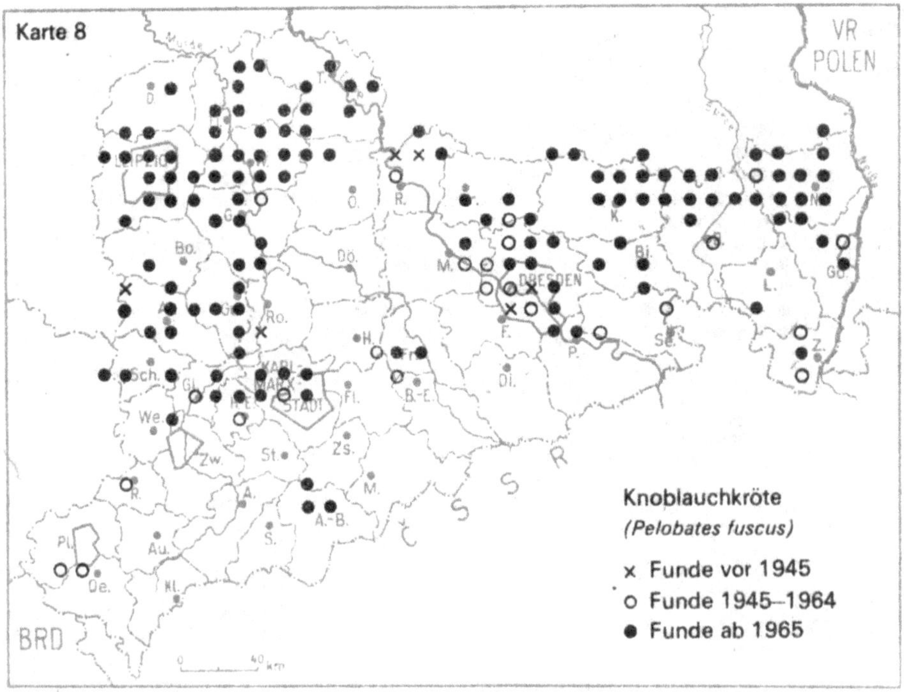
Karte 8
VR POLEN
LEIPZIG
DRESDEN
KARL-MARX-STADT
BRD
ČSSR
Knoblauchkröte
(Pelobates fuscus)
× Funde vor 1945
○ Funde 1945–1964
● Funde ab 1965
0 40 km

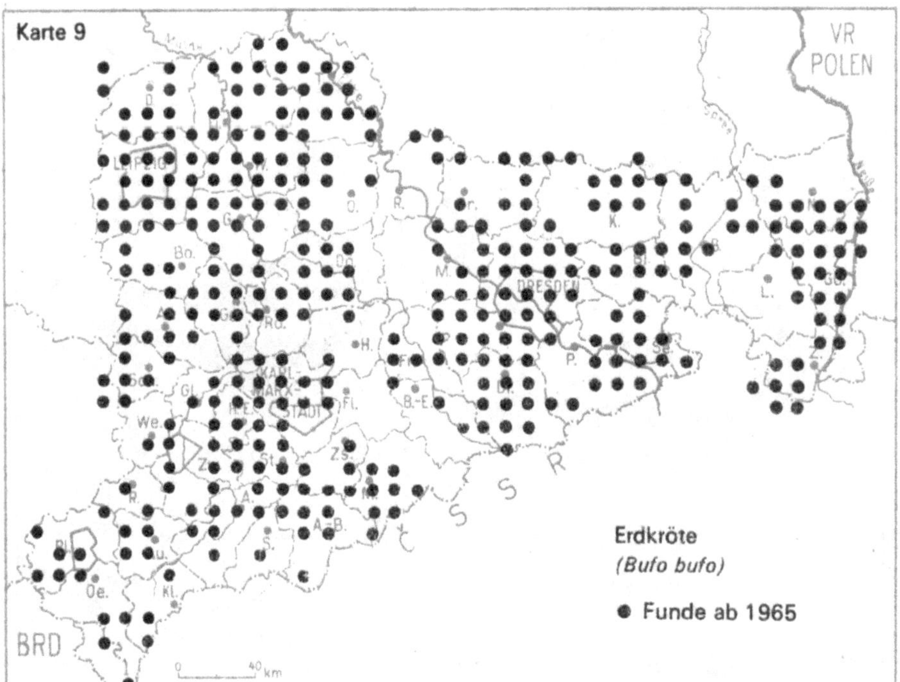
Karte 9
VR POLEN
LEIPZIG
DRESDEN
KARL-MARX-STADT
BRD
ČSSR
Erdkröte
(Bufo bufo)
● Funde ab 1965
0 40 km

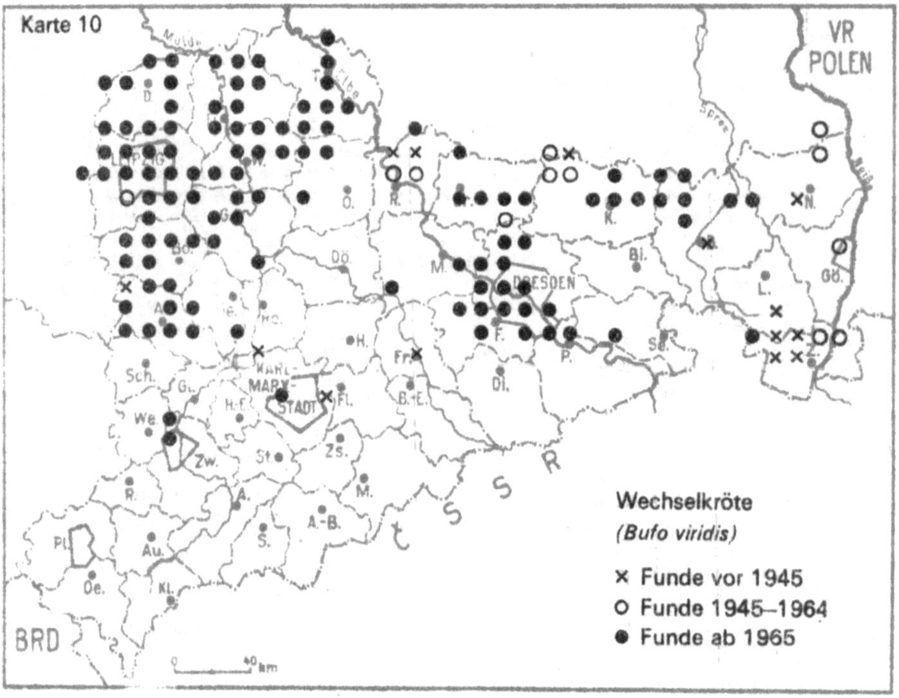
Karte 10
VR POLEN
DRESDEN
KARL-MARX-STADT
ČSSR
BRD
Wechselkröte
(Bufo viridis)
× Funde vor 1945
○ Funde 1945–1964
● Funde ab 1965
0 40 km

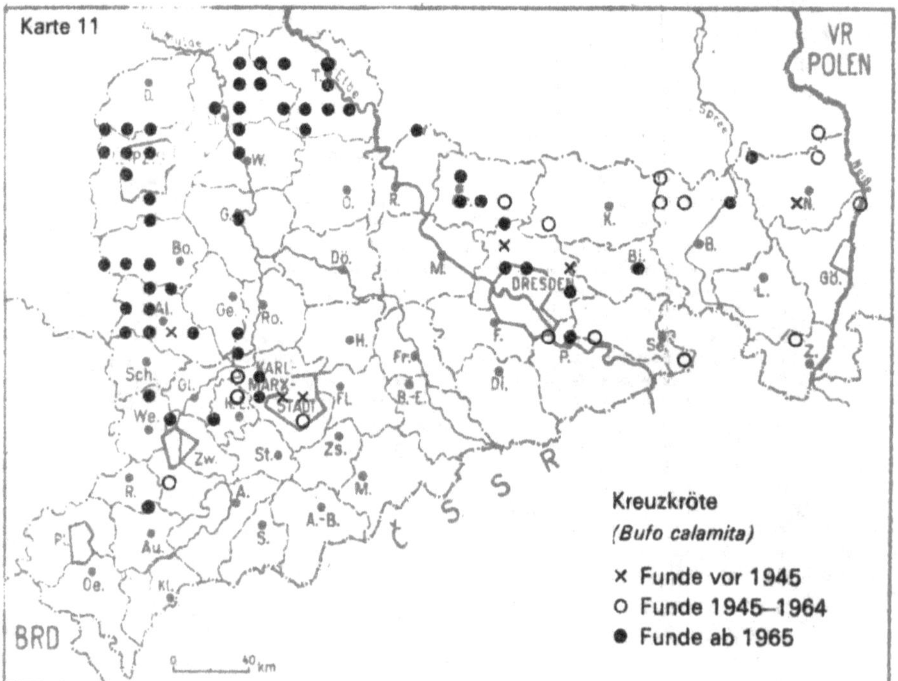
Karte 11
VR POLEN
DRESDEN
KARL-MARX-STADT
ČSSR
BRD
Kreuzkröte
(Bufo calamita)
× Funde vor 1945
○ Funde 1945–1964
● Funde ab 1965
0 40 km

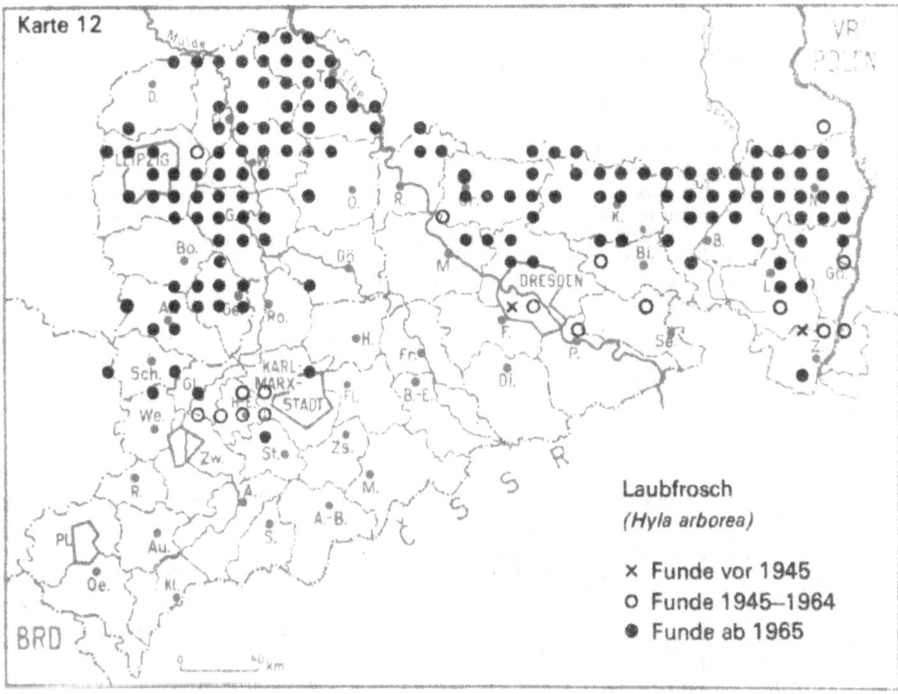
Karte 12
VR POLEN
LEIPZIG
DRESDEN
KARL-MARX-STADT
BRD
ČSSR
Laubfrosch
(Hyla arborea)
× Funde vor 1945
○ Funde 1945–1964
● Funde ab 1965
0 40 km

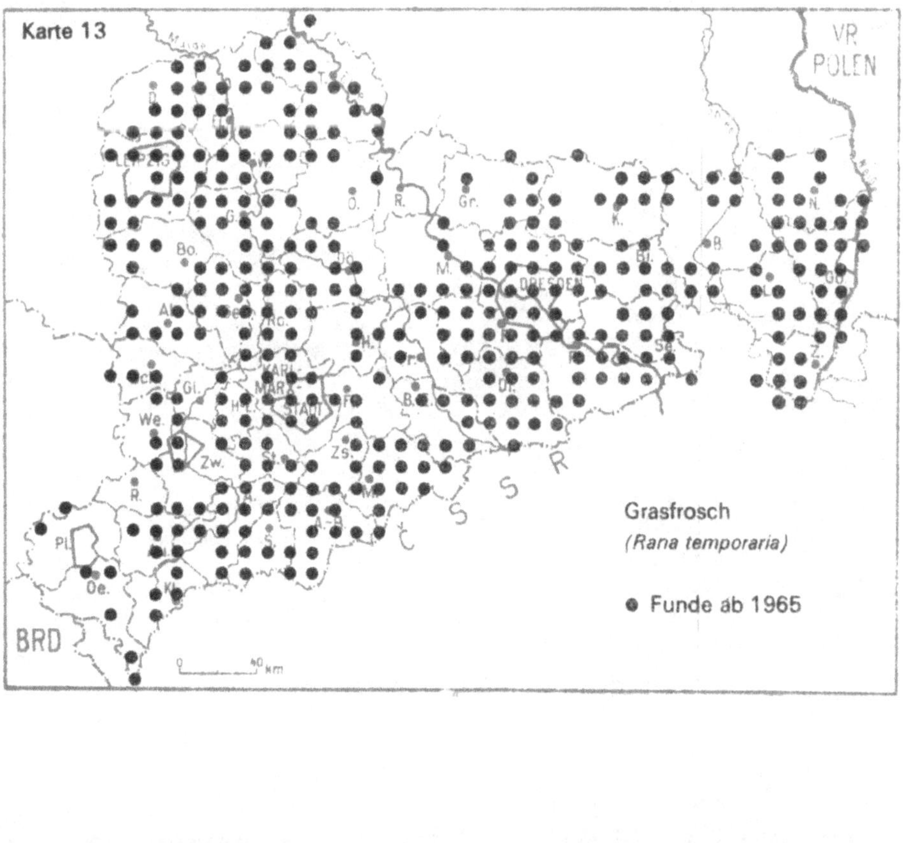
Karte 13
VR POLEN
LEIPZIG
DRESDEN
KARL-MARX-STADT
BRD
ČSSR
Grasfrosch
(Rana temporaria)
● Funde ab 1965
0 40 km

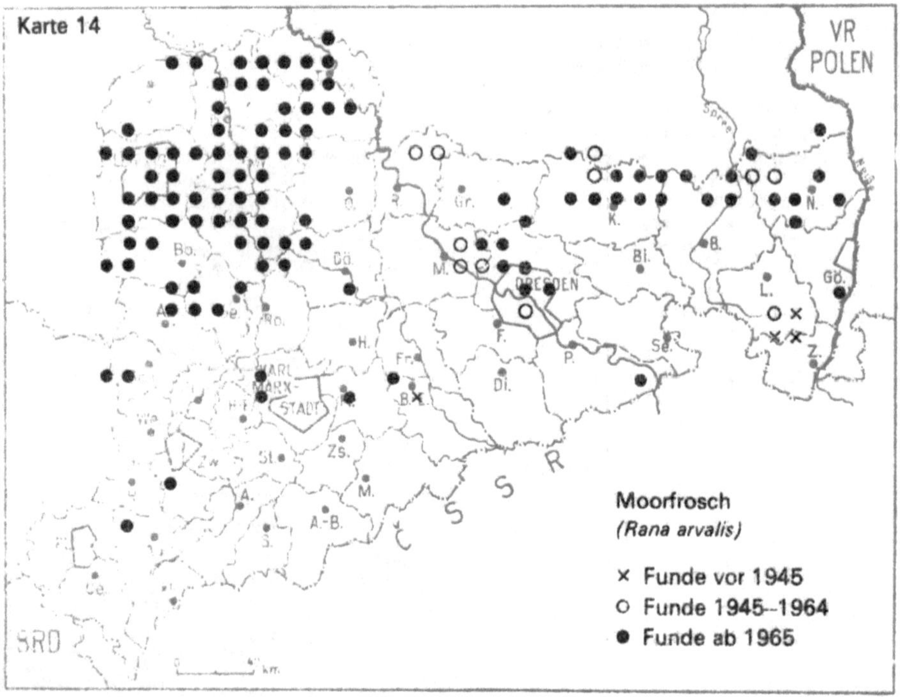
Karte 14
VR POLEN
Spree
Neiße
DRESDEN
KARL-MARX-STADT
Č S S R
BRD
40 km
Moorfrosch
(Rana arvalis)
× Funde vor 1945
○ Funde 1945–1964
● Funde ab 1965

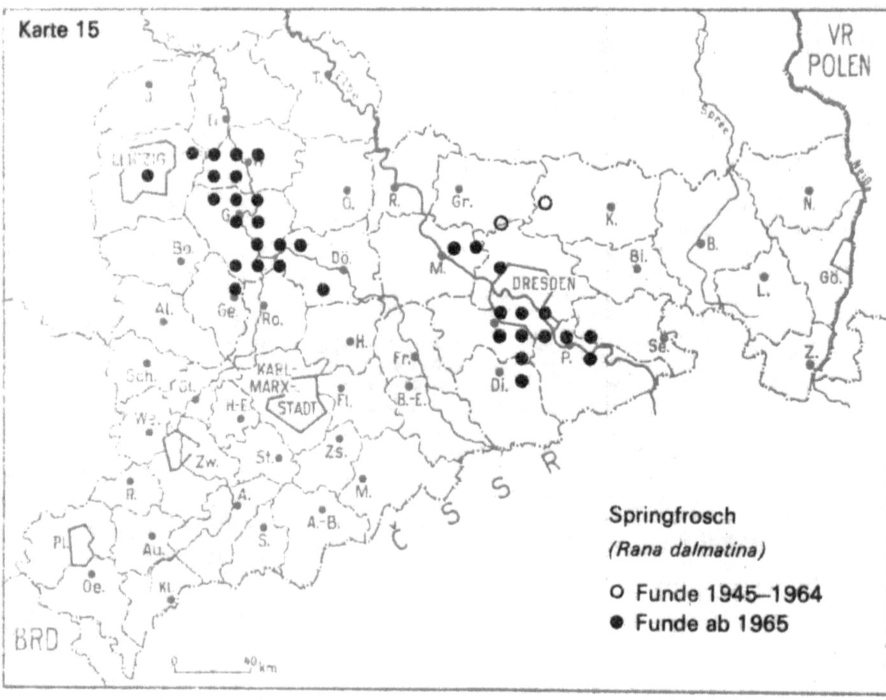
Karte 15
VR POLEN
Spree
Neiße
LEIPZIG
DRESDEN
KARL-MARX-STADT
Č S S R
BRD
40 km
Springfrosch
(Rana dalmatina)
○ Funde 1945–1964
● Funde ab 1965

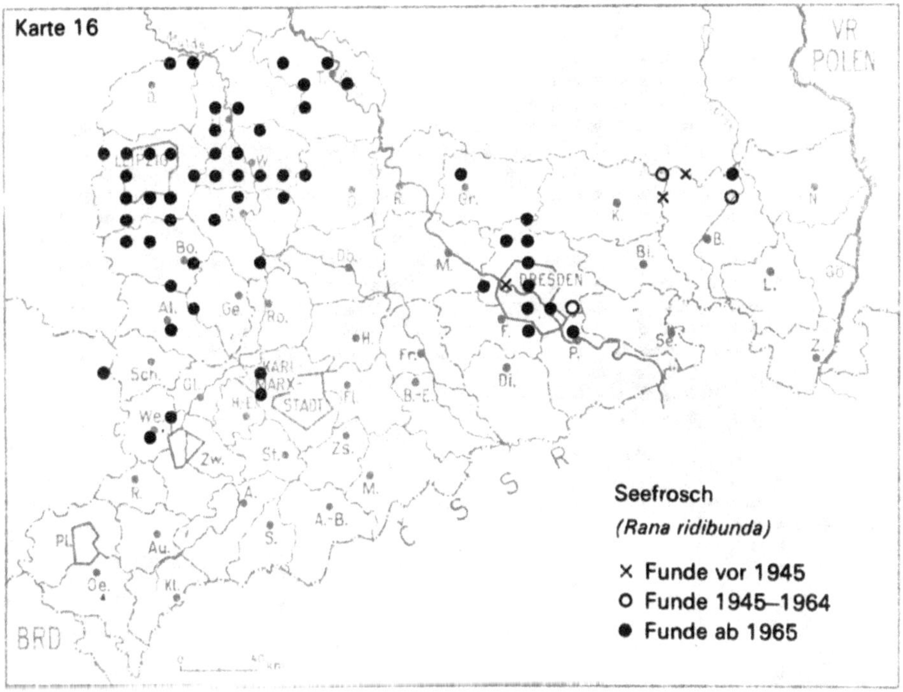
Karte 16
VR POLEN
LEIPZIG
DRESDEN
KARL-MARX-STADT
BRD
ČSSR
Seefrosch
(Rana ridibunda)
× Funde vor 1945
○ Funde 1945–1964
● Funde ab 1965

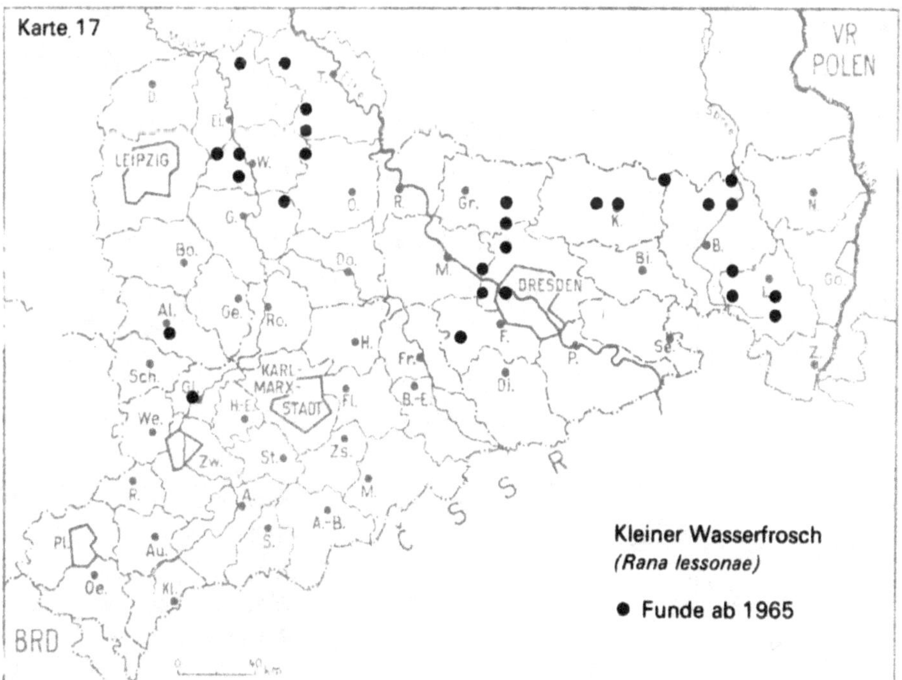
Karte 17
VR POLEN
LEIPZIG
DRESDEN
KARL-MARX-STADT
BRD
ČSSR
Kleiner Wasserfrosch
(Rana lessonae)
● Funde ab 1965

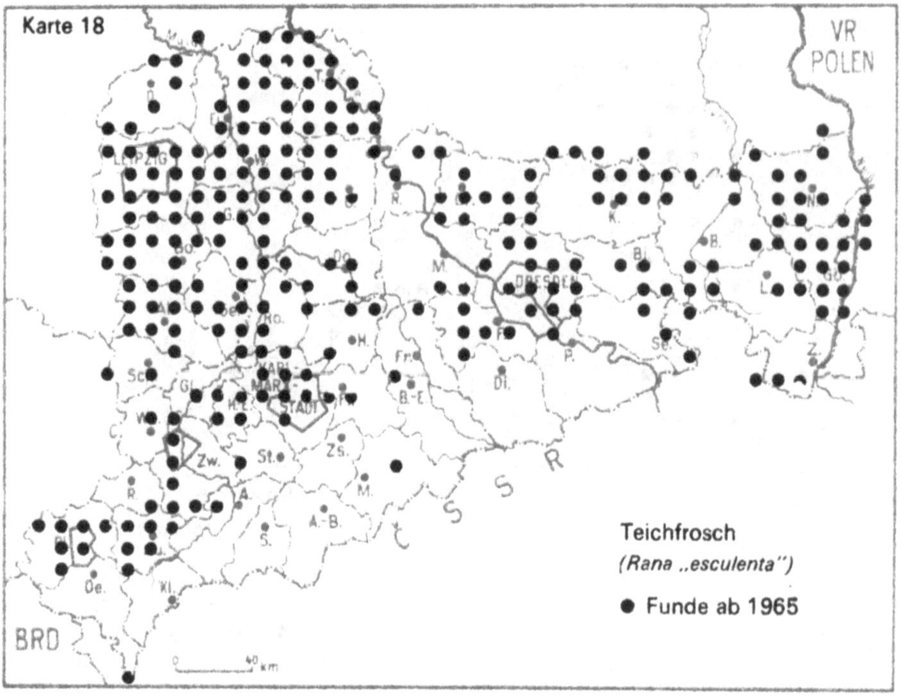
Karte 18
VR POLEN
LEIPZIG
DRESDEN
KARL-MARX-STADT
BRD
ČSSR
0 40 km
Teichfrosch
(Rana „esculenta")
● Funde ab 1965

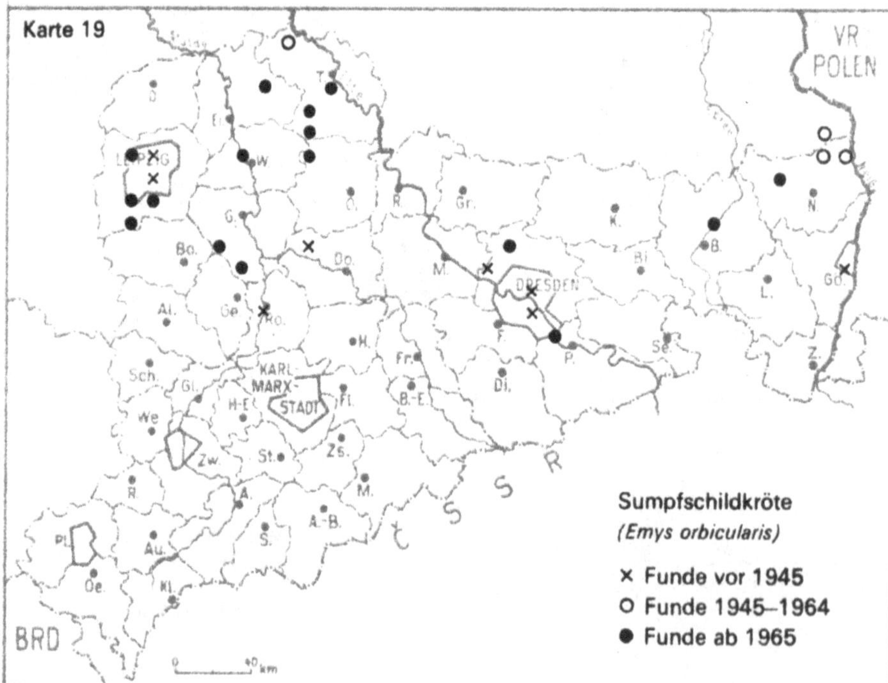
Karte 19
VR POLEN
LEIPZIG
DRESDEN
KARL-MARX-STADT
BRD
ČSSR
0 40 km
Sumpfschildkröte
(Emys orbicularis)
× Funde vor 1945
○ Funde 1945–1964
● Funde ab 1965

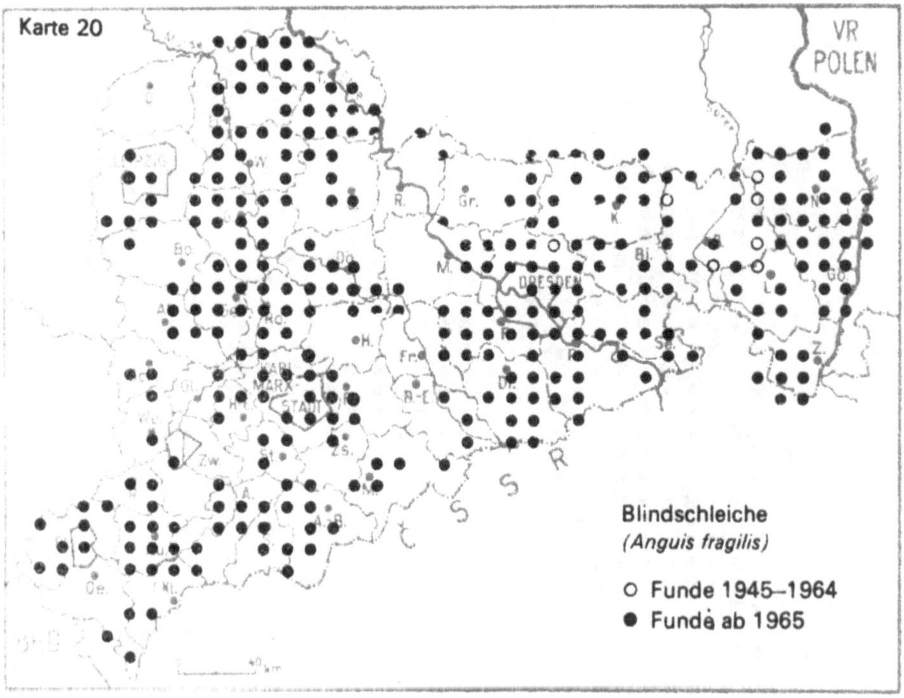
Karte 20
VR POLEN
DRESDEN
KARL-MARX-STADT
C S S R
BRD
Blindschleiche
(Anguis fragilis)
○ Funde 1945–1964
● Funde ab 1965

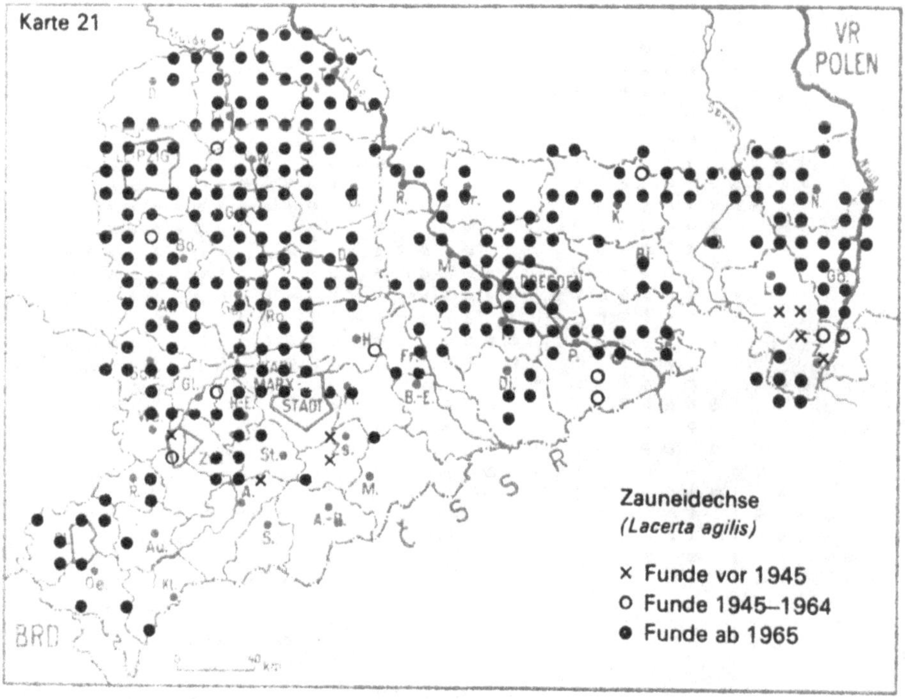
Karte 21
VR POLEN
LEIPZIG
DRESDEN
KARL-MARX-STADT
C S S R
BRD
Zauneidechse
(Lacerta agilis)
× Funde vor 1945
○ Funde 1945–1964
● Funde ab 1965

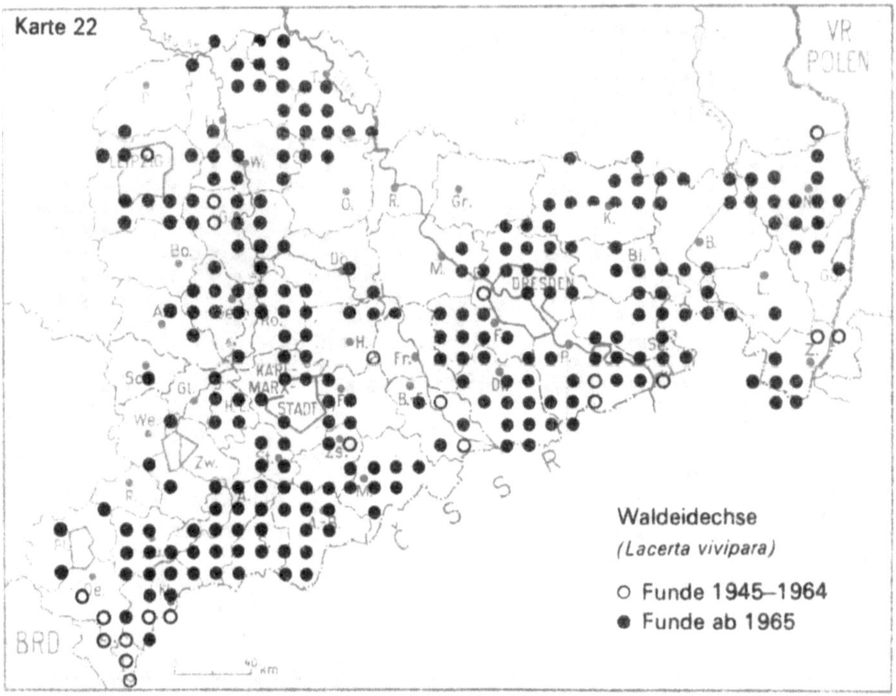
Karte 22
VR POLEN
LEIPZIG
DRESDEN
KARL-MARX-STADT
BRD
Č S S R
Waldeidechse
(Lacerta vivipara)
○ Funde 1945–1964
● Funde ab 1965
40 km

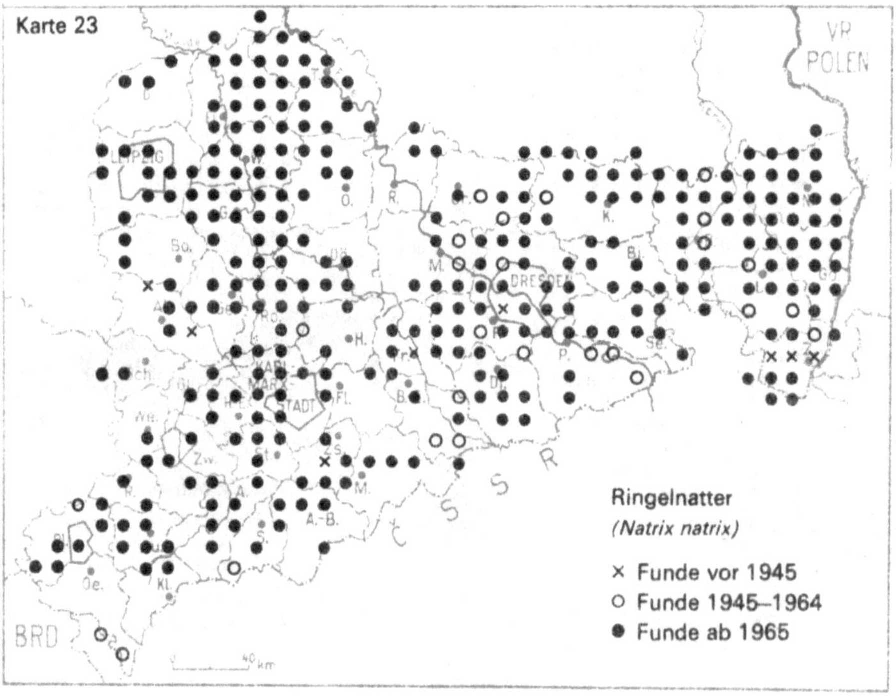
Karte 23
VR POLEN
LEIPZIG
DRESDEN
KARL-MARX-STADT
BRD
Č S S R
Ringelnatter
(Natrix natrix)
× Funde vor 1945
○ Funde 1945–1964
● Funde ab 1965
40 km

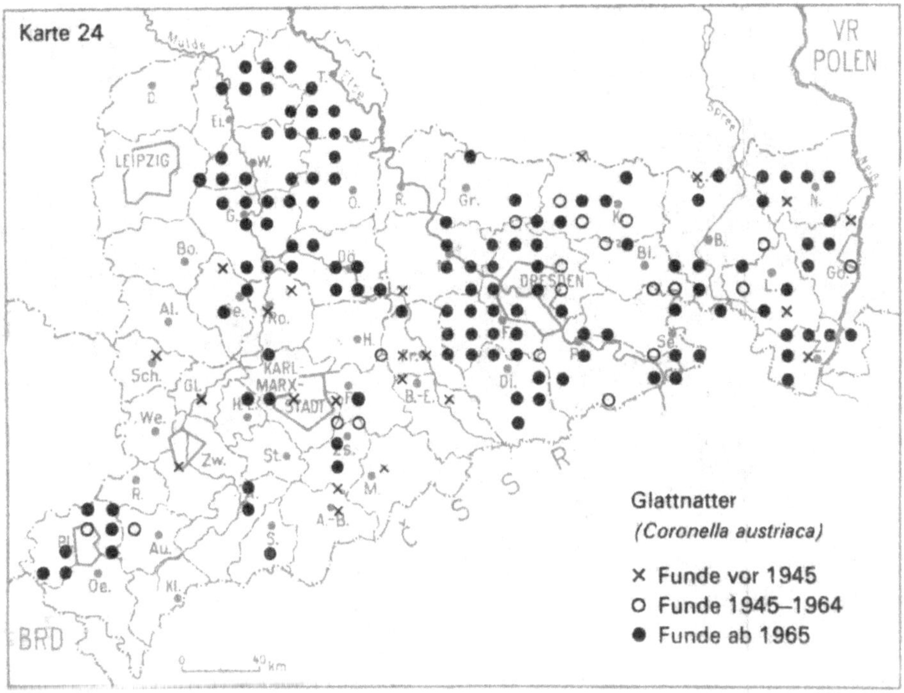
Karte 24
VR POLEN
LEIPZIG
DRESDEN
KARL-MARX-STADT
BRD
ČSSR
Mulde
Elbe
Spree
Neiße
Glattnatter
(Coronella austriaca)
× Funde vor 1945
○ Funde 1945–1964
● Funde ab 1965
0 40 km

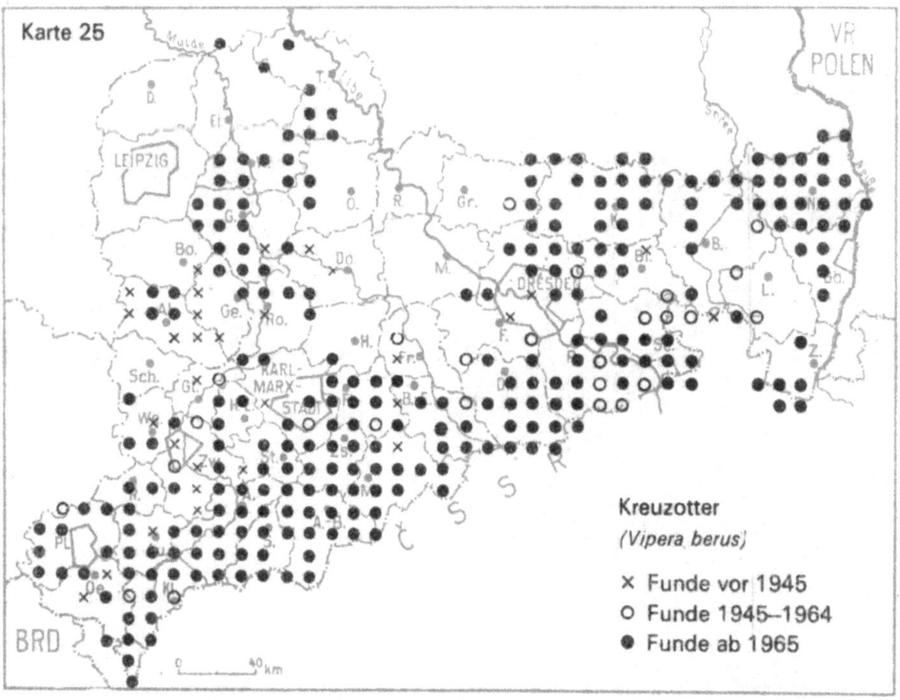
Karte 25
VR POLEN
LEIPZIG
DRESDEN
KARL-MARX-STADT
BRD
ČSSR
Mulde
Elbe
Spree
Neiße
Kreuzotter
(Vipera berus)
× Funde vor 1945
○ Funde 1945–1964
● Funde ab 1965
0 40 km

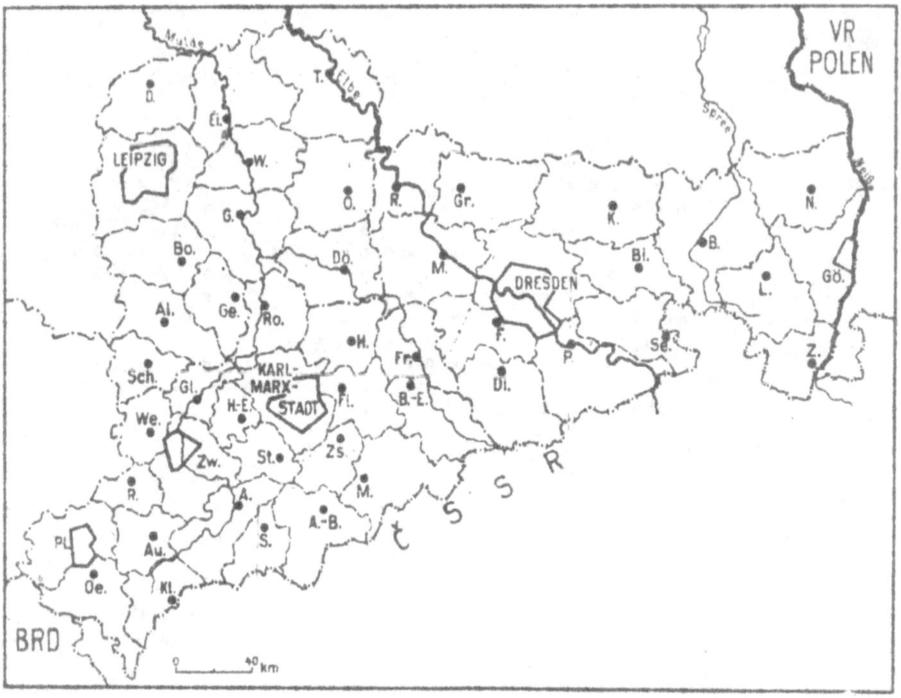
Mulde
T.
Elbe
VR
POLEN
Spree
Neiße
D.
Ei.
LEIPZIG
W.
Ö.
R.
Gr.
K.
N.
G.
Bo.
Dö.
M.
Bl.
B.
DRESDEN
L.
Gö.
Al.
Ge.
Ro.
H.
F.
Se.
Z.
Sch.
Gl.
KARL-
MARX-
STADT
Fr.
P.
Di.
H.-E.
Fl.
B.-E.
We.
Zw.
St.
Zs.
R.
M.
A.
A.-B.
S.
Pl.
Au.
Oe.
Kl.
ČSSR
BRD
0
40 km

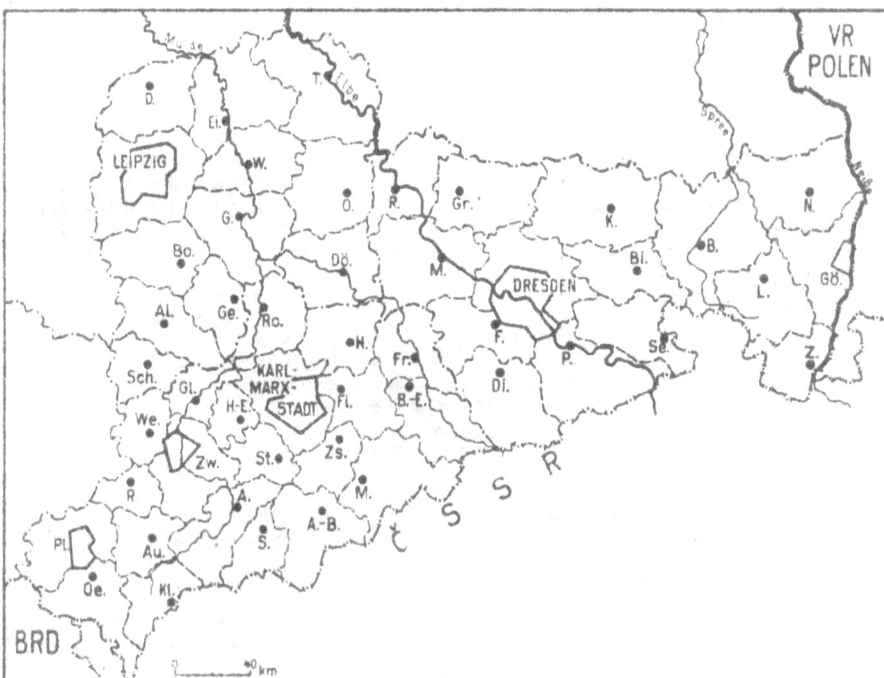
Mulde
T.
Elbe
VR
POLEN
Spree
Neiße
D.
Ei.
LEIPZIG
W.
Ö.
R.
Gr.
K.
N.
G.
Bo.
Dö.
M.
Bl.
B.
DRESDEN
L.
Gö.
Al.
Ge.
Ro.
H.
F.
Se.
Z.
Sch.
Gl.
KARL-
MARX-
STADT
Fr.
P.
Di.
H.-E.
Fl.
B.-E.
We.
Zw.
St.
Zs.
R.
M.
A.
A.-B.
S.
Pl.
Au.
Oe.
Kl.
ČSSR
BRD
0
40 km

–, 1914: Die Lurchfauna von Rochlitz i. Sa. – Ibid. 11, Beil. Lacerta, 681–683.

–, 1921: Das Vorkommen der Sumpfschildkröte im Gebiet des ehemaligen Königreiches Sachsen. – Fischerei-Ztg. Neudamm 24, 250–253.

–, 1921: Kreuzotter und Glatte Natter in Sachsen. – Bl. Aquarienkde. 32, 265–268.

–, 1922: Ein Beitrag zur Lurch- und Kriechtierfauna des ehemaligen Königreiches Sachsen. – Arch. Naturgesch. 88, A, 245–267.

–, 1924: Die Kriechtiere und Lurche unseres sächsischen Vaterlandes. – Mitt. Landesver. Sächs. Heimatschutz 13, 346–357.

–, 1927: Über die Säuger sowie die Kriechtiere und Lurche des Plauenschen Grundes. – Ibid. 16, 242–249.

–, 1928: Zur Lurch- und Kriechtierfauna der Oberlausitzer Niederung. – Isis Budissina 11, 167–174.

–, 1930: Einiges von der Kreuzotter. – Mitt. Landesver. Sächs. Heimatschutz 19, 30–35.

–, 1931: Die Wirbeltierwelt der Sächsischen Schweiz. – Ibid. 20, 53–70.

–, 1931: Herpetologische Notizen aus Sachsen. – SBer. Abh. Naturw. Ges. Isis Dresden 30, 121–124.

–, 1932: Die Tierwelt der Dresdener Heide. In: Die Dresdener Heide und ihre Umgebung. Dresden.

Anschrift des Autors:
Dr. sc. Hans Schiemenz, Institut für Landschaftsforschung und Naturschutz Halle der AdL, Arbeitsgruppe Dresden, DDR – 8019 Dresden, Stübelallee 2.

Faunistische Abhandlungen

STAATLICHES MUSEUM FÜR TIERKUNDE IN DRESDEN

Band 7 Ausgegeben: 25. April 1980 Nr. 23

Ophyra aenescens (WIED.) – eine für die DDR neue Muscidenart

(Diptera)

Mit 2 Figuren

CLAUS-DETLEV BAUERMEISTER und HUBERT SCHUMANN
Dresden Berlin

Ophyra aenescens wurde 1830 von WIEDEMANN unter dem Gattungsnamen *Anthomyia* aus Neu-Orleans und Westindien beschrieben. Ihre Zugehörigkeit zur Gattung *Ophyra* wurde von STEIN (1907) im Katalog der paläarktischen Dipteren festgelegt. *O. aenescens* unterscheidet sich von allen anderen Arten der Gattung durch den Besitz gelber bis rötlichgelber Palpen. Weitere Merkmale der Art sind: Körperfarbe glänzend schwarz; hintere Tibien anteroventral mit 2–3 kurzen Borsten und posterodorsal mit einer langen Borste; lange posteroventrale Wimperhaare oder Borsten fehlen an den t_3; hintere und insbesondere mittlere Femora ventral nahe der Basis mit einigen kurzen, steifen Dornen; ♂♂ besitzen an den hinteren Trochanteren ein Büschel langer Haare; hinterer Rand des Auges schwach eingebuchtet; Stirndreieck der ♀♀ bis zur Stirnschwiele verlängert, an der Spitze abgerundet; Seitenansicht des Hypopygiums (Fig. 1); Kaudalansicht des Mesolobus (Fig. 2).

Die Bestimmungstabelle der Gattung *Ophyra* R.-D. bei HENNIG (1962) auf Seite 689 müßte wie folgt ergänzt werden (gilt für ♂♂ und ♀♀):

1a (1b) Palpen gelb **O. aenescens** WIED.
1b (1a) Palpen schwarz (alle anderen *Ophyra*-Arten)

Eine Beschreibung der Larven findet sich bei JOHNSON u. VENARD (1957).

Von *Ophyra aenescens* (WIEDEMANN, 1830) sind bisher folgende Synonyme bekannt:

argentina BIGOT, 1885
carbonaria SHANNON et DEL PONTE, 1926
setia WALKER, 1849
trochanterata MALLOCH, 1932
virescens MACQUART, 1843

O. aenescens ist eine über die nearktische Region weit verbreitete, stellenweise häufig vorkommende und synanthrop auftretende Fliegenart. Ihr Verbreitungsareal erstreckt sich von Oregon und Kalifornien bis New York und Florida und dehnt sich auch über weite Teile der Neotropis aus (Mexiko, Nikaragua, St. Vincent, Puerto Rico, Ekuador, Peru, Bolivien, Jamaika, Trinidad, Tobago, Guayana, Venezuela, Brasilien, Uruguay, Argentinien, Chile, Galapagos-Ins.). Außerdem wurde die Art auf den Hawaii-Inseln und einigen Inseln des östlichen Pazifik (Gilbert-Inseln, Nauru) gefunden.

Die Angabe von STEIN (1907), der als paläarktisches Verbreitungsgebiet Zentraleuropa angibt, ist nicht durch konkrete Funde belegt. Es ist möglich, daß er sich dabei auf die von ihm selbst als fraglich bezeichnete Synonymie von *O. viridescens* ROBINEAU-DESVOIDY, 1830 zu *O. aenescens* bezieht, deren Locus typicus Saint-Souveur (Südfrankreich) ist. Die Beschreibung von ROBINEAU-DESVOIDY läßt aber keine eindeutige Zuordnung zu, und eine nachträgliche Klärung ist auf Grund fehlenden Typenmaterials nicht mehr möglich.

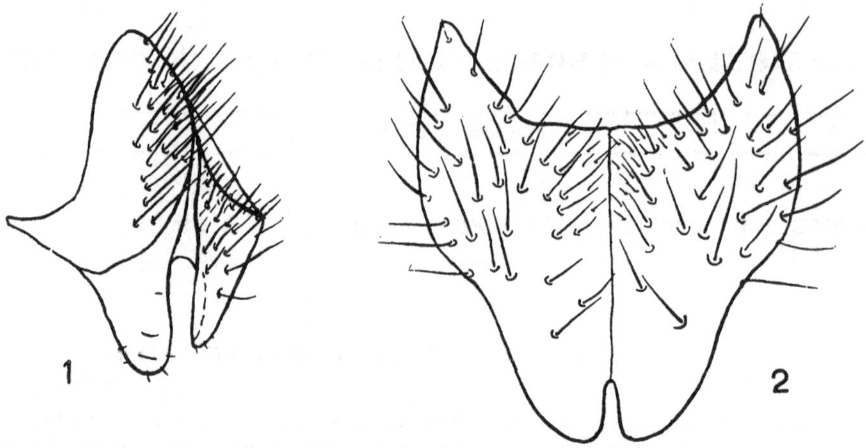

Fig. 1+2. *Ophyra aenescens* (WIED.)
1: Seitenansicht des Hypopygiums – 2: Kaudalansicht des Mesolobus.

SÉGUY (1937) gibt ebenfalls „Europe méridionale" als Verbreitungsgebiet an, wobei er sich dabei auf STEIN (1907) zu berufen scheint. HENNIG (1962) lehnt die Synonymie von *O. viridescens* zu *O. aenescens* mit der Begründung des fehlenden Nachweises von *O. aenescens* für Europa ab und stellt *O. vir:descnes* der Art *O. capensis* (WIED.) synonym. Allerdings schließt er die Möglichkeit einer Einschleppung von *O. aenescens* nach Europa nicht aus.

Der erste sichere Nachweis für die Paläarktis stammt von SACCÀ (1964), der einige Tiere an verschiedenen Stellen, vor allem in großer Zahl auf Mülldeponien, in der Provinz Latinum (Mittelitalien) gefangen hat. SICK (1971) berichtet über 39 Funde im nordwestlichen Mitteleuropa (Schleswig-Holstein) in den Jahren 1967–1970, wobei er *O. aenescens* sogar häufiger beobachten konnte als *O. capensis* (WIED.). Im Rahmen von Untersuchungen über die Dipterenfauna auf Mülldeponien wurde *O. aenescens* in Hessen, Baden-Württemberg, Bayern und Schleswig-Holstein oft gefangen; dabei machte ihre Häufigkeit bis zu 30 Prozent aller erfaßten Fliegen aus (STEIN et al. 1972, 1977). Über weitere Funde aus verschiedenen Gegenden der BRD (Bayern, Hessen, Niedersachsen) im Zeitraum von 1965–1966 berichtet KÜHLHORN (1977). Neuerdings wurde diese Art auch aus Ungarn gemeldet (MIHÁLYI 1975).

In den vergangenen Jahren konnte *O. aenescens* auch in der DDR gefunden werden. Den Autoren lagen folgende Tiere zur Determination vor:

1. 2 ♂♂, leg. KLEINER, gefangen am 21. 9. 1968 in einem Schweinestall auf dem Gelände der Sektion Veterinärmedizin der Humboldt-Universität Berlin im Rahmen einer Untersuchung über die Dipterenfauna einer veterinärmedizinischen Einrichtung (Dissertation KLEINER 1971).
2. 5 ♂♂, 3 ♀♀, leg. DIECK, gefangen auf dem Gelände des Schlachthofes Cottbus, Juni und Juli 1970.
3. 1 ♂, leg. BAUERMEISTER, 3 Larven am 5. 10. 1977 auf tierischen Abfällen in der Tierkadaver-Verwertungsanstalt Dresden; die Larven entwickelten sich auf frischer Leber weiter und verpuppten sich. Am 20. 10. 1977 schlüpfte eine Fliege, während es bei den anderen beiden Puppen nicht zum Schlüpfen kam.

Es kann angenommen werden, daß *O. aenescens* nach dem zweiten Weltkriege, bedingt durch den umfangreichen Güter- und Personenverkehr, aus Amerika nach Europa eingeschleppt wurde, wo sie eine ihren Umweltansprüchen entsprechende ökologische Nische besiedelte und sich schnell verbreitete.

Über die Biologie von *O. aenescens* ist folgendes bekannt: Frisch geschlüpfte Weibchen benötigen einen Reifefraß (Proteinaufnahme), bevor befruchtungsreife Eier gebildet werden (mindestens 4 Stunden), während die Männchen sofort kopulationsbereit sind. Durch die Kopulation wird die Eiablage stimuliert und eine Larvenentwicklung erst ermöglicht. Ein ♀ legt mehrmals (bis zu 17mal) durchschnittlich 167 Eier ab, wobei die Eizahl von der Nahrung des ♀ abhängig ist. Als Eiablagesubstrat eignen sich verschiedene tierische und pflanzliche Stoffe. Die Eientwicklung wird durch abiotische Faktoren (Sauerstoffversorgung, Temperatur, Luftfeuchtigkeit) stark beeinflußt. Dabei ist die Tatsache von Bedeutung, daß bei einer Temperatur unter 1 °C keine Eientwicklung mehr erfolgt; ebenso verhindert eine Feuchtigkeit unter 90 % relativer Feuchte das Schlüpfen der Eilarven (STEIN et. al. 1977).

Bei 24–26 °C schlüpfen die Eilarven nach 12–48 Std. (in 0,5%iger Kochsalzlösung, EBSEN 1977). Als Larvennährsubstrate erwiesen sich experimentell Leber, frische Milch, Kartoffelpellen, Eier und Eiweiß-Stärke-Gemische als geeignet. Es liegt keine Spezialisierung auf ein bestimmtes Nährsubstrat vor, und die Larven scheinen in sich zersetzenden organischen Substanzen, Kadavern und Dünger vorzukommen; Gemische verschiedener Nahrungsstoffe waren für die Larvenentwicklung am günstigsten, wobei ein genügender Feuchtigkeitsgehalt eine wesentliche Rolle spielt. Einige Larven können jedoch im Notfall bei Mangel an einem geeigneten Nährsubstrat 3–20 Tage überleben, was für das Leben unter den Bedingungen der temporären Substratzufuhr auf einer Mülldeponie von Bedeutung ist. Nach etwa 4 (max. 7–16) Fraßtagen ist das dritte Larvenstadium erreicht und nach insgesamt durchschnittlich 21 (12–38) Tagen die Larvenentwicklung abgeschlossen. Die Dauer der Puppenruhe beträgt mindestens 4 Tage. Die Schlüpfrate ist bei 24–28 °C und 90 % relativer Feuchte am größten. Die Lebensdauer der Imagines beträgt durchschnittlich 44 Tage, wobei Abhängigkeiten zu Geschlecht, erfolgter Kopulation/Eiablage, Temperatur, Luftfeuchtigkeit und trophischen Faktoren bestehen. Unter Laborbedingungen erwies sich, daß Mischsubstrate mit einem bestimmten Kohlenhydrat-Protein-Verhältnis als Nahrung am günstigsten sind. Unter Freilandbedingungen wurden Fallen, die mit Tierkadavern beködert waren, besonders oft angeflogen (88 %), außerdem ist *O. aenescens* auch mit Knochenabfällen, Äpfeln und Tierfutter geködert worden (KÜHLHORN 1977).

Die jahreszeitliche Flugaktivität beginnt etwa im Monat Mai und reicht bis in den November, vereinzelt wurden auch im Dezember Imagines gefangen. Ein starkes Häufigkeitsmaximum liegt im September-Oktober. Das späte Auftreten während des Jahres scheint die Auffassung zu bestätigen, daß *O. aenescens* im Eistadium überwintert.

Außer Funden aus der unmittelbaren Umgebung von Mülldeponien, wo *O. aenescens* am häufigsten ist, liegen auch solche aus Tierställen vor (KLEINER 1971, KÜHLHORN 1977). KÜHLHORN und SICK berichten außerdem von einem aktiven Raumbeflug, wobei sich *O. aenescens* ähnlich wie *Musca domestica* L. verhalten soll. Trotz ihrer hohen Flugaktivität wurde bei markierten Tieren festgestellt, daß sie relativ stark ortsgebunden sind und eine maximale Flugweite von nur 6,5 km aufweisen.

Das Auftreten von *O. aenescens* auf Mülldeponien, wo auch im Winter ständig Temperaturen über 0 °C herrschen, sowie in menschlichen Wohnungen und Tierställen liegt in ihrer Thermophilie begründet. Dabei hat die Möglichkeit der Kontamination mit Infektionserregern wie *E. coli*, Salmonellen, Shigellen, anderen Enterobakterien und Poliomyeletis-Viren (GREENBERG 1971, 1973) einerseits und mit Lebensmitteln und Gegenständen in der Umgebung des Menschen andererseits hygienisch-medizinische Bedeutung. Das Ausmaß der Synanthropie von *O. aenescens* in Europa kann aber zur Zeit noch nicht exakt beurteilt werden, da sie sich zur Zeit wahrscheinlich noch in der Anpassungsphase befindet. Das zeigt auch die eigene Beobachtung, daß sich *O. aenescens* nicht nur auf Mülldeponien, sondern auch auf Fleisch und tierischen Abfällen gut entwickelt. Die Fundorte in verschiedenen Teilen

Mitteleuropas lassen auf eine schnelle Ausbreitung und Vermehrung schließen. Die Bedeutung dieser Art als synanthrope Diptere bedarf weiterer Untersuchungen und sorgfältiger Überwachung.

Zusammenfassung

O. aenescens konnte erstmals an 3 Fundorten in der DDR festgestellt werden. Angaben zur Morphologie der Art und Abbildungen der männlichen Genitalien ermöglichen eine sichere Determination. Eine Synonymie-Liste, Hinweise zur geographischen Verbreitung und eine kurze Darstellung der Biologie von *O. aenescens* vervollständigen die Charakteristik dieser Art.

Summary

OPHYRA AENESCENS (WIED.) – A MUSCID SPECIES NEW FOR THE G.D.R.

O. aenescens was found on three sites in the G.D.R. for the first time. An exact determination of this species is possible by means of some morphological characteristics and representations of the male terminalia. A list of synonyms, references to geographical distribution and a short description of the biology of *O. aenescens* are given for completing the knowledge of this species.

Literatur

BECKER, T., BEZZI, M., KERTÉSC, K. u. STEIN, P., 1907: Katalog der paläarktischen Dipteren. Bd. 3. Budapest.

CRAMPTON, G. C., 1944: A comparative morphological study of the terminalia of male calypterate cyclorrhaphous Diptera and their acalypterate relatives. – Bull. Brooklyn entomol. Soc., 39, 1–31.

EBSEN, M., 1977: Untersuchungen über die alimentären Ansprüche von *Ophyra aenescens* (Wied.) (Dipt., Muscidae). Diss. Gießen.

GREENBERG, B., 1971 u. 1973: Flies and disease. 2 Bde. Princeton.

HENNIG, W., 1955–1964: Muscidae. In: LINDNER, E., Die Fliegen der Palaearktischen Region. Bd. 7. Stuttgart.

JOHNSON, W. T. u. VENARD, C. E., 1957: Observations on the biology and morphology of *Ophyra aenescens* (Diptera: Muscidae). – Ohio J. Sci., 57, 21–26.

KLEINER, A., 1971: Untersuchungen zur Fliegenfauna in einer veterinärmedizinischen Lehr- und Forschungseinrichtung. Diss. Berlin.

KÜHLHORN, F., 1977: Weitere Nachweise von *Ophyra aenescens* (Wiedemann) (Diptera: Muscidae) aus Deutschland. – Z. angew. Zool., 64, 129–132.

MIHÁLYI, F., 1975: Igazi legyek – Muscidae. In: Fauna Hung. 124. Budapest.

PONT, A. C., 1972: Family Muscidae. In: A Catalogue of the Diptera of the Americas South of the United States. Sao Paulo.

ROBINEAU-DESVOIDY, J. B., 1830: Essai sur les Myodaires. Paris.

SACCÀ, G., 1964: Nota sulla presenza in Europa di *Ophyra aenescens* Wied. (Diptera, Muscidae). – Riv. Parassitol., 25, 295–296.

SABROSKY, C. W., 1949: The muscid genus *Ophyra* in the Pacific region (Diptera). – Proc. Hawaiian entomol. Soc., 13, 423–432.

SÉGUY, E., 1937: Diptera, Fam. Muscidae. In: WYTSMAN, P., Genera Insectorum. Bruxelles.

SICK, F., 1971: *Ophyra aenescens* (Wied.) (Diptera: Muscidae) neu für Norddeutschland. – Faun.-ökol. Mitt., 4, 21–22.

STEIN, P., 1907: Cyclorrhapha schizometopa: Anthomyidae. Siehe: BECKER, T., BEZZI, M., KERTÉSC, K. u. STEIN, P.

STEIN, W., 1974: Untersuchungen über die Fliegenfauna einer geordneten Mülldeponie. – Umwelthyg., 25, 168–172.

STEIN, W., GÁL, A. u. GERNETH, H., 1977: Zum Auftreten von *Ophyra aenescens* (Wiedemann) (Dipt., Muscidae) in Deutschland. II. Vorkommen – Die praeimaginalen Stadien. – Z. angew. Zool., 64, 217–230.
III. Biologie, Ökologie und Verhalten der Imagines. – Z. angew. Zool., 64, 311–324.

STEIN, W. u. KNOLL, K. H., 1972: Zum ersten Auftreten von *Ophyra aenescens* (Wiedemann) (Dipt., Muscidae) in Deutschland. I. Phänologie auf einer Mülldeponie. – Z. angew. Zool., 59, 433–438.

STONE, A., SABROSKY, C. W., WIRTH, W. W., FOOTE, R. H. u. COULSON, I. R. (Eds.), 1965: A Catalog of the Diptera of America North of Mexico. – U. S. Dept. Agric., Handbook Nr. 276.

WIEDEMANN, C. R. W., 1830 Außereuropäische zweiflügelige Insekten. Bd. 2. Hamm.

Anschriften der Autoren:
cand. med. C.-D. Bauermeister, Institut für gerichtliche Medizin der Medizinischen Akademie „Carl Gustav Carus" Dresden, DDR-8019 Dresden, Fetscherstraße 74
Dr. H. Schumann, Zoologisches Museum der Humboldt-Universität Berlin, DDR-104 Berlin, Invalidenstraße 43

Faunistische Abhandlungen

STAATLICHES MUSEUM FÜR TIERKUNDE IN DRESDEN

Band 7 Ausgegeben: 25. April 1980 Nr. 24

Raubmöwen-Beobachtungen an der Westküste des Schwarzen Meeres

(Aves, Stercorariidae)

DIETMAR KÖNIGSTEDT und DETLEF ROBEL
Greifswald Cottbus

Die zirkumpolar holarktisch verbreiteten Raubmöwen *Stercorarius pomarinus, parasiticus* und *longicaudus* sind im Süden und Südosten Europas nur auf dem Zuge anzutreffen. Dieser führt vorwiegend die Küsten entlang. Regelmäßig, wenn auch in geringer Zahl, wird dabei auch das Binnenland berührt. Die Überwinterungsgebiete liegen in der südlichen Hemisphäre; es sind (bei artweise unterschiedlichem Aufenthalt in den küstennahen Gebieten) die Küsten Sow;etunion stammenden Populationen gestreift. So sollten Nachweise an dessen Westküste, BERT in litt.).

SORCI et al. (1971) zeigen anhand einer Karte die sich abzeichnenden (wahrscheinlichen) Zugwege durch Europa auf. Danach wird das Schwarze Meer von den aus dem Norden der Sowjetunion stammenden Populationen gestreift. So sollten Nachweise an dessen Westküste, trotz der spärlichen Hinweise aus der Literatur, eigentlich zu den Regelmäßigkeiten gehören (s. a. ROBEL, KÖNIGSTEDT u. MÜLLER 1972). Insgesamt gesehen sind aber unsere derzeitigen Kenntnisse über das Auftreten in diesem Gebiet äußerst lückenhaft, so daß alle Beobachtungen dieser Arten von Bedeutung sind.

Bei der zusammenfassenden Betrachtung der bisherigen Nachweise ergibt sich folgendes Bild: KOHL (1973) führt in seiner Zusammenstellung für Rumänien, bei der nur Belegexemplare berücksichtigt wurden, neben jeweils 8 Exemplaren von *St. parasiticus* und *pomarinus* 4 Belege von *St. longicaudus* an. Dabei handelt es sich ausschließlich um Binnenlandfunde; Nachweise vom Schwarzen Meer fehlen. DORNBUSCH u. GREMPE (1965) teilten Herbstbeobachtungen von 12 jungen Raubmöwen mit, die wahrscheinlich zu *St. pomarinus* gehörten. VAN IMPE (1969) zählte im August 1968 und im September 1966 insgesamt 32 Spatelraubmöwen, hinzu kommen 3 Exemplare vom August 1969 (VAN IMPE 1970). Der gleiche Autor sah am 26. 9. 1965 4 Schmarotzerraubmöwen. KISS (1973, 1975), der seit mehreren Jahren auf der dem Donaudelta vorgelagerten Insel Sahalin ornithologisch tätig ist, registrierte nur von der Spatelraubmöve am 16. 4. 1972 1 und am 30. 7. 1971 3 Exemplare, und VAN IMPE (1977) beobachtete am 22. 7. und am 3. 8. 1974 Einzelvögel der gleichen Art.

Demnach ist, zumindest an der rumänischen Küste, die Spatelraubmöwe vor der Schmarotzerraubmöwe die häufigere Art. Von der Falkenraubmöwe, die von TALPEANU u. PASPALEVA (1973) pauschal angeführt wird, gibt es dagegen keine genauen Angaben.[1])

An der türkischen Schwarzmeerküste sind sowohl *St. parasiticus* als auch *St. pomarinus* seltene Durchzügler (Check List 1971); im „Bird Report Nr. 2" (1972) findet sich nur eine, die

[1]) Nur ALLÉON (1886) erwähnt 2 Expl. vom Sept. 1882.

Spatelraubmöwe betreffende Beobachtung, während im „Bird Report N. 3" (1975) kein Nachweis dieser Art, dagegen aber insgesamt 25 Schmarotzerraubmöwen vom Herbstzug – fast ausnahmslos aus dem Jahr 1973 stammend – gemeldet werden.

Vergleichsweise sei erwähnt, daß BAUER et al. (1969) für Griechenland von *St. pomarinus* 3 Nachweise anführen und *St. parasiticus* als spärlichen Durchzügler bezeichnen, von dem keine Winterdaten bekannt sind.

Ähnlich liegen die Verhältnisse in Bulgarien. Es gibt hier keine Nachweise der Falkenraubmöwe, die aber möglicherweise Durchzügler in sehr geringer Zahl ist (PESHEV u. BOEV 1962). Die Spatelraubmöwe wurde zwar nach v. BOETTICHER (1927) „verschiedentlich an der bulgarischen Küste erbeutet", doch sind bisher nur 3 konkrete Feststellungen bekannt geworden, und zwar am 3. 12. 1952 bei Sosopol (PROSTOV 1964), im Oktober 1961 bei General Toschewo (DONČEV 1967) und am 7. 8. 1971 an den Salinen von Nessebar 2 immat. Vögel (KÖNIGSTEDT u. ROBEL, 1978).

Von der Schmarotzerraubmöwe, die nach v. BOETTICHER (l. c.) ebenfalls mehrfach erlegt wurde, liegen 3 Angaben vor: Am 18. 5. 1940 bei Poda (PROSTOV l. c.), am 8. 8. 1964 bei Schabla 2 (DONČEV l. c.) und am 26. 7. 1966 östlich von Tutrakan ebenfall 2 Expl. (SPITZENBERGER 1966) – letztere schon weitab von der Küste. Dazu kommt die Beobachtung eines Altvogels der dunklen Phase vom 9. 8. 1976 vor Kamen br;ag (S. ERNST in litt.).

Im September 1974 gelangen den Aut. mehrere Beobachtungen an der Küste, bei denen es sich stets um immat. Exemplare gehandelt hat:

22.9.: Kap Kaliakra 1 Ex., südl. des Kap Kaliakra 2 Ex., etwa 4 km südl. des Kap Kaliakra 4 Ex. – 23. 9.: Meer südl. Kavarna 1 Ex.

Da die Vögel z. T. aus größerer Entfernung beobachtet wurden, konnten nur wenige Merkmale notiert werden. Alle Stücke waren etwa lachmöwengroß, hatten einen dunklen Kopf und helle Wangen. Die Unterseite war zumindest bei 4 Exemplaren hell (helle Phase). Die mittleren Steuerfedern waren unterschiedlich, schätzungsweise 2–4 cm lang. Die Form – ob zugespitzt oder abgerundet – konnte in keinem Falle erkannt werden. Von oben wirkten die Vögel fast einfarbig braun, auffällig waren die weißen Kiele der Handschwingen vor allem auf der Unterseite. Mehrfach erfolgte Nahrungsschmarotzen bei Brandseeschwalben (*Sterna sandvicensis*). Obwohl uns eine eindeutige Bestimmung nicht möglich war, möchten wir sie mit gewisser Wahrscheinlichkeit als Schmarotzerraubmöwen ansprechen. Die Größe (wie Lachmöwe) spricht gegen die Spatelraubmöwe, die deutlich größer als *L. ridibundus* ist. Falkenraubmöwen sind etwa gleichgroß, doch haben immat. Exemplare in diesem Alter noch eine stark gebänderte Oberseite (WALTER 1962). Zudem ist diese in den letzten Jahrzehnten vom Schwarzen Meer noch nicht sicher nachgewiesen, so daß schon aus dieser Sicht solch ein gehäuftes Auftreten nicht sehr wahrscheinlich ist.

Obwohl die Schwarzmeerküste Bulgariens in jedem Jahr von zahlreichen Ornithologen besucht wird, gehören Beobachtungen von Raubmöwen offenbar zu den seltenen Ausnahmen. Von mehreren Beobachtern, die auch zur Zugzeit in Bulgarien waren, liegen uns außer den bereits genannten nur von R. STEINBACH (in litt.) folgende Feststellungen vor:

16. 9. 1976: Goldstrand bei Varna 2 Ex.; 18. 9. 1976: Baltschik-Kavarna 1 Ex.; 20. 9. 1976: Goldstrand 2 Ex.; 26. 9. 1976: Goldstrand-Baltschik 1 Ex.

Auch hier handelte es sich um immat. Vögel, deren Artzugehörigkeit offengelassen werden mußte. Da der Beobachter betont, daß alle Exemplare etwa gleichgroß bzw. wenig größer als Lachmöven waren, dürfte hier ebenfalls am ehesten *St. parasiticus* in Frage kommen. Ob Raubmöwen in größerer Zahl erst ab Mitte September an der bulgarischen Küste auftreten, müßten weitere Beobachtungen ergeben. Wie zufällig diese aber sind, wird dadurch deutlich, daß gerade 1976 den Aut. in der 2. Septemberhälfte zwischen Kap Kaliakra und Kavarna kein Nachweis gelang.

Danksagungen
Zu danken haben wir den Herren S. ERNST (Falkenstein) und R. STEINBACH (Windischleuba) für das Überlassen ihrer Beobachtungen sowie Herrn K. LAMBERT (Rostock) und Herrn Dr. G. MAUERSBERGER (Berlin) für freundliche Hinweise.

Summary

OBSERVATIONS OF SKUAS ON THE WESTERN COAST OF THE BLACK SEA

Only the species *Stercorarius parasiticus* und *pomarinus* have been recorded on the western coast of the Black Sea recently. Some records, especially of *St. pomarinus*, are known from the Roumanian coast. On the Bulgarian coast only a few observations of the both species are known. – The authors watched some Skuas on the Bulgarian coast of the Black Sea nearly the Cape Kaliakra which probably belong to *St. parasiticus*.

Literatur

ALLÉON, A., 1886: Mémoire sur les oiseaux dans la Dobrudja et la Bulgarie. – Ornis, 2, 397–428. Wien.

BAUER, W., HELVERSEN, O. v., HODGE, M., u. J. MARTENS, 1969: Catalogus Faunae Graeciae. Pars II, Aves. Thessaloniki.

BOETTICHER, H. v., 1927: Kurzer Überblick über die Wasser- und Sumpfvögel Bulgariens. – Verh. Orn. Ges. Bayern, 17, 18–198.

DONČEV, S., 1967: Beitrag zur Erforschung der Schwimmvögel in Bulgarien. – Bull. Inst. Zool. Acad. Sci. Bulg., 23, 79–94. (bulg. m. dtsch. Zus.)

DORNBUSCH, M. u. G. GREMPE, 1965: Ornithologische Beobachtungen im Küstengebiet der Dobrudscha (Rumänien). – Beitr. Vogelkde., 11, 132–152.

IMPE, J. VAN, 1969: Passage régulier de *Puffinus p. yelkouan* (Acerbi) et de *Stercorarius pomarinus* (Temm.) le long de la côte Roumaine. – Alauda, 37, 163–164.

–, 1970: Migration d'automne des Laro-Limicoles en Dobroudja maritime du Sud (Roumanie). – Le Gerfaut, 60, 239–277.

–, 1977: L'Avifauna estivale du Complexe Lagunaire Razelm-Sinoie (Roumanie). – Alauda, 45, 17–52.

KISS, J. B., 1973: Date preliminare asupra ornitofaunei insulei Sahalin si rolul ei in migratie. – Peuce, 3, 539–567.

–, 1975: Noi observatii ornitologice pe insula Sacalin. – Ibid., 5, 459–481.

KOHL., ST., 1973: Familia Stercorariidae in Romånia. – Studii si Communicari, 6, 331–344.

KÖNIGSTEDT, D. u. D. ROBEL, 1978: Zur Avifauna Bulgariens. Ein Nachtrag. – Beitr. Vogelkd., 24, 276–280.

MAKATSCH, W., 1974: Die Eier der Vögel Europas. Bd. 1. Radebeul.

MAUERSBERGER, G., 1969: Urania Tierreich. Vögel. Leipzig/Jena/Berlin.

PESHEV, C. u. N. BOEV, 1962: Fauna Bulgariens. Wirbeltiere. Sofia (bulg.)

PROSTOV, A., 1964: Untersuchungen der Ornithofauna im Gebiet von Burgas. – Bull. Inst. Zool. Acad. Sci. Bulg., 15, 5–68. (bulg. m. dtsch. Zus.)

ROBEL, D., KÖNIGSTEDT, D. u. H. MÜLLER, 1972: Hinweise für ornithologische Beobachtungen in Bulgarien. – Falke, 19, 157–165.

SORCI, G., MASSA, B. u. C. CANGIALOSI, 1971: Il genere *Stercorarius* Brisson è regolare nel Mediterraneo. – Riv. Ital. Ornitol., 41, 161–198.

SPITZENBERGER, F., 1966: Ornithologische Beobachtungen an der Donau zwischen Vidin (Bulgarien) und Sulina (Rumänien). – Egretta, 9, 12–36.

TALPEANU, M. u. M. PASPALEVA, 1973: Oiseaux du Delta du Danube. Bucuresti.

The Ornithological Society of Turkey, 1971: Check List of the Birds of Turkey.

–, 1972: Bird Report Nr. 2 (1968–1969).

–, 1975: Bird Report Nr. 3 (1970–1973).

VOOUS, K. H., 1962: Die Vogelwelt Europas und ihre Verbreitung. Hamburg/Berlin.

WALTER, H., 1962: Vergleichende Untersuchungen an den Raubmöwen *Stercorarius parasiticus* und *longicaudus*. – J. Orn., 103, 166–179.

Anschriften der Autoren:
Dr. Dietmar Königstedt, DDR - 22 Greifswald, E.-Weinert-Str. 9
Dipl.-Biol. Detlef Robel, DDR - 75 Cottbus, Berliner Platz 1

Faunistische Abhandlungen

STAATLICHES MUSEUM FÜR TIERKUNDE IN DRESDEN

Band 7 Ausgegeben: 25. April 1980 Nr. 25

Neue sowie in Afghanistan erstmalig gesammelte Arten der Blatthornkäfer

(Coleoptera, Scarabaeidae)

Mit 16 Figuren

G. V. NIKOLAJEV und O. N. KABAKOV
Alma-Ata Leningrad

Bolbogonium howdeni KRIKKEN, 1977

Die Art war aus Indien und Pakistan beschrieben. 1 Exemplar wurde in Jalalabad, 25. 04. 1972, von O. N. KABAKOV gesammelt.

Geotrupes impressus GEBLER, 1841

Unserer Ansicht nach war diese Art bisher nur aus Mittelasien bekannt. 4 Exemplare wurden in Nurestan, „Upp. Waygal riv., 4. 07. 1972", von O. N. KABAKOV gesammelt.

Lethrus obliquus SEMENOV, 1894

Diese Art, wie auch die anderen hier genannten *Lethrus-Arten*, war nur aus Tadshikistan bekannt. Wir untersuchten 1 männliches Exemplar mit dem Etikett „N. Afghanistan, Baghlan, Boj-ssakal, 12. 04. 1967, UMAROV leg.".

Lethrus kryzhanovskii MEDVEDEV, 1971

3 ♂♂: „Panjriv, Samti, 5. 04.–20. 04. 1971"; 1 ♀: „Puli-Khumri, 15. 05. 1973".

Lethrus carinatus NIKOLAJEV, 1976

1 ♂ wurde zusammen mit *L. obliquus* in Baghlan gesammelt; die Reste von 1 ♀ wurden in Takhar, W. Talgan, 1. 07. 1973, von O. N. KABAKOV gefunden.

Lethrus nikolajevi MEDVEDEV, 1971

2 ♂♂ und 1 ♀ wurden in Samti gleichzeitig mit *L. kryzhanovskii* gesammelt.

Lasiopsis (s. str.) kryzhanovskii sp. n.

Holotypus – ♂. Glänzend, hell rotbraun. Länge 12,5 mm. Die Fühler sind 9gliedrig (Fig. 1b) mit nach außen gebogener Fühlerfahne. Das Endglied der Maxillartaster (Fig. 1c) besitzt eine deutliche Vertiefung in der Mitte der Oberfläche. Der Kopfschild ist trapezförmig mit fast rechtwinkligen Vorderecken (Fig. 1a), grob, aber sparsam punktiert; die Stirn ist grob und dicht punktiert und mit abstehenden Haaren bedeckt. Der Halsschild ist dicht und unregelmäßig punktiert, ringsum mit langen Haaren bedeckt. Die Flügeldecken tragen eine etwas kürzere und spärlichere Behaarung. Der Innendorn an den Vorderschienen steht dem Basalteil des zweiten Außenzahnes gegenüber. Kopulationsapparat siehe Fig. 1d–e.

Das ♀ unterscheidet sich vom ♂ durch eine kurze Fühlerfahne.

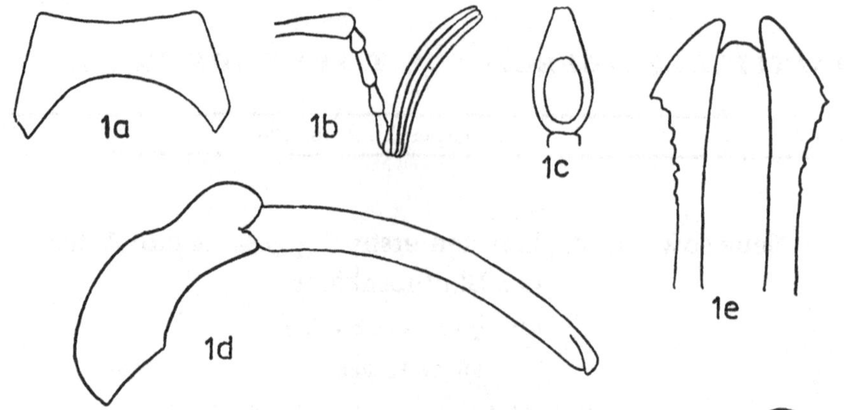

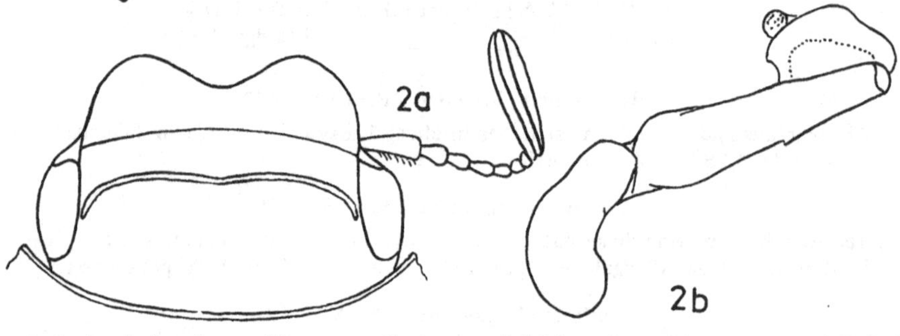

Fig. 1. *Lasiopsis kryzhanovskii* sp. n., ♂. 1a: Kopfschild – 1b: Fühler – 1c: Endglied der der Maxillartaster – 1d: Kopulationsapparat von der Seite – 1e: Spitzen der Parameren. Fig. 2. *Lasiopsis (Brahmina) medvedevi* sp. n., ♂. 2a: Kopf – 2b: Kopulationsapparat von der Seite.

Material: 2 ♂♂ und 3 ♀♀ mit den Etiketten „Afghanistan, Nurestan, S. Čapa-Dara, 1500 m, 23.–29. 05. 1971, KABAKOV leg." Der Holotypus wurde am 29. 05. gesammelt. Die Körperlänge schwankt zwischen 12,4–13,9 mm.

Die Art ist zu Ehren des bekannten sowjetischen Entomologen O. L. KRYZHANOVSKIJ benannt.

Von allen bisher bekannten Arten der Untergattung *Lasiopsis* durch den Bau der Parameren leicht unterschieden.

Lasiopsis (Brahmina) medvedevi sp. n.

Die Art weist folgende Merkmale auf: Die Fühler sind 10gliedrig (Fig. 2a); die Klauen sind vor der Spitze eingeschnitten (obgleich außerordentlich fein); das Endglied der Maxillartaster besitzt eine Vertiefung (obgleich nur schwach); der Vorderrand des Halsschildes ist gut begrenzt. Deshalb glauben wir, daß diese Art zur Sektion *Lasiexis* SEM. et MEDV. gehört.

Holotypus ♂. Glänzend, rotbraun. Länge 12 mm. Kopfschild (Fig. 2a) mit abgerundeten Vorderecken und mit außerordentlich tief aufgebogenem Vorderrand, grob und dicht punktiert; die Stirn besitzt eine scharfe hohe Querleiste (Fig. 2a). Der Halsschild ist glatt, glänzend, spärlich punktiert, außerordentlich fein und kurz behaart. Die Flügeldecken sind etwas dichter als der Halsschild punktiert und kurz, aber etwas dichter als der Halsschild behaart. Der Innendorn an der Vorderschiene steht dem Mittelzahn gegenüber. Kopulationsapparat siehe Fig. 2b.

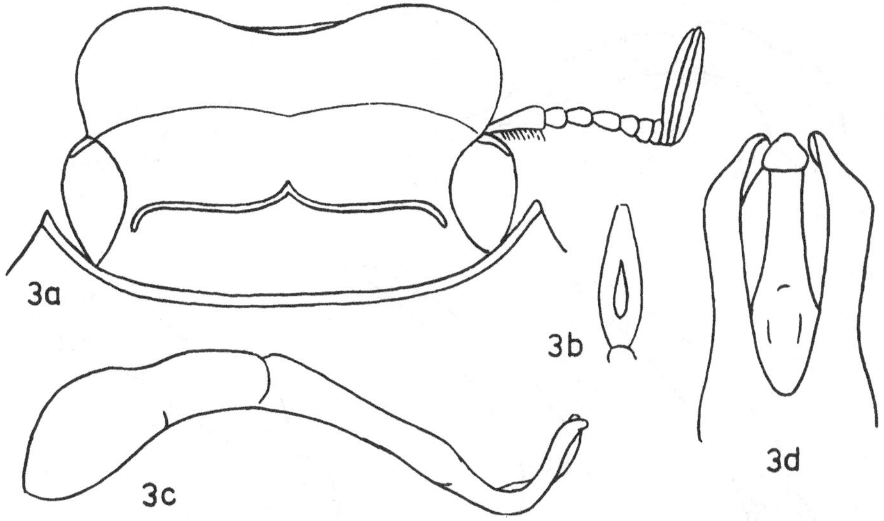

Fig. 3. *Lasiopsis (Brahmina) glabellus* sp. n., ♂. 3a: Kopf – 3b: Endglied der Maxillartaster – 3c: Kopulationsapparat von der Seite – 3d: Spitzen der Parameren von oben.

Wie auch bei den übrigen *Lasiexis*-Arten unterscheidet sich das ♀ vom ♂ durch die kurze Fühlerfahne. Die Klauen des ♀ haben keinen Einschnitt vor der Spitze.

Material: Holotypus ♂ und 17 Paratypen (♂♂ und ♀♀). Alle Exemplare wurden von O. N. KABAKOV in Nurestan gesammelt: Holotypus 6. 06. 1971, S.O.Digal, 1800 m; 6 Paratypen auch S.O.Digal, 9.–18. 06. 1971; 1 Ex. „13. 06. 1971, S.W.Čapa-Dara, 2200 m; 1 ♀ „18. 06. 1971, Awragal"; 5 Paratypen „11.–14. 07. 1972, Waygal (2100–2500 m)"; 4 Paratypen „Upp. r. Paran, 2600 m, 15. 07. 1973".

Die Körperlänge schwankt zwischen 9,9–12,5 mm.

Die Art ist zu Ehren des bekannten sowjetischen Entomologen S. I. MEDVEDEV benannt.

Lasiopsis (Brahmina) glabellus sp. n.

Diese Art (wie auch die vorherige) hat eine schwache Vertiefung auf der Oberfläche des Endgliedes der Maxillartaster (Fig. 3b), aber noch feiner eingeschnittene Klauen.

Holotypus ♂. Dunkelbraun, fast schwarz, der Kopf und der Halsschild sind matt, die Flügeldecken sind glänzend. Länge 15,5 mm. Die Fühlerfahne ist sehr kurz (Fig. 3a), nur etwas länger als beim ♀. Der Kopfschild mit tief aufgebogenem Vorderrand und stark abgerundeten Vorderecken (Fig. 3a) ist dicht punktiert; die Stirn ist ebenfalls dicht punktiert, mit einer scharfen Querleiste (Fig. 3a). Der Halsschild ist dicht, unregelmäßig, sehr oft runzelig punktiert, die Zwischenräume der großen ocellenartigen Punkte tragen kleine einzelne Punkte. Die Flügeldecken sind mit etwas kleinerer und regelmäßiger Punktierung bedeckt. Die ganze Oberfläche des Körpers ist haarlos. Der Innendorn an den Vorderschienen steht der Ausbuchtung des zweiten und des dritten (basalen) Außenzahnes gegenüber. Kopulationsapparat siehe Fig. 3c–d.

Material: 6 ♂♂ und ♀♀ mit den Etiketten „Afghan., Nurestan, S. O. Digal, Peč riv., 1400–2000 m, 9.–18. 06. 1971, KABAKOV leg." (der Holotypus wurde am 13. 06. gesammelt); 3 Ex.: „Nurestan, SW-Čapa-Dara, 2300 m, 5.–13. 06. 1971, KABAKOV leg.".

Die Färbung schwankt zwischen dunkelbraun und schwarzbraun. Körperlänge 14,8–15,8 mm.

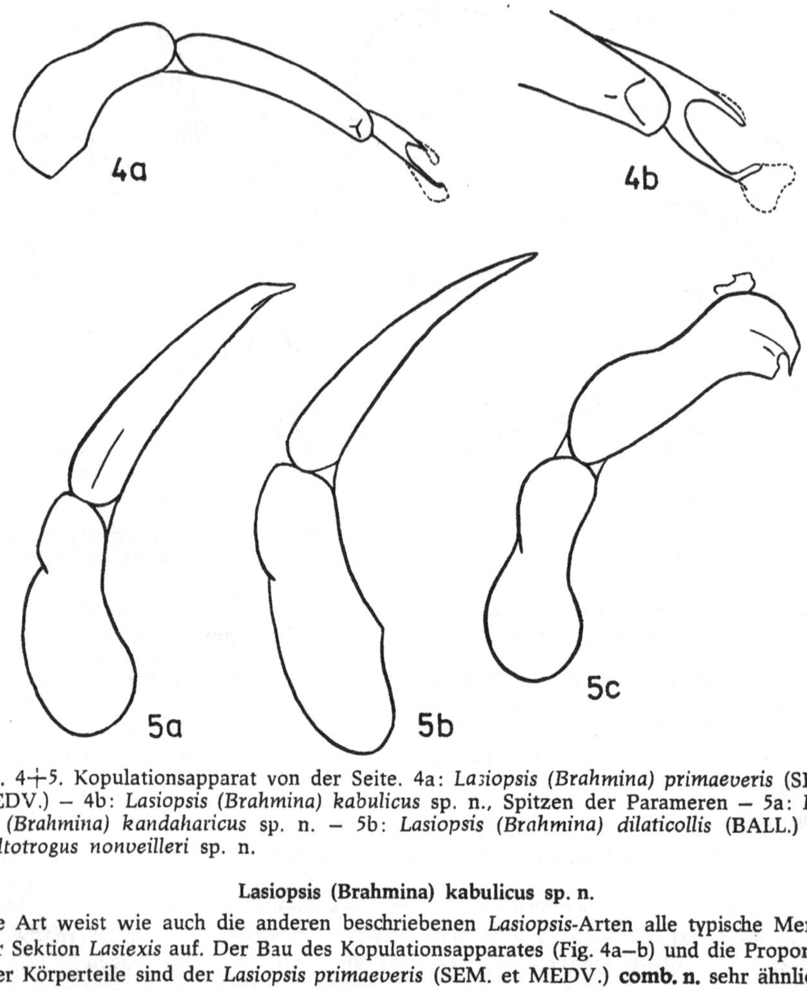

Fig. 4+5. Kopulationsapparat von der Seite. 4a: *Lasiopsis (Brahmina) primaeveris* (SEM. et MEDV.) – 4b: *Lasiopsis (Brahmina) kabulicus* sp. n., Spitzen der Parameren – 5a: *Lasiopsis (Brahmina) kandaharicus* sp. n. – 5b: *Lasiopsis (Brahmina) dilaticollis* (BALL.) – 5c: *Miltotrogus nonveilleri* sp. n.

Lasiopsis (Brahmina) kabulicus sp. n.

Die Art weist wie auch die anderen beschriebenen *Lasiopsis*-Arten alle typische Merkmale der Sektion *Lasiexis* auf. Der Bau des Kopulationsapparates (Fig. 4a–b) und die Proportionen aller Körperteile sind der *Lasiopsis primaeveris* (SEM. et MEDV.) **comb. n.** sehr ähnlich, die Art ist aber nur durch die fast unbehaarte Oberfläche des Körpers, auch durch die bedeutendere Körpergröße leicht zu unterscheiden.

Holotypus ♂. Glänzend, hellbraun. Länge 15 mm. Die Fühlerfahne ist so lang wie der Schaft. Vorderrand des Kopfschildes schwach aufgebogen, Vorderecken abgerundet; die Punktierung ist dicht und grob. Die Stirn ist etwas gröber punktiert. Der Halsschild ist unregelmäßig mit ungleichen Punkten bedeckt und mit einzelnen langen abstehenden Haaren versehen. Die Flügeldecken sind fein chagriniert und mit dichten Punkten besetzt; die Behaarung ist sehr kurz und anliegend.

Material: Holotypus und 25 Paratypen (♂♂ und ♀♀), die von O. N. KABAKOV in der Umgebung von Kabul gefunden wurden. 5 Ex.: 23. 03. 1970, 1800 m; Holotypus und 4 Paratypen: 5. 04. 1970; 12 Ex.: 10.–12. 04. 1970; 2 Ex.: 18. 03. 1971, 1800 m; 2 Ex.: „Tagab Fl., N.O.Kabul, 5. 04. 1971, 2500 m".

Die Färbung schwankt zwischen hell- und rotbraun. Körperlänge 12,6–16 mm.

Lasiopsis (Brahmina) kandaharicus sp. n.

Die Art ist dem *L. dilaticollis* (BALL.) ähnlich und verwandt, aber durch vor der Spitze eingeschnittene Parameren des Kopulationsapparates (Fig. 5a–b) sowie durch den groben unregelmäßig punktierten Halsschild mit einer glatten, unbeborsteten Zone in der Mitte der Vorderhälfte leicht zu unterscheiden.

Holotypus ♂. Länge 14,5 mm. Der Halsschild hat eine seltene, grobe, unregelmäßige Punktur, nur in der Mitte der Basalhälfte ist die Punktur dicht, fast runzelig. Die Zwischenräume der Punkte sind außerordentlich fein runzelig.

Material: Holotypus „Afghan., Kandahar, Ghbargay, 2000 m, 25. 03. 1973, KABAKOV leg."; 3 Paratypen (♂ und ♀♀) wurden auch in Ghbargay von O. N. KABAKOV am 12. und 20. 10. 1970 gesammelt; 1 ♀ mit dem Etikett „Afghan., Kandahar, Bakhtu, 1800 m, 30. 09. 1970, KABAKOV leg."; 1 ♂ „Afghan., 30 km N. Gharni, 2500 m, 9. 09. 1972". Körperlänge 13–14,5 mm.

Lasiopsis (Brahmina) nurestanicus sp. n.

Größe, Färbung und Proportionen aller Körperteile sowie der Bau der Parameren des Kopulationsapparates sind dem *L. dilaticollis* sehr ähnlich. Die neue Art unterscheidet sich von *L. dilaticollis* durch die glatte Oberfläche des Innenteiles des Kopulationsapparates (bei *L. dilaticollis* hat der Innenteil zahlreiche Dornen). Außerdem haben viele Exemplare der neuen Art weiße, kurze, anliegende Haare auf den Vorderecken des Halsschildes. Länge 11,5–14 mm.

Material: Holotypus ♂ (Länge 11,5 mm): „Afghan., Nurestan, Kamdeš, 1300 m, 10. 09. 1971, KABAKOV leg."; 3 Paratypen wurden auch von O. N. KABAKOV am 9.–12. 09. 1971 in Kamdeš gesammelt; 1 ♀ „Nurestan, Upp. Waygal riv., 3000 m, 4. 07. 1972, KABAKOV leg."; 1 ♀ „Nurestan, S.Čapa-Dara, 1500 m, 29. 05. 1971, KABAKOV leg.".

Miltotrogus nonveilleri sp. n.

Holotypus ♂. Glänzend, hellbraun. Länge 13,6 mm. Die Fühlerfahne ist etwas länger als der Schaft und schwach nach außen gebogen. Der Kopfschild mit aufgebogenem Vorderrand und mit stark abgerundeten Vorderecken ist grob und dicht punktiert; die Stirn ist etwas gröber punktiert, hat eine fast gerade, in der Mitte breit unterbrochene Querleiste. Der Halsschild ist dicht ocellenartig punktiert, mit langen abstehenden Haaren und dazwischen mit einzelnen kurzen, fast anliegenden Härchen bedeckt. Die Flügeldecken haben eine etwas kleinere und spärlichere Behaarung. Der Innendorn an den Vorderschienen steht der Ausbuchtung des ersten (distalen) und des zweiten Außenzahnes gegenüber. Kopulationsapparat siehe Fig. 5c.

Das ♀ unterscheidet sich vom ♂ durch die kurze Fühlerfahne.

Material: Holotypus ♂ und 3 Paratypen (♂♂ und ♀) mit den Etiketten „Afghanistan, Nurestan, Patšigram, 3000 m, 7. 08. 1972, KABAKOV leg."; 3 Paratypen: „Nurestan, Upp. Paron, 2600 m, 15. 07. 1973, KABAKOV leg.".

Die Körperlänge schwankt zwischen 13,5–15 mm.

Die Art ist zu Ehren des Monographen der Gattung *Miltotrogus*, Dr. Guido NONVEILLER aus Jugoslawien benannt.

Madotrogus (s. str.) tadzhikorum NIKOLAJEV, 1975

1 ♂: „Panjriv, Samti, 1000 m, 5.04.1971, BURENIN leg." Die Art war bisher nur aus Tadshikistan bekannt.

Die Holotypen der oben beschriebenen neuen Arten befinden sich in den Sammlungen des Zoologischen Instituts der Akademie der Wissenschaften der UdSSR in Leningrad, einige Paratypen sind auch im Staatlichen Museum für Tierkunde Dresden verwahrt.

Summary

SCARABAEIDAE SPECIES FROM AFGHANISTAN RECORDED FOR THE FIRST TIME OR NEW TO SCIENCE

Among Scarabaeidae coleopters sampled in Afghanistan, several species of the genera *Bolbogonium, Geotrupes, Lethrus, Lasiopsis, Miltotrogus,* and *Madotrogus* were recorded from Afghanistan for the first time or have described as species new to science: *Lasiopsis* (s. str.) *kryzhanovskii* sp. n., *L. (Brahmina) medvedevi* sp. n., *L. (Br.) glabellus* sp. n., *L. (Br.) kabulicus* sp. n., *L. (Br.) kandaharicus* sp. n., *L. (Br.) nurestanicus* sp. n., *Miltotrogus nonveilleri* sp. n.

Anschriften der Autoren:
O. N. Kabakov, Entomologische Gesellschaft der UdSSR, Universitetskaja Nabereshnaja 1, Leningrad 199 164, UdSSR.
G. V. Nikolajev, Institut für Zoologie, Akademgorodok, Alma-Ata 480 032, UdSSR.

Faunistische Abhandlungen

STAATLICHES MUSEUM FÜR TIERKUNDE IN DRESDEN

Band 7 | Ausgegeben: 25. April 1980 | Nr. 26

Beitrag zur Kenntnis der türkischen Bauchsammler

(Hymenoptera, Aculeata, Megachilidae)

Mit 5 Figuren

GIJS VAN DER ZANDEN
Eindhoven

Die Durchforschung der Apidenfauna des türkischen Raumes hat im letzten Jahrzehnt erhebliche Fortschritte gemacht. Bislang ist aber dabei die Familie der *Megachilidae* (besonders die nicht parasitären Arten) noch stiefmütterlich behandelt worden. Artenkenntnis und faunistische Daten über die Verbreitung der Arten, vor allem im östlichen Teil des Gebietes, sind noch lückenhaft und beschränkt.

Herr J. HEINRICH (Aschaffenburg, † 1978) hatte mir einen Teil der von ihm in der Türkei gesammelten *Osmia*-Arten zur Bearbeitung übertragen. Daneben stellten mehrere Institutionen und Privatsammler mir bereitwillig ihre Sammlungen zur Verfügung. Allen bin ich zu großem Dank verpflichtet.

Verzeichnis der Sammlungsherkünfte

S. G.: Dr. J. GUSENLEITNER, Linz.
S. H.: J. HEINRICH (Sammlung im Forschungsinstitut Senckenberg, Frankfurt/M.).
S. S.: M. SCHWARZ, Ansfelden.
S. J. T.: J. TIMMER, Amsterdam.
S. Z.: G. v. d. ZANDEN, Eindhoven.
F. S. A.: Faculté des Sciences Agron. de l'Etat, Gembloux (Prof. J. LECLERCQ).
M. Z. L.: Musée Zoologique, Lausanne (M'lle Cl. MOREILLON).
M. L.: Rijksmuseum v. Nat. Hist., Leiden (Dr. C. v. ACHTERBERG).

Obschon noch weit entfernt von einer zusammenfassenden Bearbeitung dieses reichen Faunengebietes, halte ich es doch für richtig, gelegentlich einige markante Funde oder Feststellungen bereits zu veröffentlichen. Von HEINRICH (1977) wurden einige Feststellungen über die Zusammensetzung der türkischen Apidenfauna gegeben, die ohne weiteres auch für die Familie der Bauchsammler gelten. Eine Übersicht über die Klimaverhältnisse in diesem großen Land gab WARNCKE (1974).

Gattung Heriades SPINOLA, 1808

H. (Protosmia) paradoxa (FRIESE)
Sille bei Konya, 27. VI. 1976, 1 ♀ (S. H.). – Mut, 14. V. 1972, 1 ♀ (S. H.).
Verbreitung: Zypern, Syrien, Libanon, Israel.

Gattung Osmia PANZER, 1806

O. (Diceratosmia) cypricola MAVROMOUSTAKIS
Gürün, 12. VI. 1976, 2 ♂ (S. H.). – Ürgüp, 18. VI. 1976, 3 ♂ (S. H.). – Sille bei Konya, 27. VI. 1976, 1 ♂ (S. H.).

Verbreitung: Diese Art wurde 1937 von Zypern beschrieben und wurde lange Zeit als endemisch betrachtet, hat aber auch eine ausgedehnte Verbreitung auf dem benachbarten Festland.

Der ausführlichen Beschreibung von MAVROMOUSTAKIS ist hinzuzufügen, daß das letzte Antennenglied sehr leicht, aber erkennbar gegen das Ende verbreitert ist.

O. (Diceratosmia) aff. dilaticornis MORAWITZ
Gürün, 13. VI. 1976, 5 ♂ (S. H.).
Diese Tiere sind *dilaticornis* (diese Art wurde aus Turkestan beschrieben) sehr ähnlich, unterscheiden sich aber durch die abweichende Form von Tergit VII: Die beiden äußeren Dornen sind breit und gerundet, der mittlere Dorn ist schlank, etwas länger und stumpf. Dagegen soll *dilaticornis* drei gleichförmige Dornen besitzen. Leider ist es mir nicht möglich gewesen, den Typus zu untersuchen.

O. **(Chalcosmia) signata** (ERICHSON)
Konya, Karaman, 7. VII. 1966, 1 ♀ (F. S. A.). – Bursa, Gemlik, 28. VII. 1967, 1 ♂ (F. S. A.).
Verbreitung: Über das ganze mediterrane Gebiet verbreitet, sowohl Südeuropa als auch Nordafrika.

O. **(Chalcosmia) sogdiana** MORAWITZ
Gürüp, 13. VI. 1976, 1 ♀ (S. H.).
Verbreitung: Turkestan, Israel, Afghanistan, Mittelasien.

O. **(Chalcosmia) sita** NURSE
Gürüp, 14. VI. 1976, 1 ♂ (S. H.).
Verbreitung: Beschrieben von Pakistan, später in Tadshikistan und Afghanistan gefunden. Auch Taschkent: 27. V. 1959, 1 ♀, leg. J. NIEDL (S. Z.).

O. **(Chalcosmia) frieseana** DUCKE
Konya, Karaman, 7. VII. 1966, 1 ♂ (F. S. A.).
Verbreitung: Nordafrika, Südeuropa.

O. **(Chalcosmia)** sieversi MORAWITZ
Sansun, 2. VII. 1977, 1 ♀ (S. Z.).
Verbreitung: Kaukasus, Iran. Auch Syrien: Damas, Barze, 2.–18. V. 1960, 2 ♀ (M. Z. L.).

O. **(Chalcosmia) dimidiata ssp. rossica** FRIESE
Van, 13. VII. 1977, 1 ♀ (S. J. T.).
Verbreitung: Südeuropa, Balkanhalbinsel, Süden des europäischen Teils der UdSSR.

O. **(Melanosmia)** thoracica RADOSZKOVSKY
Ula Dag, 18 km SO von Ursa, 1700–2400 m, 19. VI. 1959, 1 ♀ (M. L.).
Verbreitung: Kaukasus.

Gattung Anthocopa LEPELETIER, 1825

A. (s. str.) perezi FERTON
Ürgüp, 27. VI. 1976, 1 ♂ (S. H.).
Verbreitung: Über das ganze mediterrane Gebiet und weiter nach Osten bis Afghanistan.

A. (s. str.) **uncaticornis** (STANĚK)
Gürün, 22. VI. 1977, 4 ♂ (S. H.).
Verbreitung: Bisher nur Türkei.
Bei dieser Art fallen das hakenartig gekrümmte Endglied der Antennen und die lehmgelben, ziemlich langen Mandibeln auf (Fig. 1).

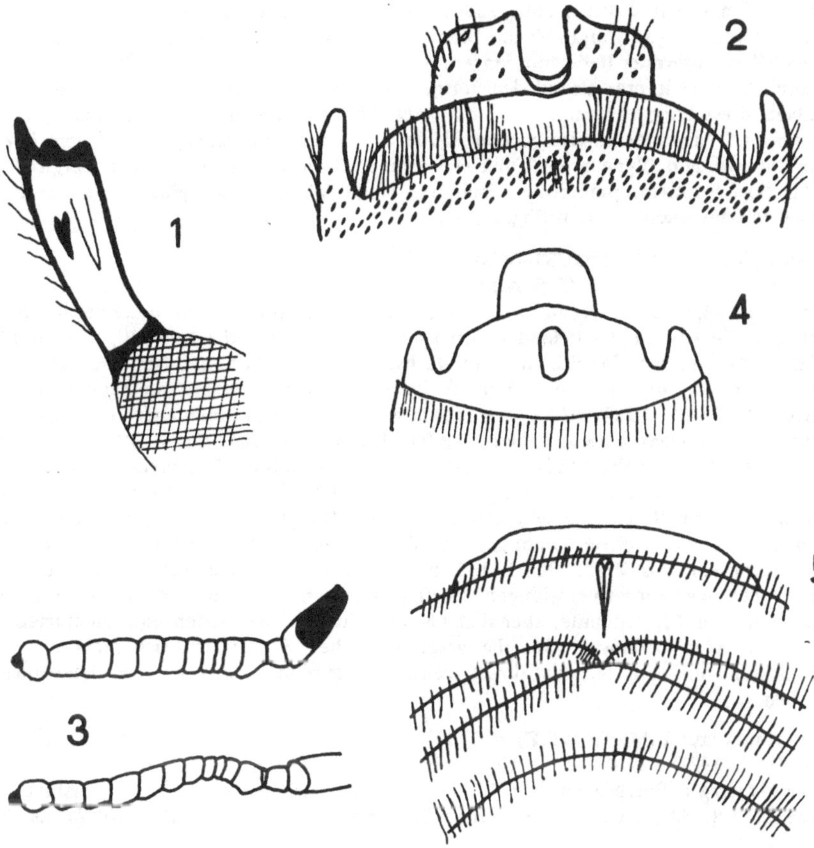

Fig. 1.–5.
1: linke Mandibel von *Anthocopa uncaticornis* (STANĚK) – 2: Tergite VI–VII von *A. duckeana* (KOHL) – 3: linke Antenne von *Hoplitis heinrichi* n. sp., von oben und von hinten betrachtet – 4: Tergite VI–VII von *H. heinrichi* n. sp. – 5: Sternite II–V von *H. heinrichi* n. sp.

A. (s. str.) bisulca (GERSTÄCKER)
Urfa, 5. VII. 1976 und 15. VII. 1977, 7 ♀ (S. H.).
V e r b r e i t u n g : Über das ganze mediterrane Gebiet.
Das von STANĚK (1968: 386) beschriebene ♂ von *serrilabris* (MORAWITZ) von Canakkale gehört auch zu *bisulca!* – Obschon der Gedanke vorlag, mit diesen Tieren das noch unbeschriebene ♀ der nachfolgenden Art gefunden zu haben, kann ich doch keine Unterschiede im Vergleich mit westeuropäischen Exemplaren von *bisulca* finden.

A. (s. str.) duckeana (KOHL)
Urfa, 5. VII. 1976, 7 ♂ (S. H.).
V e r b r e i t u n g : Bisher nur Türkei.
Diese Art wurde von KOHL (1905: 241) an Hand eines ♂, gesammelt bei Erdschias während seiner Sammelreise in Kleinasien 1902, beschrieben. Seine Beschreibung möchte ich in folgendem erweitern:

Tergite I–VI mit sehr dichten, anliegenden weißen Binden, diese auf den Tergiten I–II in der Mitte schmaler. Auf Tergit VI die Binde weniger dicht, aber ebenso breit wie auf den Tergiten IV–V. Sternite II–V mit langen, weißlichen, nach hinten gerichteten Wimpern; auf Sternit II etwas kürzer als auf den übrigen, auf den Sterniten III–V einwärts gekrümmt. Mandibeln dreizähnig, schwarz, Endzahn spitz. Die abstehende sparsame Behaarung auf Pronotum und Abdomen (zwischen den Bändern) ist leicht bräunlich-gelb, auf dem übrigen Thorax und auf dem Clypeus weiß und viel dichter. Beine lang weiß behaart. Tergit III mit breitem, eingedrücktem, punktlosem Endrand. Tergit VII glatt und glänzend schwarz, mit vereinzelten schwachen Punkten (Fig. 2).

A. (s. str.) idalia (MAVROMOUSTAKIS)
Izmir, Efes, 19. VII. 1967, 1 ♀ (F. S. A.).
Verbreitung: Die Art wurde 1948 als endemisch für Zypern beschrieben. In der Sammlung in Leiden (M. L.) befanden sich zwei Pärchen von *idalia* (MAVR.) und *holmboei* (MAVR.), von welchen die Etiketten verwechselt wurden. Auch in Gembloux (F. S. A.) befand sich ein ♂ von *idalia*, etikettiert als *holmboei*! Alle stammen von Zypern und wurden von MAVROMOUSTAKIS selbst etikettiert. Seine Beschreibungen und die dabei gegebenen Zeichnungen lassen keinen Zweifel über die Identität. Dr. J. ZYNGAS (Department of Agriculture of the Ministry of Agriculture and Natural Resources at Nicosia) war so freundlich festzustellen, daß die Typen in MAVROMOUSTAKIS' Sammlung in Übereinstimmung mit den Beschreibungen etikettiert sind. Die an der oben erwähnten Dienststelle in Nicosia aufbewahrte Sammlung enthält noch viel unetikettiertes Material. Offenbar wurde dieses von MAVROMOUSTAKIS zum Tausch oder Verkauf verwendet, wobei wahrscheinlich Namensverwechslungen entstanden. Außerdem umfaßt diese Sammlung noch mehrere von M. benannte, aber niemals beschriebene neue Arten und Unterarten. Um so mehr ist es zu bedauern, daß die verantwortlichen Autoritäten sich nicht dazu entschließen können, Material aus dieser reichen Sammlung leihweise zur Untersuchung abzugeben.

A. (Arctosmia) grumi (MORAWITZ)
Gürün, 23. VI. 1977, 1 ♀ (S. H.). – Ürgüp, 27. VI. 1977, 1 ♀ (S. H.).
Verbreitung: Beschrieben aus Turkestan, später auch aus dem Pamir gemeldet.
BENOIST (1928: 171) stellte ohne weitere Erklärung *jagnobensis* (MORAWITZ) als Synonym zu *grumi*.

A. (Odontanthocopa) ligurica (MORAWITZ)
Namrun, VI. 1962, 1 ♂ (S. S.).
Verbreitung: Südeuropa (incl. Korsika, Sardinien, Sizilien), Balkanhalbinsel, Korfu, Rhodos, Zypern; weiter süd-ostmediterran bis nach Iran. Fehlt in Nordafrika?

Gattung Hoplitis KLUG, 1807

H. (Alcidamea) cf. verruciventris (MORAWITZ)
Sille bei Konya, 27. VI. 1976, 1 ♂ (S. H.).
Verbreitung: Beschrieben aus Transkaukasien.
Das Exemplar ähnelt beim ersten Ansehen einem kleinen *acuticornis* (DUFOUR et PERRIS). Die Beschreibung von MORAWITZ (die Type ist mir unbekannt geblieben) trifft zu.

H. (Allosmia) sybarita (SMITH)
Elazig, 9. VI. 1976, 2 ♀ (S. H.).
Verbreitung: Eine mediterrane Art, die Nominatform hauptsächlich in Südeuropa, die Subspezies *fossoria* (PÉREZ) in Nordafrika.

H. (Tridentosmia) aff. laevifrons (MORAWITZ)
Urfa, 5. VII. 1976; Ürgüp, 27. VI. 1977; Meram und Sille bei Konya, 26. VI. 1976, 9 ♂ (S. H. und S. Z.).

Unterscheidet sich von dem mir bekannten *laevifrons*-♂ aus Westeuropa (*laevifrons* wurde auch aus dem Kaukasus gemeldet) durch das Fehlen des kurzen Zahns jederseits an der Basis des VII. Sternits und durch die abweichende Form des III. und IV. Sternits.

H. (Tridentosmia) tridentata (DUFOUR et PERRIS)
Amasya, 5. VII. 1977, 1 ♀ (S. J. T.).
Verbreitung: Südeuropa, Balkanhalbinsel, Kaukasus, Turkestan.

H. (Liosmia) praestans (MORAWITZ)
Namrun, VI. 1962, 1 ♂ (S. S.).
Verbreitung: Südeuropa, Nordafrika, Jugoslawien, Rhodos, Turkestan.

H. (Hoplitis) heinrichi n. sp.
Siehe Neubeschreibung.

H. (Hoplitis) manicata (MORICE)
Amasya, 5. VII. 1977, 4 ♀ (S. J. T.).
Verbreitung: Südeuropa, Nordafrika, Balkanhalbinsel, Korfu, Kreta, Rhodos.

Gattung **Lithurge** LATREILLE, 1825

L. tibialis MORAWITZ
Dyarbakir, 20. VIII. 1977, 1 ♂, 8 ♀ (S. J. T.).
Das von STANĚK (1968: 382) beschriebene ♀ von *Megachile tuberculosa* D. T. von Burdur ist eine Fehldetermination und gehört auch zu *tibialis* MOR. (laut Determination von Dr. O. REBMANN).

Gattung **Creightonella** COCKERELL, 1908

Cr. (Metamegachile) albisecta ssp. caucasica (LEPELETIER)
Mersin, 26. VII. 1977, 1 ♀ (S. J. T.).
Verbreitung: Balkanhalbinsel, Korfu, Rhodos, Kaukasus, Turkestan. Auch vom Pamir gemeldet.

Cr. (Metamegachile) albisecta (KLUG)
Antalya, Alanya, 22. VII. 1966, 1 ♂, det. REBMANN (F. S. A.).
Dieses Exemplar wurde von STANĚK (1968: 369) als *Chalicodoma mucorea* FRIESE beschrieben.

Gattung **Chalicodoma** LEPELETIER, 1841

Ch. (Euchalicodoma) montenegrensis (DOURS)
Antakya, 1.–7. VI. 1965, 1 ♀ (S. G.).
Verbreitung: Balkanhalbinsel, Korfu, Zypern, Kaukasus, Syrien.

Gattung **Anthidium** FABRICIUS, 1804

A. (Proanthidium) undulatum ssp. holozonicum (MAVROMOUSTAKIS)
Dyarbakir, 20. VII. 1977, 1 ♀ (S. J. T.).
Verbreitung: Diese 1939 von Zypern beschriebene Unterart kommt auch auf Rhodos und auf dem benachbarten Festland vor.

A. (Anthidium) waltli SPINOLA
Antalya, Alanya, 22. VII. 1966, 1 ♂ (F. S. A.).
Dieses Stück wurde von STANĚK (1968: 365) als *A. tesselatum* KLUG beschrieben. Eine Beschreibung des echten ♂ von *tesselatum* und die Unterschiede gegenüber *bischoffii* MAVROMOUSTAKIS (= *waltli* SPIN.) gab MAVROMOUSTAKIS (1954: 397).
Verbreitung: Griechenland, Ägypten, Iran.

Gattung **Icteranthidium** MICHENER, 1948

I. grohmanni ssp. **rubiginosum** (LEPELETIER)
Adana, Pozanti, 16. VII. 1966, 1 ♂ (F. S. A.).
Verbreitung: Griechenland, Zypern, Kaukasus, Turkestan, Arabien.

Gattung **Mesanthidium** POPOV, 1950

M. zonulum (ALFKEN)
Adana, Pozanti, 16. VII. 1966, 1 ♂ (F. S. A.).
Verbreitung: Südeuropa, Ägypten.

Neubeschreibung

Hoplitis (s. str.) heinrichi n. sp.
Holotypus: ♂, Urfa, 3.–7. VI. 1976 (S. H.).
Paratypen: 1 ♂, Birecik, 18. VI. 1972 (S. H.); 2 ♂, Urfa, 2.–7. VI. 1976 (S. Z.).
Männchen: 10 mm. Kopf, Thorax und Abdomen schwarz, dicht punktiert. Clypeus lang, dicht und abstehend weiß behaart. Wangen, Stirnschildchen und Stirn bis zum vorderen Ocellus dicht und anliegend weiß behaart. Innere Orbiten parallel. Abstand zwischen den hinteren Ocelli und dem Kopfhinterrand viel größer als der Abstand zwischen diesen Ocelli. Kopfhinterrand gerundet. Mandibel sichelförmig, zweizähnig, gelbrot. Zähne und Mandibelbasis schwarz. Clypeusrand gerade, gezähnelt, Scapus schwarz, im oberen Viertel gelbrot. Antennen gelbrot, Endglied an der Unterseite schwarz. Die Übergänge zwischen den Antennengliedern 7–11 auf der Unterseite mit schwarzen Wischen. Endglied am Ende mit kleinem schwarzem Anhang, ebenso am Hinterrand mit gelb-roter Erweiterung (Fig. 3). Das vierte Glied viel kürzer als die folgenden, halb so breit wie das dritte Glied. Alle Antennenglieder an der Unterseite ausgehöhlt und an den Rändern bucklig erweitert.
Thorax abstehend weiß behaart. Tegulae lehmgelb, glatt und glänzend. Mittelfeld poliert, an der Basis nicht eingedrückt sondern leicht gerieft.
Flügel hell, Adern braungelb, Nervulus im Vorderflügel interstitial. Beine I: Tarsen und Tibia rotgelb, Hüfte schwarz, aber apikales Viertel rotgelb. Beine II und III schwarz, aber die Hinterseiten, die Oberseite der Hüfte und die Tarsen 2–5 rotgelb. Beine abstehend weiß behaart, Tibiendorne bleich.
Tergite I–V mit anliegenden, dichten weißen Haarbändern. Bänder auf Tergit I verschmälert, dazwischen kurz und sparsam sowie abstehend behaart; Tergit VI mit glattem, poliertem, gerundetem Hinterrand und beiderseits ein großer, stumpfer Zahn; Tergit VII gerundet (Fig. 4).
Sternite flach, ohne Schwiele oder anderem. Sternite II–IV mit nach hinten gerichteten weißen Wimpern; Sternit IV eingeschnitten; Sternit V apikal mit glänzendem, kleinem Kiel (Fig. 5).
Die neue Art unterscheidet sich von allen bisher bekannten *Osmia*-Arten (s. l.) durch die beiden Anhänge am letzten Antennenglied. Sie sei Herrn J. HEINRICH zu Ehren seiner einstmaligen unermüdlichen Sammeltätigkeit gewidmet.

Berichtigung

Dr. O. REBMANN (†) hatte während seiner *Megachile*-Studien auch das Material aus den Sammlungen von Gembloux (F. S. A.) untersucht, wovon STANĚK (1968) mehrere, meist türkische Arten beschrieben hat. Leider mußte er feststellen, daß hier teilweise Fehlbestimmungen vorlagen. Es handelt sich um folgende Arten:

M. villipes MORAWITZ (sensu STANĚK 1968) = *M. picicornis* MORAWITZ, ♀.
M. farinosa SMITH (sensu STANĚK 1968) = *Chal. derasa* (GERSTÄCKER), ♀.
M. schmiedeknechti COSTA (sensu STANĚK 1968) = *M. pilidens* ALFKEN, ♂.
M. variscopa PÉREZ (sensu STANĚK 1968) = M. n. sp. Diese neue Art wurde von REBMANN bereits benannt, aber nicht (mehr) beschrieben. Die Beschreibung sei dem Bearbeiter des betreffenden Subgenus (*Neoeutricharaea* REBMANN) vorbehalten.
M. flavipes SPINOLA (sensu STANĚK 1968) = *Chal. derasa* (GERST.).

Summary

CONTRIBUTION TOWARDS KNOWLEDGE OF TURKISH MEGACHILID BEES

Records on distribution of some rare Megachilid bees in Turkey and adjoining regions are given, including description of *Hoplitis heinrichi* n. sp. and supplementary description of *Anthocopa duckeana* (KOHL), ♂.

Literatur

BENOIST, R., 1928: Hyménoptères mellifères nouveaux du Maroc. – Bull. Soc. Sc. nat. Maroc: 169–174.

KOHL, F. F., 1905: Hymenopteren. In: PENTHER u. ZEDERBAUER, Ergebnisse einer naturwissenschaftlichen Reise zum Redschias-Dagh (Kleinasien). – Ann. K. K. Naturh. Hofmuseum Wien, 20 *(2/3)*: 231–246.

HEINRICH, J., 1977: Beitrag zur Kenntnis der türkischen Schmarotzerbienen. – Nachr. nat.-wiss. Mus. Aschaffenburg, *85*: 7–42.

MAVROMOUSTAKIS, G. A., 1954: New and little-known bees of the subfamily Anthidiinae, VIII. – Ann. Mag. Nat. Hist. 12 (7): 395–400.

STANĚK, E., 1968: Neue oder wenig bekannte Megachiliden aus dem Mittelmeergebiet. – Bull. Rech. agron. Gembloux, N. S., 3 (2): 355–387.

WARNCKE, K., 1974: Die Sandbienen der Türkei. – Mitt. Münch. Ent. Ges., 64: 81–116.

Anschrift des Autors:
G. van der Zanden, Jongkindstr. 2, 5645 JV Eindhoven; Niederlande.

FAUNISTISCHE KURZMITTEILUNG

Vorkommen von Cacopsylla hippophaes (FRST.) und C. zetterstedti (THOMS.) auf Hiddensee (Bez. Rostock) (Homoptera, Psyllodea)

Im Rahmen anderweitiger Untersuchungen wurden in den Jahren 1965/66 im Nordostteil der Insel Hiddensee (Bez. Rostock) saisonale Kescherfänge der Entomofauna des Sanddorns (Hippophaë rhamnoides) vorgenommen. Dichte Bestände dieser Pflanze in teilweise üppiger Wuchsform finden sich als sukzessionsunterworfener Gebüschstreifen bis zu 200 m Breite vor allem entlang der gesamten Nordküste auf diluvialem Geschiebemergel sowie alluvialem Flugsand. Bei den besonders aus den Monaten VI.–IX. 1966 (einem Sommer mit längeren klimatisch begünstigten Großwetterlagen) stammenden Fängen fielen die hohen Anteile der Blattflöhe am Gesamtfang auf, welche die Möglichkeit der Massenentwicklung am hier optimalen Angebot der Nahrungs- bzw. Wirtspflanze dokumentieren. Bei einer späteren speziellen Auswertung zeigte es sich, daß neben der anzunehmenden Art *C. hippophaes* (FÖRSTER) in kleinen Anteilen habituell deutlich unterschiedene Exemplare einer weiteren Art sich im Material befanden, die sich als zu *C. zetterstedti* (THOMSON) gehörig erwiesen (Herrn Dr. P. LAUTERER, Brno, dem eine größere Anzahl Exemplare beider Arten vorlagen, danke ich herzlich für die Nachprüfung an Vergleichsmaterial). Damit ist die letztere Art, die syntop mit ersterer auftreten kann, ebenfalls zur Fauna unseres Landes zu zählen.

Die zahlenmäßige Analyse des Materials ergab folgende Werte, die zugleich die abundanzmäßigen Relationen beider Arten im genannten Gebiet belegen. In 13 Kescherfängen aus der Sanddorn-Strauchzone (zu jeweils 100 Kescherschlägen, die Materialentnahme erfolgte soweit wie möglich quantitativ) wurden festgestellt: 982 ♂♂ 1543 ♀♀ von *C. hippophaes*, 60 ♂♂ 53 ♀♀ von *C. zetterstedti*. Von den genannten 13 Aufsammlungen, die Blattflöhe umfaßten, fanden sich in 8 Aufsammlungen nur Exemplare von *C. hippophaes*, in 1 Aufsammlung nur Exemplare von *C. zetterstedti*, in weiteren 4 Aufsammlungen fanden sich Exemplare beider Arten gemeinsam. Innerhalb des gesamten, willkürlich gewählten Sammelgebietes fand sich *C. zetterstedti* konstant nur in den Proben einer lokal begrenzten Sammelserie. Damit läßt sich letztere Art als im Untersuchungsgebiet sehr viel weniger abundant auftretend charakterisieren, die im Vergleich zur Verteilung von *C. hippophaes* im Sanddorn-Gürtel offenbar nur lokal bzw. in kleinen Populationen lebt.

Über die Bionomie beider Arten fehlen spezielle Angaben, Vermutungen über den Typ des Entwicklungszyklus können nur aus den Funddaten der bisher gesammelten Exemplare geschlossen werden (vgl. KLIMASZEWSKI 1975). Danach gilt *C. hippophaes* als Eiüberwinterer (Imagines in Polen VI–IX); *C. zetterstedti* als vermutlicher Imaginalüberwinterer (Imagines in Polen nicht vor VIII), was LOGINOVA (1968) auch für die Verhältnisse im Kaukasus annimmt. Für *C. hippophaes* kann dieser Entwicklungszyklus aus den vorliegenden Funden mit Sicherheit bestätigt werden (Grenzdaten der Imaginalnachweise: 17. VI. bis 30. IX.), da sich in einer Aufsammlung (15. VI.) auch Larven fanden (18 Ex., V. Stadium), welche dieser Art mit Sicherheit zugeordnet werden können. Dieser Rhythmus läuft der zeitlichen Entwicklung der neuen Belaubung des Sanddorns im Gebiet ungefähr parallel. Für *C. zetterstedti* deutet die zeitliche Verteilung der Funde auf den gleichen Entwicklungszyklus hin (Grenzdaten der Imaginalnachweise: 15. VI.–14. VIII.), da auch ein Larvenfund vorliegt (15. VI., 1 Ex., V. Stadium), der mit hoher Wahrscheinlichkeit letzterer Art angehört, und da imaginale Nachweise zahlreicher in den Monaten VII und VIII gemacht wurden. Werden die Funde beider Arten in saisonaler Verteilung angeordnet (Abb. 1), ist eine leichte zeitliche Vorverlegung des imaginalen Erscheinens von *C. zetterstedti* erkennbar, was aber infolge der saisonal sehr unterschiedlichen Populationsentwicklung im erfaßten Zeitraum auch fehlerhaft beeinflußt sein kann. Der imaginale Überwinterungstypus kann für das Gebiet ausgeschlossen werden. Eventuelle Isolationsmechanismen zwischen beiden Arten sind bisher nicht bekannt (KLIMASZEWSKI l.c.).

Die vorliegenden Funde fügen sich in die bisher bekannten Areale beider Arten ein, die bei KLIMASZEWSKI (1973) benannt sind. Danach erstreckt sich die Verbreitung von *C. hippophaes* von West- über Zentral-, Mittel- und Nordeuropa nach Mittelasien, während *C. zetterstedti* zwei Verbreitungszentren in Nordeuropa und den Hochgebirgen Zentraleuropas bis Mittelasien erkennen läßt. Zum nordeuropäischen Verbreitungsbereich ist auch

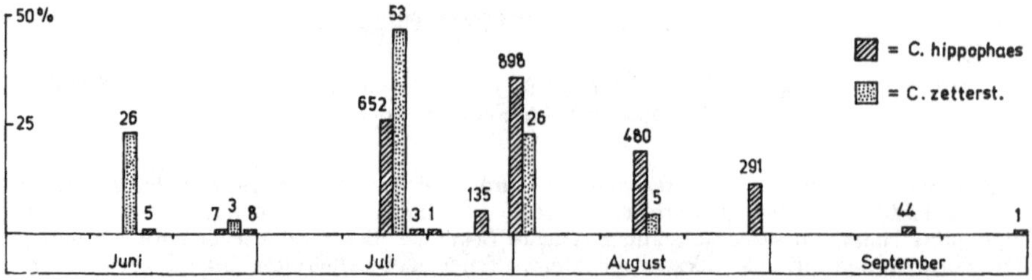

Abb. 1. Saisonale Verteilung von *C. hippophaes*/*C. zetterstedti* im vorliegenden Material, bezogen auf die Gesamtzahlen der gesammelten Exemplare einer jeden Art (Zahlenwerte: Anzahl der Exemplare pro Aufsammlung).

die Ostseeküste des nördlichen Mitteleuropas zu zählen, von welcher bereits Nachweise sowohl östlich als auch westlich des vorliegenden Gebietes bekannt waren. Aus den Hochgebirgen Zentraleuropas und Asiens sind ebenfalls syntope und synchrone Funde beider Arten bekannt (SCHÄFER 1949, LOGINOVA l.c.). Funde von *C. zetterstedti* waren bisher vom Gebiet der DDR nicht bekannt, da HAUPT (1935) die Art offensichtlich nur aus dem Alpenraum vorliegen hatte, jedoch unter Bezug darauf KLIMASZEWSKI (1973) das Gebiet beider deutscher Staaten als Vorkommensbereich nannte.

Die ausführlichste Beschreibung beider Arten findet sich bei KLIMASZEWSKI (1963) und berücksichtigt alle erfaßbaren morphologischen Differentialmerkmale. Wie das vorliegende Material erkennen läßt, ist aber auch schon die Färbung beider Arten recht konstant und zur Trennung gut anwendbar, da der dunkle Habitus der Tiere von *C. zetterstedti* im Vergleich zu den hellen *C. hippophaes* deutlich auffällt. Umfärbungen im Vergleich der Tiere von VI und VIII wurden bei *C. zetterstedti* nicht beobachtet. Neben der deutlich dunkler gelben Grundfärbung haben sich bei den letzteren bis jetzt (Alkoholkonservierung seit 1966) die überwiegenden, hell- bis dunkelbraunen Zeichnungselemente auf Kopf, Thorax (einschließlich der Beine) und Abdomen gut erhalten, ebenso wie die braune Tönung der Vorderflügel. Am dunkelsten (dunkelbraun bis schwarz) sind die Spitzen der äußeren Valven der ♀♀. Demgegenüber bleibt die Färbung der *C. hippophaes*-Exemplare einheitlich gelb (grün) mit Ausnahme einer leichten braunen Tönung der Spitzen der äußeren Valven sowie der charakteristischen schwarzen Fühlerzeichnung. Die Scutumzeichnung erscheint nur undeutlich und wenig auffällig.

Literatur: HAUPT, H., 1935: *Psylloidea*. Die Tierwelt Mitteleuropas IV, 3, p. X, 221–X, 252. – KLIMASZEWSKI, S. M., 1963: Polnische Arten der Gattung *Psylla* Geoff. (*Hymoptera, Psyllidae*). Ann. zool. XX, Nr. 20, p. 363–455. – Dito, 1973: The Jumping Plant Lice or Psyllids (*Homoptera, Psyllodea*) of the Palaearctic. An Annotated Check-List. Ann. zool. XXX, Nr. 7, p. 155–286. – Dito, 1975: *Psyllodea (Insecta: Homoptera)*. Fauna Polski, Tom 3. Warszawa. – LOGINOVA, M. M., 1968: New Data on the Fauna and Biology of the Caucasian *Psylloidea (Homoptera)*. Trudy Vseso;uzn. Entom. Obšč. 52, p. 275 bis 328. – SCHAEFER, H. A., 1949: Beiträge zur Kenntnis der Psylliden der Schweiz. Mitt. Schweiz. Entom. Ges. XXII, H. 1, p. 1–96.

RAINER EMMRICH (Staatl. Mus. f. Tierkunde, DDR – 801 Dresden, Augustusstr. 2)

Faunistische Abhandlungen

STAATLICHES MUSEUM FÜR TIERKUNDE IN DRESDEN

Band 7 Ausgegeben: 25. April 1980 Nr. 27

Beiträge zur Faunistik und Systematik der Staphylinidae

(Coleoptera)

3. Sammelergebnisse aus dem Bezirk Schwerin (Mecklenburg)

Mit 2 Abbildungen

MANFRED UHLIG, JÜRGEN VOGEL und MAX SIEBER
Berlin Görlitz Großschönau

Einleitung

Mecklenburg, insbesondere der Teil des heutigen Bezirkes Schwerin, gehört zu den koleopterologisch am wenigsten erschlossenen Gebieten der DDR (SCHIEFERDECKER 1966; DIECKMANN 1972). Diese Situation tritt ganz besonders deutlich bei den Staphyliniden zu Tage. So kommt es auch, daß selbst häufige, mit Sicherheit in diesem Gebiet vorkommende Arten bisher noch nicht oder nur aus dem vorigen Jahrhundert gemeldet wurden (HORION 1951, 1963, 1965 u. 1967). Aus diesem Grund haben wir uns entschlossen, eine Liste der Staphylinidenarten zu veröffentlichen, die wir aus dem Bezirk Schwerin in den letzten Jahren nachweisen konnten.

Material und Methodik

Das ausgewertete Staphylinidenmaterial wurde einerseits von UHLIG während der Urlaubssaison vom 1.–12. 8. 1972 in Flessenow, Rampe und der Insel Lieps[1]) am Schweriner See und vom 1.–12. 8. 1977 in Plötzenhöhe und Klein Damerow am Plauer See gesammelt; andererseits stammt es aus Aufsammlungen von SIEBER in der näheren (1967–1977) und der weiteren Umgebung von Lützow (Pokrent: 1974 u. 1975; Renzow: 1973 u. 1974; Perlin: 1973, 1975 u. 1977) sowie aus der Umgebung von Bützow: 1971. Einige wenige Tiere aus Ludwigslust stellte uns Dr. L. DIECKMANN, Eberswalde, zur Verfügung, wofür ihm herzlich gedankt sei. Soweit bekannt, werden die genauen Fundumstände in der Artenliste dargelegt. Alle gemeldeten Arten sind sammlungsmäßig belegt und befinden sich im Museum für Naturkunde in Berlin sowie in den Kollektionen SIEBER und VOGEL.

Es ist verständlich, daß infolge der diskontinuierlichen Fänge, der wenigen angewandten Sammelmethoden und besammelten Biotope die Artenzahl von vornherein eingeschränkt ist. Gleiches gilt auch für die Fangzahlen, die keinerlei Maß für die Abundanz sind. Indes hoffen wir, mit dieser Arbeit weitere faunistische Untersuchungen in diesem Gebiet anzuregen.

Die Determination übernahmen VOGEL (vorzugsweise *Aleocharinae)* und UHLIG (restliche Unterfamilien), wobei die Tabellen von LOHSE, BENICK u. LIKOVSKY (1964 und 1974) zu Grunde gelegt wurden.

[1]) Obwohl die Insel Lieps in der politisch-administrativen Gliederung zum Bezirk Rostock gehört, werden die Fangergebnisse hier dargelegt, weil die Insel geographisch innerhalb des Bezirkes Schwerin liegt.

Wir danken Herrn Dr. V. PUTHZ, Schlitz, für die Determination eines Teils der *Steninae* und Herrn Dr. G. A. LOHSE, Hamburg, für die Revision kritischer Arten. Herrn J. SCHULZE u. Frau R. MÜLLER, Berlin, sind wir für technische Unterstützung zu Dank verpflichtet.

Ergebnisse und Diskussion

Die etwa 1050 untersuchten Exemplare der Familie *Staphylinidae* verteilen sich auf folgende 214 Arten, wovon 2 erstmals für die Fauna der DDR und 20 erstmals für die Fauna Mecklenburgs nachgewiesen werden.

In der Artenliste sind Neunachweise für ein Gebiet mit „!", faunistisch bemerkenswerte Arten oder besondere Fundumstände mit „●" gekennzeichnet.

Unterfamilie *Micropeplinae*

● *Micropeplus fulvus* ER.
Lützow, 18. 9. 1977: 2 Expl.
Eine atlantische Art, die nach Osten bis Hamburg-Holstein noch häufig ist. Aus Mecklenburg nur eine Meldung: Waren (HAINMÜLLER 1930).

Micropeplus porcatus (F.)
Lützow, 18. 9. 1977: 2 Expl.

Unterfamilie *Proteininae*

Proteinus brachypterus F.
Lützow, 19. 9. 1977: 3 Expl.

Unterfamilie *Omaliinae*

! *Eusphalerum torquatum* (MARSH.)
Lützow, Ende 6. 1971: 1 Expl. – Pokrent, Ende 1974 und 26. 5. 1975: je 1 Expl.
Neu für Mecklenburg! Atlantisch verbreitet und östlich der Elbe nur sporadisch auftretend. Da diese Art im Gebiet Hamburg-Holstein als häufig gilt, war sie zu erwarten.

Eusphalerum minutum (L.)
Lützow, Ende 7. 1974: 1 Expl.

! *Acrolocha pliginskii* BERNH.
Lützow, 16. 9. 1977: 2 Expl.
Neu für die Fauna der DDR! Trotz ungenügend bekannter Verbreitung wohl eine eurosibirische Art, die bisher aus Nordeuropa bekannt wurde. Die nächsten Fundorte liegen in Holstein und Dänemark.

Omalium rivulare (PAYK.)
Flessenow, Erlen-Bruchwald am Schweriner See, 1. 8. 1972: 1 Expl. – Plötzenhöhe, im Anspülicht eines Teiches, 5. 8. 1972: 3 Expl.

Omalium excavatum STEPH.
Klein Damerow, NSG „Mühlenholz", Bruchwald, Bodenstreu, 9.8. 1977: 1 Expl.

Phloeonomus pusillus (GRAV.)
Lützow, 30. 7. 1967: 2 Expl.

Xylodromus depressus (GRAV.)
Lützow, 20. 8. 1968: 1 Expl.

Lathrimaeum unicolor (MARSH.)
Ludwigslust, 3. 5. 1978: 2 Expl.

Olophrum fuscum GRAV.
Rampe, Verlandungszone des Schweriner Sees, 5. 8. 1972: 1 ♂.

Olophrum piceum (GYLL.)
Lützow, 21. 8. 1968 und 16. 9. 1977: 4 Expl.

! *Lesteva sicula* ssp. *heeri* FAUV.
Flessenow, Erlen-Bruchwald am Schweriner See, 1. 8. 1972: 6 Expl. – Insel Lieps, im Anspülicht, 3. 8. 1972: 1 Expl.
Neu für die Fauna der DDR! Eine Art mit vermutlich atlantischem Verbreitungstyp, die noch aus Hamburg-Holstein als häufig gemeldet wird.

Lesteva longelytrata (GOEZE)
Flessenow, Erlen-Bruchwald am Schweriner See, 1. 8. 1972: 1 Expl. – Lützow, 27. 5. 1975: 1 Expl. – Klein Damerow, NSG „Mühlenholz", Bruchwald, Bodenstreu, 9. 8. 1977: 2 Expl.

Anthophagus caraboides (L.)
Lützow, Ende 6. 1971: 1 Expl.
Eine Art mit östlichem Verbreitungsschwerpunkt, die um Hamburg nur noch selten gefunden wird. Aus Mecklenburg nur eine alte Meldung aus Rostock (CLASEN 1861).

● *Coryphium angusticolle* STEPH.
Perlin, 28. 5. 1975: 1 Expl.
Im Norden sehr selten, für Mecklenburg bisher nur einmal aus Schönberg gemeldet (L. BENICK leg. 1920, in HORION 1963).

Unterfamilie *O x y t e l i n a e*

● *Syntomium aeneum* (MÜLL.)
Lützow, 19. 7. 1973: 1 Expl.
Diese bis in alpine Lagen vorkommende Art wird in der Ebene meist nur zerstreut gefunden. Aus Mecklenburg drei ältere Angaben: Rostock (CLASEN 1861), Göldenitz (RABELER 1931) und Schönberg, L. BENICK leg. (in HORION 1963).

Carpelimus bilineatus (STEPH.)
Insel Lieps, im Anspülicht, 3. 8. 1972: 1 Expl. – Lützow, Ende 7. 1974: 1 Expl. – Plötzenhöhe, Zeltplatz und Umgebung, 1.–12. 8. 1977: 1 Expl.

Carpelimus rivularis MOTSCH.
Insel Lieps, im Anspülicht, 3. 8. 1972: 5 Expl. – Plötzenhöhe, Zeltplatz und Umgebung, 1.–12. 8. 1977: 6 Expl.
Ein Exemplar von der Insel Lieps gehört zur a. *marchicus* WAGNER.

! *Carpelimus obesus* KIESW.
Insel Lieps, im Anspülicht, 3. 8. 1972: 1 Expl.
Erstnachweis für Mecklenburg! Ursprünglich mit südlichem Verbreitungsschwerpunkt zeigt die Art heute eine Arealerweiterung nach Nordeuropa. Sie wird in neuerer Zeit aus Hamburg-Holstein und Dänemark gemeldet.

Carpelimus impressus BOISD.
Klein Damerow, NSG „Mühlenholz", Bruchwald, Bodenstreu, 9. 8. 1977: 1 Expl.

Carpelimus elongatulus ER.
Plötzenhöhe, im Anspülicht eines Teiches, 5. 8. 1977: 1 Expl. – Klein Damerow, NSG „Mühlenholz", Bruchwald, Bodenstreu, 9. 8. 1977: 2 Expl.

Carpelimus corticinus (GRAV.)
Lützow, 20. 9. 1977: 1 Expl.

Oxytelus rugosus (GRAV.)
Flessenow, Erlen-Bruchwald am Schweriner See, 1. 8. 1972: 1 Expl. – Insel Lieps, im Anspülicht, 3. 8. 1972: 2 Expl. – Rampe, Verlandungszone des Schweriner Sees, 5. 8. 1972: 3 Expl. – Plötzenhöhe, Birken-Bruchwald, 10. 8. 1977: 1 Expl. – Klein Damerow, NSG „Mühlenholz", Bruchwald, Bodenstreu, 9. 8. 1977: 3 Expl.

Oxytelus nitidulus GRAV.
Lützow, 21. 8. 1968 und Ende 6. 1971: 3 Expl. – Perlin, 23. 7. 1973: 1 Expl.

Platystethus arenarius (FOURC.)
Lützow, 20. 7. 1973: 1 Expl.

Platystethus cornutus (GRAV.)
Lützow, 3. 8. 1967: 4 Expl.

Unterfamilie *Oxyporinae*

Oxyporus rufus (L.)
Lützow, 25. 8. 1967: 1 Expl.

Unterfamilie *Steninae*

Stenus comma LEC.
Lützow, 3. 8. 1967: 2 Expl.

Stenus juno (PAYK.)
Lützow, 21. 8. 1968: 2 Expl. – Renzow, Ende 7. 1974: 2 Expl.

Stenus lustrator ER.
Ludwigslust, 3. 5. 1978: 1 Expl.

Stenus clavicornis (SCOP.)
Flessenow, Erlen-Bruchwald am Schweriner See, 1. 8. 1972: 1 Expl. – Lützow, 1. 9. 1967: 1 Expl. – Plötzenhöhe, Zeltplatz und Umgebung, 1.–12. 8. 1972: 1 Expl. – Ludwigslust, 3. 5. 1978: 1 Expl.

Stenus providus ER.
Lützow, 27. 7. 1967: 1 Expl.

Stenus canaliculatus GYLL.
Lützow, 19. 7. 1973: 1 Expl.

Stenus argus GRAV.
Lützow, 13. 8. 1969 und Ende 6. 1971: 11 Expl. – Perlin, 23. 7. 1973: 1 Expl.

Stenus incrassatus ER.
Lützow, Ende 6. 1971 und 20. 7. 1973: je 1 Expl. – Renzow, Ende 7. 1974: 2 Expl.

Stenus boops LJUNGH.
Insel Lieps, im Anspülicht, 3. 8. 1972: 16 Expl. – Lützow, 19. 7. 1973 und 21. 8. 1967: 3 Expl. – Plötzenhöhe, Zeltplatz und Umgebung, 1.–12. 8. 1977: 15 Expl.

Stenus melanarius STEPH.
Lützow, 19. 7. 1973: 1 Expl.

Stenus opticus GRAV.
Insel Lieps, im Anspülicht, 3. 8. 1972: 2 Expl. – Rampe, Verlandungszone des Schweriner Sees, 5. 8. 1972: 6 Expl.

● *Stenus formicetorum* MANNH.
Rampe, Verlandungszone des Schweriner Sees, 5. 8. 1972: 30 Expl. – Lützow, 19. 7. 1973 und Ende 6. 1971: 3 Expl.

! *Stenus intermedius* REY
Insel Lieps, im Anspülicht, 3. 8. 1972: 1 Expl. – Rampe, Verlandungszone des Schweriner Sees, 5. 8. 1972: 1 Expl. – Lützow, Ende 6. 1972: 1 Expl.
Diese Exemplare wurden bereits von SIEBER (1974) und PUTHZ (1976) als neu für Mecklenburg gemeldet.

Stenus cicindeloides SCHALL.
Lützow, 26. 5. 1975, 23. 8. 1967, 4. 8. 1969 und 19. 7. 1973: je 1 Expl.

! *Stenus bohemicus* MACH.
Lützow, 27. 8. 1969: 1 Expl.
Auch dieses Tier meldeten SIEBER (1974) und PUTHZ (1976) bereits als neu für Mecklenburg. Da nur relativ wenige Funde dieser Art vorliegen, ist die Verbreitung noch ungeklärt. Sie scheint aber ein eurosibirisches Faunenelement zu sein.

Stenus flavipes STEPH.
Lützow, 21. 8. 1968 und 11. 8. 1969: je 1 Expl.

Stenus binotatus LJUNGH.
Lützow, 20. 9. 1977: 3 Expl.

● *Stenus picipes* STEPH.
Lützow, Ende 7. 1974, 24. 5. 1975, 29. 5. 1975 und 20. 9. 1977: je 1 Expl.

Stenus pallipes GRAV.
Lützow, 19. 7. 1973: 2 Expl.

Stenus impressus GERM.
Flessenow, Kiefern-Mischwald, in Moos und der Bodenstreu, 12. 8. 1972: 2 Expl. – Flessenow, im Grashaufen (am 2. 8. angelegt), 12. 8. 1972: 1 Expl. – Lützow, 31. 8. 1967: 3 Expl. – Plötzenhöhe, Zeltplatz und Umgebung, 1.–12. 8. 1972: 1 Expl. – Ludwigslust, 3. 5. 1978: 1 Expl.

Stenus palustris ER.
Flessenow, Erlen-Bruchwald am Schweriner See, 1. 8. 1972: 6 Expl. – Rampe, Verlandungszone des Schweriner Sees, 5. 8. 1972: 8 Expl.

Unterfamilie *Paederinae*

Stilicus rufipes (GERM.)
Flessenow, Kiefern-Mischwald, in Moos und der Bodenstreu, 12. 8. 1972: 4 Expl., davon 2 immatur.

Scopaeus laevigatus (GYLL.)
Insel Lieps, im Anspülicht, 3. 8. 1972: 1♂.

! *Lathrobium fennicum* RENK.
Insel Lieps, im Anspülicht, 3. 8. 1972: 5 ♀♀. – Plötzenhöhe, Zeltplatz und Umgebung, 2. 8. 1977: 1 ♀.
Neu für Mecklenburg! *Lathrobium fennicum* RENK. ist in den Sammlungen meist mit dem sehr ähnlichen *L. quadratum* PAYK. konfundiert. Die ♂♂ beider Arten sind nach dem Bau des Aedoeagus sicher zu trennen; auch die Determination der ♀♀ ist nach ektoskelettalen Merkmalen möglich (KORGE 1961; LOHSE 1964 und SMETANA 1966), jedoch können manche ♀♀ nicht immer mit absoluter Sicherheit einer der beiden Arten zugeordnet werden. Die zweifelsfreie Determination ist in diesen Fällen nach dem Bau der Hinterleibsspitze möglich (Abb. 1 u. 2). Sowohl das 8. Tergit als auch das 8. Sternit sind bei *L. fennicum* RENK. etwas schlanker gebaut als bei *L. quadratum* PAYK. Das 8. Tergit des *L. fennicum* RENK. ist in eine etwas schärfere Spitze ausgezogen; der Einschnitt am Hinterrand des 8. Sternits bleibt seichter und breiter. Die Seitenschenkel des 9. Tergits sind im Verhältnis zum 10. Tergit bei *L. fennicum* RENK. kürzer ausgebildet. Das 10. Tergit von *L. quadratum* PAYK. hat eine langovale Form. Basis und Spitze sind nur schwach, die Seiten sehr stark chitinisiert und leistenförmig ausgebildet. Zwischen diesen Leisten liegt eine seichte Eindellung, in deren Mitte sich ein flaches Längskielchen erhebt. Das gesamte Tergit bleibt schuppenförmig flach. Bei *L. fennicum* RENK. ist das 10. Tergit pfeilförmig gebaut, an der Basis scharf, am Apex gerundet zugespitzt. Das Tergit ist stark erhaben, die Dorsalfläche flach gewölbt oder seicht eingedellt. Die Seitenränder fallen nach kurzer Rundung stark ab und vereinigen sich caudad in einer ebenfalls steil abfallenden scharfen Kante. Die Basis des Tergits ist wenig, am Apex nur ein schmaler Saum schächer chitinisiert.

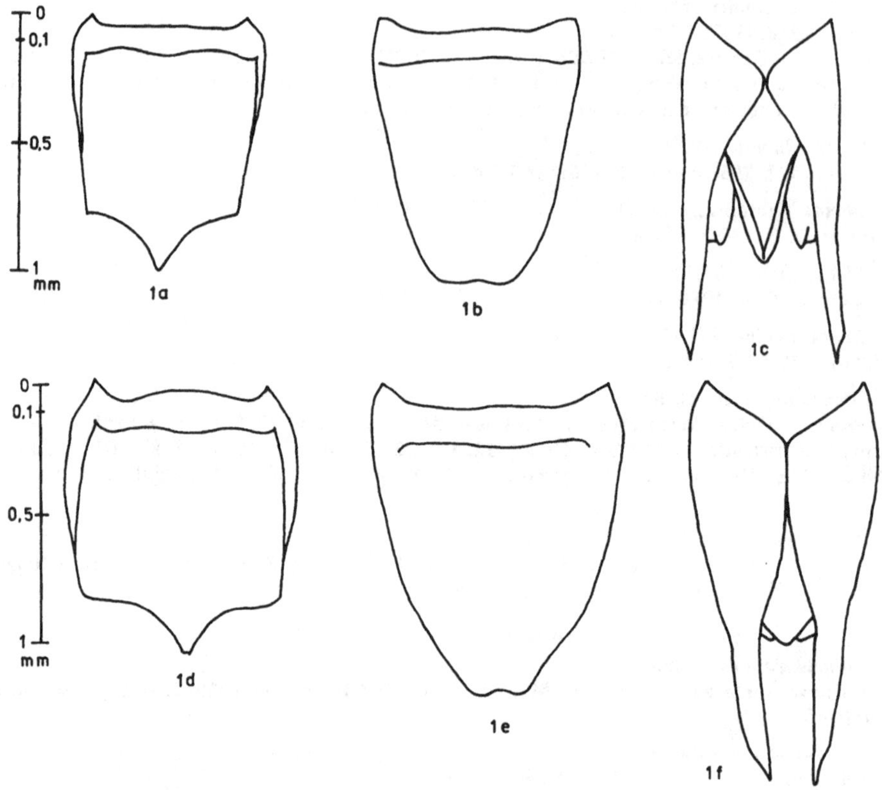

Abb. 1. Hinterleibsspitze der Weibchen von *Lathrobium fennicum* RENK. (a, b + c) sowie von *L. quadratum* PAYK. (d, e + f). a + d: 8. Tergit; b + e: 8. Sternit; c + f: letzterer Hinterleibsring.

Lathrobium geminum KR.

Lützow, 29. 5. 1975: 1 Expl. – Plötzenhöhe, Zeltplatz und Umgebung, 1.–12. 8. 1977: 1 ♀. – Plötzenhöhe, Birken-Bruchwald, 10. 8. 1977: 1 ♂.

Das letztgenannte Tier gehört zur a. *volgense* HOCHH.

● *Lathrobium brunnipes* (F.)

Flessenow, Kiefern-Mischwald, in Moos und der Bodenstreu, 12. 8. 1972: 5 Expl., davon 2 immatur. – Rampe, Verlandungszone des Schweriner Sees, 5. 8. 1972: 2 Expl. – Plötzenhöhe, im Anspülicht eines Teiches, 5. 8. 1977: 3 Expl., davon 1 immatur. – Plötzenhöhe, Birken-Bruchwald, 10. 8. 1977: 6 Expl., davon 3 immatur. – Klein Damerow, NSG „Mühlenholz", Bruchwald, Bodenstreu, 9. 8. 1977: 4 Expl., davon 1 immatur.

Der hohe Anteil immaturer, völlig gelber und wenig ausgehärteter Stücke (7 und 20) weist darauf hin, daß die Hauptschlupfzeit dieser Art Anfang August liegt. Diese Tiere können nach den Tabellen fälschlich als *L. spadiceum* ER. determiniert werden. Die sichere Bestimmung ist nach dem Bau des Aedoeagus oder des letzten Tergits der ♀♀ möglich. Außerdem ist der Kopf von *L. spadiceum* ER. deutlich breiter als der Halsschild, bei *L. brunnipes* (F.) dagegen so breit oder etwas schmaler.

Lathrobium fovulum STEPH.

Klein Damerow, NSG „Mühlenholz", Bruchwald, Bodenstreu, 9. 8. 1977: 1 Expl.

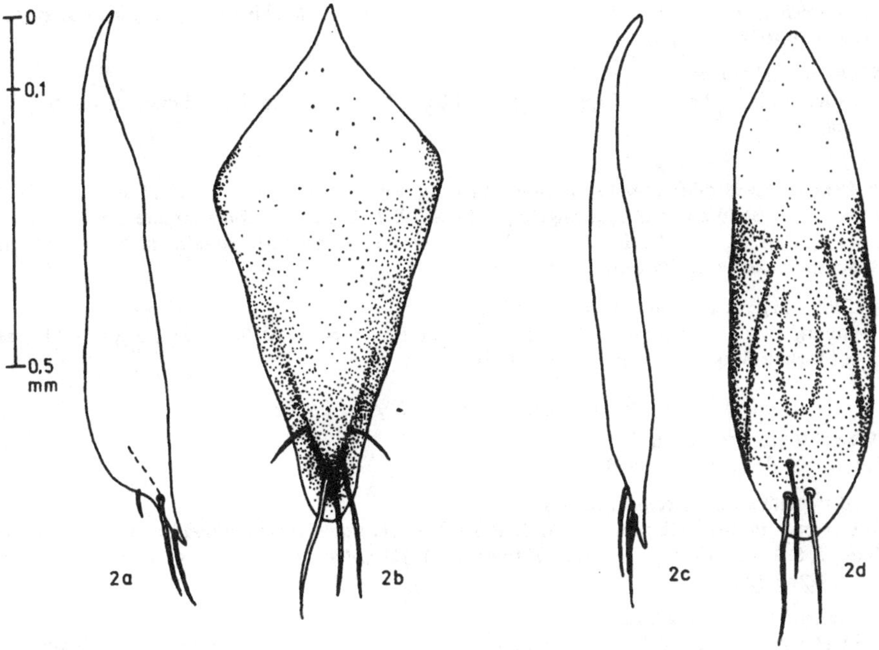

Abb. 2. Letztes (10.) Tergit der Weibchen von *Lathrobium fennicum* RENK. (a + b) und von *L. quadratum* PAYK. (c + d). a + c: Seitenansicht; b + d: Dorsalansicht.

Lathrobium filiforme GRAV.
Flessenow, Erlen-Bruchwald am Schweriner See, 1. 8. 1972: 1 Expl.

Cryptobium fracticorne (PAYK.)
Flessenow, im Grashaufen (am 2. 8. angelegt), 12. 8. 1972: 1 Expl.

Unterfamilie *Xantholininae*

Nudobius lentus (GRAV.)
Lützow, 10. 8. und 16. 8. 1967: je 1 Expl. – Ludwigslust, 3. 5. 1978: 1 Expl.

Gyrohypnus punctulatus (PAYK.)
Flessenow, im Grashaufen (am 2. 8. angelegt), 12. 8. 1972: 1 Expl. – Lützow, 18. 9. 1977: 1 Expl.

Gyrohypnus angustatus (STEPH.)
Bützow, Ende 6. 1971: 1 Expl.

Xantholinus tricolor (F.)
Flessenow, Kiefern-Mischwald, in Moos und der Bodenstreu, 12. 8. 1972: 1 Expl.

Xantholinus clairei COIFF.
Flessenow, Kiefern-Mischwald, in Moos und der Bodenstreu, 12. 8. 1972: 1 ♂. – Flessenow, im Grashaufen (am 2. 8. angelegt), 12. 8. 1972: 2 ♂♂, 3 ♀♀. – Insel Lieps, im Anspülicht, 3. 8. 1972: 1 ♂.

Xantholinus linearis (OL.)
Flessenow, Kiefern-Mischwald, in Moos und der Bodenstreu, 12. 8. 1972: 1 Expl. – Flessenow, im Grashaufen (am 2. 8. angelegt), 12. 8. 1972: 1 Expl. – Lützow, 16. 8. 1967: 1 Expl. –

Plötzenhöhe, Zeltplatz und Umgebung, 1.–12. 8. 1977: 3 Expl. – Plötzenhöhe, im Anspülicht eines Teiches, 5. 8. 1977: 1 Expl. – Klein Damerow, NSG „Mühlenholz", Bruchwald, Bodenstreu, 9. 8. 1977: 1 Expl.

● *Othius melanocephalus* (GRAV.)
Lützow, Ende 5. 1971: 1 Expl. – Plötzenhöhe, Zeltplatz und Umgebung, 1.–12. 8. 1977: 1 Expl.

Othius myrmecophilus KIESW.
Flessenow, Kiefern-Mischwald, in Moos und der Bodenstreu, 12. 8. 1972: 25 Expl. – Flessenow, im Grashaufen (am 2. 8. angelegt), 12. 8. 1972: 2 Expl. – Plötzenhöhe, im Anspülicht eines Teiches, 5. 8. 1977: 2 Expl. – Klein Damerow, Kiefern-Mischwald, in Moos und der Bodenstreu sowie schimmelnden Blättern, 9. 8. 1977: 2 Expl.

● *Othius myrmecophilus* var. *linkei* BERNH.
Flessenow, Kiefern-Mischwald, in Moos und der Bodenstreu, 12. 8. 1972: 1 Expl. – Plötzenhöhe, Birken-Bruchwald, 10. 8. 1977: 1 Expl.

Unterfamilie *Staphylininae*

● *Neobisnius procerulus* (GRAV.)
Lützow, Ende 6. 1971: 1 Expl.

Erichsonius cinerascens (GRAV.)
Insel Lieps, im Anspülicht, 3. 8. 1972: 8 Expl. – Rampe, Verlandungszone des Schweriner Sees, 5. 8. 1972: 1 Expl. – Klein Damerow, NSG „Mühlenholz", Bruchwald, Bodenstreu, 9. 8. 1977: 1 Expl.

Philonthus fumarius (GRAV.)
Insel Lieps, im Anspülicht, 3. 8. 1972: 6 Expl. – Rampe, Verlandungszone des Schweriner Sees, 5. 8. 1972: 2 Expl. – Plötzenhöhe, Zeltplatz und Umgebung, 1.–12. 8. 1972: 4 Expl.

Philonthus umbratilis (GRAV.)
Insel Lieps, im Anspülicht, 3. 8. 1972: 12 Expl. – Rampe, Verlandungszone des Schweriner Sees, 5. 8. 1972: 1 Expl. – Plötzenhöhe, im Anspülicht eines Teiches, 5. 8. 1977: 1 Expl.

Philonthus laminatus (CREUTZ)
Flessenow, Zeltplatz, 1.–12. 8. 1972: 2 Expl.

Philonthus fuscipennis (MANNH.)
Flessenow, Zeltplatz, 1.–12. 8. 1972: 7 Expl. – Flessenow, Kiefern-Mischwald, in Moos und der Bodenstreu, 12. 8. 1972: 1 Expl. – Flessenow, im Grashaufen (am 2. 8. angelegt), 12. 8. 1972: 1 Expl. – Plötzenhöhe, Zeltplatz und Umgebung, 1.–12. 8. 1977: 2 Expl. – Lützow, 9. 8. 1967: 2 Expl.

Philonthus chalceus STEPH.
Lützow, 22. 8. 1968: 1 Expl.

! *Philonthus addendus* STEPH.
Flessenow, im Grashaufen (am 2. 8. angelegt), 12. 8. 1972: 1 ♂.
Erstmeldung für Mecklenburg! Eine eurosibirisch verbreitete Art, die meist nur lokal und nach Westen seltener vorkommt.

Philonthus decorus (GRAV.)
Flessenow, Zeltplatz, 1.–12. 8. 1972: 1 Expl.

Philonthus nitidus (F.)
Lützow, Ende 6. 1971: 1 Expl.

! *Philonthus rotundicollis* (MENETR.)
Flessenow, 1.–12. 8. 1972: 1 Expl.

Erstmeldung für Mecklenburg! Die Art soll in Europa diskontinuierlich verbreitet sein (HORION 1965), was von den Autoren bezweifelt wird. Der Fund ist der bisher nördlichste in der DDR.

Philonthus varius (GYLL.)
Flessenow, im Grashaufen (am 2. 8. angelegt), 12. 8. 1972: 2 Expl. – Plötzenhöhe, im Anspülicht eines Teiches, 5. 8. 1977: 2 Expl.

! *Philonthus bimaculatus* (GRAV.)
Ludwigslust, 3. 5. 1978: 1 ♂.
Neu für Mecklenburg! Die Art ist in der südlichen Paläarktis weit verbreitet, wird aber im nördlichen Mitteleuropa sehr selten.

Philonthus quisquiliarius (GYLL.)
Insel Lieps, im Anspülicht, 3. 8. 1972: 3 Expl. – Lützow, 1. 8. 1969: 1 Expl. – Plötzenhöhe, Zeltplatz und Umgebung, 1.–12. 8. 1977: 2 Expl.

● *Philonthus corvinus* ER.
Insel Lieps, im Anspülicht, 3. 8. 1972: 3 Expl. – Rampe, Verlandungszone des Schweriner Sees, 5. 8. 1972: 1 Expl.
Die Art zeigt einen eurosibirischen Verbreitungstyp mit meist nur lokalem Vorkommen. Für Mecklenburg liegen nur 3 Meldungen vor.

Philonthus rectangulus SHARP
Lützow, Ende 6. 1971: 1 Expl.

● *Philonthus longicornis* STEPH.
Plötzenhöhe, Zeltplatz und Umgebung, 1.–12. 8. 1977: 1 ♀.

Philonthus micans (GRAV.)
Insel Lieps, im Anspülicht, 3. 8. 1972: 1 ♂, 1 ♀.

Philonthus fulvipes (F.)
Renzow, 22. 7. 1973: 3 Expl.

Philonthus marginatus (STROEM)
Lützow, 25. 8. 1969: 1 Expl.

Gabrius vernalis (GRAV.)
Flessenow, im Grashaufen (am 2. 8. angelegt), 12. 8. 1972: 1 Expl.

Gabrius splendidulus (GRAV.)
Lützow, 16. 8. 1967 und 7. 8. 1968: je 1 Expl. – Ludwigslust, 3. 5. 1978: 1 Expl.

Gabrius trossulus (NORDM.)
Plötzenhöhe, im Anspülicht eines Teiches, 5. 8. 1977: 1 ♂. – Klein Damerow, NSG „Mühlenholz", Bruchwald, Bodenstreu, 9. 8. 1977: 3 ♂♂.

Gabrius nigritulus (GRAV.)
Flessenow, Kiefern-Mischwald, in Moos und der Bodenstreu, 12. 8. 1972: 1 ♂. – Flessenow, im Grashaufen (am 2. 8. angelegt), 12. 8. 1972: 8 ♂♂, 2 ♀♀. – Insel Lieps, im Anspülicht, 3. 8. 1972: 1 ♂.

Gabrius pennatus SHARP
Flessenow, im Grashaufen (am 2. 8. angelegt), 12. 8. 1972: 2 Expl. – Rampe, Verlandungszone des Schweriner Sees, 5. 8. 1972: 2 Expl. – Plötzenhöhe, Zeltplatz und Umgebung, 1.–12. 8. 1977: 2 Expl.

Creophilus maxillosus (L.)
Lützow, 19. 8. 1968: 1 Expl.

● *Ocypus olens* (MÜLL.)
Lützow, 9. 1977: 1 Expl. – Perlin, 13. 9. 1977: 1 Expl.

In Europa, besonders im Westen, verbreitet, wird die Art östlich der Elbe selten (HORION 1965). Nach KORGE in HORION (1965) ist die Art in der Mark Brandenburg allgemein verbreitet, wenn auch in geringer Dichte. Gleiches gilt auch für Mecklenburg, wo die Art für Rügen, Rostock, Plau und Schwerin gemeldet wurde. Uns liegen neue Funde von Rügen, Rostock, Neustrelitz, Serrahn und Waren vor.

Ocypus similis (F.)
Lützow, 24. 5. 1975: 1 Expl.

● *Ocypus ater* (GRAV.)
Plötzenhöhe, im Zelt, 1.–12. 8. 1977: 2 Expl.
HORION (1965) gibt diese Art für unser Gebiet als „verbreitet und im allgemeinen nicht selten" an. Unseren Erfahrungen nach ist sie aber wesentlich seltener als *O. olens* (MÜLL.).

Ocypus melanarius (HEER)
Lützow, 19. 7. 1973: 1 Expl.

! *Ocypus globulifer* FOURC.
Lützow, 12. 9. 1977: 1 Expl.
Erstfund für Mecklenburg! Eine vorzugsweise in West- und Südeuropa lebende Art, die östlich bis Thüringen, Mittelelbe und Hamburg-Holstein gemeldet wurde.

● *Heterothops binotatus* (GRAV.)
Rampe, Verlandungszone des Schweriner Sees, 5. 8. 1972: 1 ♂.
Von diesem halobionten Küstentier liegen einige Funde auch von der mecklenburgischen Ostseeküste vor. Nunmehr ist der erste sichere Nachweis aus dem Binnenland bekannt (Genitalpräparat!). Ob es sich allerdings um eine dauernde Ansiedlung einer Population handelt, erscheint fraglich.

Heterothops dissimilis (GRAV.)
Flessenow, Kiefern-Mischwald, in Moos und der Bodenstreu, 12. 8. 1972: 1 Expl.

! *Quedius ochripennis* MEN.
Lützow, 23. 8. 1967: 1 Expl.
Erstnachweis für Mecklenburg! Der Fund liegt an der Nordgrenze des Areals dieser Art.

Quedius cruentus (OLIV.)
Lützow, 25. 8. 1967, 24. 7. 1973 und 18. 9. 1977: je 1 Expl. – Plötzenhöhe, Zeltplatz und Umgebung: 1.–12. 8. 1977: 1 Expl.

Quedius xanthopus ER.
Lützow, 18. 9. 1977: 1 Expl.

Quedius fuliginosus (GRAV.)
Flessenow, Kiefern-Mischwald, in Moos und der Bodenstreu, 12. 8. 1972: 1 ♂, 2 ♀♀. – Flessenow, im Grashaufen (am 2. 8. angelegt). 12. 8. 1972: 1 ♂. – Plötzenhöhe, Birken-Bruchwald, 10. 8. 1977: 1 ♂.

Quedius molochinus (GRAV.)
Flessenow, im Grashaufen (am 2. 8. angelegt), 12. 8. 1972: 1 ♂. – Insel Lieps, im Anspülicht, 3. 8. 1972: 1 ♂. – Plötzenhöhe, Zeltplatz und Umgebung: 1.–12. 8. 1977: 1 ♂.

Quedius umbrinus ER.
Insel Lieps, im Anspülicht, 3. 8. 1972: 2 Expl.

Quedius maurorufus (GRAV.)
Rampe, Verlandungszone des Schweriner Sees, 5. 8. 1972: 1 Expl. – Plötzenhöhe, im Anspülicht eines Teiches, 5. 8. 1977: 18 Expl.

● *Quedius semiaeneus* STEPH.
Klein Damerow, Kiefern-Mischwald, in Moos, schimmelnden Blättern und der Bodenstreu, 9. 8. 1977: 1 Expl. – Ludwigslust, 3. 5. 1978: 1 Expl.

Eine südwesteuropäische Art, die bis zur westlichen Ostsee gefunden wird. Aus Mecklenburg bisher nur eine Meldung: Hiddensee, leg. KORGE 1951, in HORION (1965).

Quedius boops (GRAV.)
Lützow, Ende 6. 1971: 1 Expl.

Unterfamilie *Habrocerinae*

Habrocerus capillaricornis (GRAV.)
Flessenow, Kiefern-Mischwald, in Moos und der Bodenstreu, 12. 8. 1972: 1 Expl. – Plötzenhöhe, im Anspülicht eines Teiches, 5. 8. 1977: 3 Expl.

Unterfamilie *Tachyporinae*

! *Mycetoporus mulsanti* GGLB.
Flessenow, in Moos und der Bodenstreu, 12. 8. 1972: 3 Expl.
Erstmeldung für Mecklenburg! Die Charakteristika einer „boreo–disjunkt–montanen Art" (HORION 1967) verwischen sich durch neue Funde immer mehr.

Mycetoporus brunneus (MARSH.)
Lützow, 5. 8. 1969 und 6. 8. 1967: je 1 Expl. – Plötzenhöhe, Birken-Bruchwald, 10. 8. 1977: 1 Expl. – Ludwigslust, 3. 5. 1978: 2 Expl.

Mycetoporus longulus MANNH.
Lützow, Ende 6. 1971: 1 Expl.

Mycetoporus clavicornis STEPH.
Flessenow, in Moos und der Bodenstreu, 12. 8. 1972: 3 Expl. – Lützow, 27. 8. 1969: 1 Expl.

Mycetoporus splendidulus (GRAV.)
Flessenow, Kiefern-Mischwald, in Moos und der Bodenstreu, 12. 8. 1972: 1 Expl. – Lützow, 3. 8. 1968: 1 Expl. – Klein Damerow, NSG „Mühlenholz", Bruchwald, Bodenstreu, 9. 8. 1977: 1 Expl.

● *Bryocharis analis* (PAYK.)
Flessenow, Kiefern-Mischwald, in Moos und der Bodenstreu, 12. 8. 1972: 1 Expl.

Bolitobius thoracicus (F.)
Lützow, 2. 8. 1967: 3 Expl., Ende 6. 1971 und Ende 7. 1974: je 1 Expl.

Bolitobius exoletus ER.
Lützow, 6. 8. 1967: 1 Expl.

Bolitobius lunulatus (L.)
Lützow, 2. 8. 1967: 1 Expl.

Sepedophilus testaceus (F.)
Lützow, 10. 8. 1967: 1 Expl.

! *Sepedophilus marshami* (STEPH.)
Flessenow, Kiefern-Mischwald, in Moos und der Bodenstreu, 12. 8. 1972: 2 Expl.
Erstmeldung für Mecklenburg! Erst 1966 von STRAND als eigene Art erkannt und von *S. testaceus* (F.) abgetrennt worden, ist sie faunistisch noch wenig untersucht. Sie ist in der DDR aber überall vorhanden und stellenweise häufiger als *S. testaceus* (F.).

Sepedophilus immaculatus (STEPH.)
Flessenow, Erlen-Bruchwald am Schweriner See, 1. 8. 1972: 1 Expl. – Flessenow, im Grashaufen (am 2. 8. angelegt), 12. 8. 1972: 1 Expl. – Klein Damerow, NSG „Mühlenholz", Bruchwald, Bodenstreu, 9. 8. 1977: 1 Expl.

Sepedophilus pedicularius (GRAV.)
Lützow, Ende 7. 1974: 1 Expl.

Tachyporus obtusus (L.)
Flessenow, Kiefern-Mischwald, in Moos und der Bodenstreu, 12. 8. 1972: 1 Expl. – Insel Lieps, im Anspülicht, 3. 8. 1972: 1 Expl. – Rampe, Verlandungszone des Schweriner Sees, 5. 8. 1972: 1 Expl. – Lützow, 3. 8. 1968: 1 Expl.

Tachyporus solutus ER.
Flessenow, Erlen-Bruchwald am Schweriner See, 1. 8. 1972: 1 Expl. – Flessenow, Kiefern-Mischwald, in Moos und der Bodenstreu, 12. 8. 1972: 2 Expl. – Insel Lieps, im Anspülicht, 3. 8. 1972: 2 Expl. – Lützow, 2. 8. 1968: 1 Expl.

Tachyporus chrysomelinus (L.)
Flessenow, im Grashaufen (am 2. 8. angelegt), 12. 8. 1972: 1 Expl. – Lützow, 6. 8. 1967: 1 Expl. – Plötzenhöhe, Zeltplatz und Umgebung, 1.–12. 8. 1977: 1 immatures Expl. – Plötzenhöhe: im Anspülicht eines Teiches, 5. 8. 1977: 1 Expl.

Tachyporus hypnorum (L.)
Flessenow, Zeltplatz, 1.–12. 8. 1972: 2 Expl. – Flessenow, Kiefern-Mischwald, in Moos und der Bodenstreu, 12. 8. 1972: 6 Expl. – Flessenow, im Grashaufen (am 2. 8. angelegt), 12. 8. 1972: 2 Expl. – Insel Lieps, im Anspülicht, 3. 8. 1972: 25 Expl. – Rampe, Verlandungszone des Schweriner Sees, 5. 8. 1972: 1 Expl. – Plötzenhöhe, Zeltplatz und Umgebung, 1.–12. 8. 1977: 23 Expl. – Plötzenhöhe, im Anspülicht eines Teiches, 5. 8. 1977: 5 Expl. – Plötzenhöhe, Birken-Bruchwald, 10. 8. 1977: 4 Expl. – Klein Damerow, NSG „Mühlenholz", Bruchwald, Bodenstreu, 9. 8. 1977: 11 Expl. – Klein Damerow, Kiefern-Mischwald, in Moos, schimmelnden Blättern und der Bodenstreu, 9. 8. 1977: 4 Expl.

Tachyporus pusillus GRAV.
Flessenow, Kiefern-Mischwald, in Moos und der Bodenstreu, 12. 8. 1972: 2 Expl. – Lützow, 20. 9. 1977: 1 Expl. – Plötzenhöhe, Zeltplatz und Umgebung, 1.–12. 8. 1977: 1 Expl. – Klein Damerow, Kiefern-Mischwald, in Moos, schimmelnden Blättern und der Bodenstreu, 9. 8. 1977: 13 Expl. – Ludwigslust, 3. 5. 1978: 1 Expl.

Tachyporus transversalis GRAV.
Rampe, Verlandungszone des Schweriner Sees, 5. 8. 1972: 5 Expl.

Tachinus lignorum (L.)
Lützow, 9. 7. 1977: 3 Expl.

● *Tachinus proximus* KR.
Lützow, Ende 6. 1971 und 20. 9. 1977: 4 Expl.
Der Verbreitungsschwerpunkt dieser Art liegt in Nordeuropa, gegen Süden wird sie zunehmend zu einem montanen Element. Im norddeutschen Tiefland kommt sie nur zerstreut vor; aus Mecklenburg bisher nur eine Meldung: Waren (HAINMÜLLER 1930).

Tachinus rufipes (DEG.)
Flessenow, im Grashaufen (am 2. 8. angelegt), 12. 8. 1972: 9 Expl. – Plötzenhöhe, im Anspülicht eines Teiches, 5. 8. 1977: 1 Expl. – Plötzenhöhe, Birken-Bruchwald, 10. 8. 1977: 1 Expl.

Tachinus laticollis (GRAV.)
Lützow, 25. 8. 1969: 1 Expl.

Tachinus marginellus (F.)
Flessenow, im Grashaufen (am 2. 8. angelegt), 12. 8. 1972: 1 Expl. – Bützow, Ende 6. 1971: 1 Expl.

Unterfamilie *Hypocyphtinae*

Hypocyphtus longicornis (PAYK.)
Lützow, 5. 8. 1969: 1 Expl., 24. 8. 1969: 2 Expl., 20. 9. 1977: 2 Expl. – Ludwigslust, 3. 5. 1978: 1 Expl.

Unterfamilie *Aleocharinae*

● *Deinopsis erosa* (STEPH.)
Plötzenhöhe, Zeltplatz und Umgebung, 1.–12. 8. 1977: 1 Expl.

Myllaena dubia (GRAV.)
Rampe, Verlandungszone des Schweriner Sees, 5. 8. 1972: 6 Expl.

Myllaena intermedia ER.
Insel Lieps, im Anspülicht, 3. 8. 1972: 30 Expl. – Plötzenhöhe, Zeltplatz und Umgebung, 1.–12. 8. 1977: 16 Expl. – Renzow, 22. 7. 1973: 1 Expl.

● *Myllaena brevicornis* MATTH.
Klein Damerow, NSG „Mühlenholz", Bruchwald, Bodenstreu, 9. 8. 1977: 2 Expl.

Myllaena minuta (GRAV.)
Plötzenhöhe, im Anspülicht eines Teiches, 5. 8. 1977: 1 Expl.

Hygronoma dimidiata (GRAV.)
Lützow, 13. 8. 1969: 1 Expl.

Gyrophaena nana (PAYK.)
Lützow, 19. 7. 1973: 1 Expl.

Gyrophaena bihamata THOMS.
Lützow, 15. 8. 1967: 1 Expl.

● *Gyrophaena joyi* WENDELER
Lützow, Ende 6. 1971: 1 Expl.

Gyrophaena joyioides WÜSTH.
Lützow, 20. 9. 1977: 4 Expl.

! *Gyrophaena strictula* ER.
Lützow, Ende 7. 1972: 1 Expl.
Erstnachweis für Mecklenburg! Weit verbreitet, aber in der Ebene oft nur sporadisch auftretend.

● *Placusa depressa* MÄKL.
Lützow, 16. 8. 1967: 1 Expl.
Eine eurosibirische Art, die aus der norddeutschen Tiefebene nur selten gemeldet wurde. Für Mecklenburg bisher nur eine unbelegte Angabe: Rostock (CLASEN 1861).

Anomognathus cuspidatus (ER.)
Lützow, 6. 8. 1969: 1 Expl. – Ludwigslust, 3. 5. 1978: 1 Expl.

● *Leptusa pulchella* (MANNH.)
Lützow, 10. 8. 1967: 1 Expl.
Verbreitung ähnlich der von *Placusa depressa* MÄKL. Aus Mecklenburg bisher nur zwei Nachweise: Rostock (CLASEN 1861) und Waren (SCHIEFERDECKER 1963).

Bolitochara lunulata PAYK.
Lützow, 18. 9. 1977: 4 Expl.

! *Autalia longicornis* SCHEERP.
Lützow, 18. 9. 1977: 1 Expl.
Erstnachweis für Mecklenburg! Bisher nicht immer von *A. impressa OL.* getrennt und daher noch wenig gemeldet.

Cordalia obscura (GRAV.)
Plötzenhöhe, im Anspülicht eines Teiches, 5. 8. 1977: 4 Expl.

Falagria sulcatula (GRAV.)
Plötzenhöhe, Zeltplatz und Umgebung, 1.–12. 8. 1977: 2 Expl.

Tachyusa atra (GRAV.)
Insel Lieps, im Anspülicht, 3. 8. 1972: 1 Expl. – Lützow, Ende 6. 1971: 1 Expl. – Plötzenhöhe, Zeltplatz und Umgebung, 1.–12. 8. 1977: 1 Expl.

● *Callicerus obscurus* (GRAV.)
Ludwigslust, 3. 5. 1978.
Aus Mecklenburg wurde bisher nur ein Fundort bekannt (Fürstenberg).

Alaconota gregaria (ER.)
Lützow, 27. 5. 1975: 1 Expl.

Amischa analis (GRAV.)
Flessenow, Kiefern-Mischwald, in Moos und der Bodenstreu, 12. 8. 1972: 1 Expl. – Lützow, Ende 6. 1971: 1 Expl. – Renzow, Ende 7. 1974: 1 Expl.

● *Amischa soror* (KR.)
Perlin, 28. 5. 1975: 1 Expl.

! *Amischa decipiens* SHARP
Lützow, 20. 9. 1977: 1 Expl.
A. soror (KR.) und *A. decipiens* SHARP sind in Europa weit verbreitet, jedoch gilt *A. decipiens* SHARP in Norddeutschland als selten. (G. BENICK 1967). Erstnachweis für Mecklenburg!

Nehemitropia sordida (MANNH.)
Plötzenhöhe, Zeltplatz und Umgebung, 1.–12. 8. 1977: 1 Expl.

Nothotecta flavipes (GRAV.)
Perlin, 28. 5. 1975: 1 Expl.

Neohilara subterranea (MULS. REY)
Lützow, 19. 7. 1973: 1 Expl.

Dochmonota clancula (ER.)
Lützow, Mitte 9. 1977: 1 Expl.

Geostiba circellaris (GRAV.)
Flessenow, Kiefern-Mischwald, in Moos und der Bodenstreu, 12. 8. 1972: 9 Expl. – Flessenow, im Grashaufen (am 2. 8. angelegt), 12. 8. 1972: 3 Expl. – Klein Damerow, NSG „Mühlenholz", Bruchwald, Bodenstreu, 9. 8. 1977: 3 Expl.

Dinaraea aequata (ER.)
Lützow, 19. 9. 1977: 1 Expl.

Dinaraea angustula (GYLL.)
Ludwigslust, 3. 5. 1978: 1 Expl.

Liogluta nitidula (KR.)
Lützow, 18. 9. 1977: 3 Expl.

Atheta palustris (KIESW.)
Lützow, 19. 7. 1973, 27. 5. 1975 und 18. 9. 1977: je 1 Expl.

! *Atheta fallaciosa* SHARP
Lützow, 27. 5. 1975: 1 Expl.
Erstnachweis für Mecklenburg!

! *Atheta gyllenhali* (THOMS.)
Lützow, 20. 9. 1977: 1 Expl.
Erstnachweis für Mecklenburg!

! *Atheta arctica* THOMS.
Plötzenhöhe, Birken-Bruchwald, 10. 8. 1977: 4 Expl.

Erstnachweis für Mecklenburg! Die Arten *A. fallaciosa* SHARP., *A. gyllenhali* (THOMS.) und *A. arctica* THOMS. sind nordische bzw. eurosibirische, boreale Arten, die sich in Mitteleuropa zunehmend disjunkt verteilen und seltener werden. Sie sind häufig ausgesprochen stenotherme Moor- und Sumpfbewohner (BRUNDIN 1942).

Atheta terminalis (ER.)
Lützow, 26. 5. 1975: 1 Expl.

Atheta elongatula (GRAV.)
Lützow, 19. 7. 1973, 27. 5. 1975 und 20. 9. 1977: 3 Expl.

● *Atheta malleus* JOY
Insel Lieps, im Anspülicht, 3. 8. 1972: 5 Expl. – Plötzenhöhe, Zeltplatz und Umgebung, 1.–12. 8. 1977: 6 Expl. – Lützow, 20. 9. 1977: 1 Expl.

● *Atheta volans* SCRIBA
Plötzenhöhe, Zeltplatz und Umgebung, 1.–12. 8. 1977: 1 Expl. – Plötzenhöhe, im Anspülicht eines Teiches, 5. 8. 1977: 1 Expl. – Klein Damerow, NSG „Mühlenholz", Bruchwald, Bodenstreu, 9. 8. 1977: 1 Expl.
Bei den, besonders im weiblichen Geschlecht, taxonomisch schwer zu trennenden Arten *A. malleus* JOY und *A. volans* SCRIBA stellen wir – wie auch bei anderem DDR-Material – fest, daß *A. malleus* JOY die weitaus häufigere Art bei uns ist. Wir stimmen damit mit BRUNDIN (1942) überein, welcher *A. malleus* JOY für die häufigere Art dieser Gruppe in Mitteleuropa bezeichnet – im Gegensatz zur Bemerkung bei BENICK u. LOHSE (1974).

● *Atheta luteipes* (ER.)
Plötzenhöhe, Zeltplatz und Umgebung, 1.–12. 8. 1977: 1 Expl.

! *Atheta fungivora* (THOMS.)
Lützow, 20. 9. 1977: 1 Expl.
Erstnachweis für Mecklenburg! In Nord- und Mitteleuropa weit verbreitet, aber bei uns selten.

Atheta sodalis (ER.)
Plötzenhöhe, im Anspülicht eines Teiches, 5. 8. 1977: 1 Expl.

Atheta trinotata (KR.)
Flessenow, Kiefern-Mischwald, in Moos und der Bodenstreu, 12. 8. 1972: 3 Expl.. – Lützow, 18. 9. 1977: 2 Expl. – Plötzenhöhe, Zeltplatz und Umgebung, 1.–12. 8. 1977: 29 Expl. – Ludwigslust, 3. 5. 1978: 1 Expl.

Atheta cadaverina BRIS.
Lützow, 20. 9. 1977: 2 Expl.

Atheta picipes THOMS.
Lützow, 30. 7. 1967: 1 Expl.

Atheta fungi (GRAV.)
Flessenow, Zeltplatz, 1.–12. 8. 1972: 8 Expl. – Flessenow, Kiefern-Mischwald, in Moos und der Bodenstreu, 12. 8. 1972: 43 Expl. – Flessenow, im Grashaufen (am 2. 8. angelegt), 12. 8. 1972: 33 Expl. – Lützow, 27. 8. 1969, 27. 5. 1975: je 1 Expl., 19. 9. 1977: 2 Expl. – Plötzenhöhe, Zeltplatz und Umgebung, 1.–12. 8. 1977: 1 Expl. – Plötzenhöhe, im Anspülicht eines Teiches, 5. 8. 1977: 3 Expl. – Plötzenhöhe, Birken-Bruchwald, 10. 8. 1977: 3 Expl. – Klein Damerow, NSG „Mühlenholz", Bruchwald, Bodenstreu, 9. 8. 1977: 1 Expl. – Ludwigslust, 3. 5. 1978: 2 Expl.

Atheta amplicollis (MULS.)
Perlin, 28. 5. 1975: 1 Expl.

● *Atheta silvicola* (KR.)
Flessenow, im Grashaufen (am 2. 8. angelegt), 12. 8. 1972: 2 Expl.

Das Areal dieser Art reicht über Nordeuropa bis Sibirien. Im Gegensatz zu den südlichen Bezirken der DDR lag uns diese Art wiederholt aus dem nördlichen Raum vor. Ob sich dieses Verbreitungsgefüge mit nördlicher Bevorzugung bestätigt, müssen weitere Untersuchungen erbringen.

Atheta pygmaea (GRAV.)
Plötzenhöhe, Zeltplatz und Umgebung, 1.–12. 8. 1977: 1 Expl.

Atheta graminicola (GRAV.)
Flessenow, Erlen-Bruchwald am Schweriner See, 1. 8. 1972: 10 Expl. – Rampe, Verlandungszone des Schweriner Sees, 5. 8. 1972: 6 Expl. – Lützow, 26. 5. 1975: 1 Expl.

Atheta pertyi (HEER)
Lützow, 18. 9. 1977: 3 Expl.

! *Atheta intermedia* THOMS.
Lützow, 19. 9. 1977: 1 Expl.
Erstnachweis für Mecklenburg! Eine vor allem in West- und Südeuropa verbreitete Art, die bei uns nur selten gefunden wird.

Atheta oblita (ER.)
Lützow, 6. 8. 1969 und 20. 9. 1977: 2 Expl.

Atheta crassicornis (F.)
Rampe, Verlandungszone des Schweriner Sees, 5. 8. 1972: 1 Expl. – Lützow, 13. 8. 1969: 1 Expl., und 18. 9. 1977: 5 Expl.

Atheta nigripes (KR.)
Lützow, 19. 9. 1977: 1 Expl.

Atheta longicornis (GRAV.)
Lützow, 20. 9. 1977: 1 Expl.

Alianta incana (ER.)
Lützow, Ende 6. 1971: 1 Expl.

Pachnida nigella (ER.)
Insel Lieps, im Anspülicht, 3. 8. 1972: 1 Expl. – Rampe, Verlandungszone des Schweriner Sees, 5. 8. 1972: 1 Expl.

Drusilla canaliculata (F.)
Plötzenhöhe, Zeltplatz und Umgebung, 1.–12. 8. 1977: 12 Expl.

● *Phloeodroma concolor* KR.
Lützow, unter Rinde im Erlen-Bruch, 24. 5. 1975: 1 Expl.
Eine Art mit deutlichem Verbreitungsschwerpunkt in Nordeuropa. Sie gilt in Mitteleuropa als große Seltenheit, von der oft nur alte und unzuverlässige Angaben vorliegen. Die einzige Meldung für Mecklenburg, Rostock (CLASEN 1861), bezweifelt HORION (1967).

● *Ilyobates subopacus* PALM
Plötzenhöhe, im Anspülicht eines Teiches, 5. 8. 1977: 2 Expl.

Calodera aethiops GRAV.
Lützow, 13. 9. 1977: 1 Expl.

Ocalea picata STEPH.
Plötzenhöhe, im Anspülicht eines Teiches, 5. 8. 1977: 5 Expl.

● *Deubelia picina* (AUBE)
Flessenow, Erlen-Bruchwald am Schweriner See, 1. 8. 1972: 1 Expl. – Rampe, Verlandungszone des Schweriner Sees, 5. 8. 1972: 8 Expl.

Diese mitteleuropäische Art kommt bei uns meist nur lokal in größerer Anzahl vor. Bisherige Angaben für Mecklenburg: Fürstenberg, 1880, leg. KONOW, und Schönberg 1916 und 1920, leg. L. BENICK (HORION 1967).

Ocyusa maura (ER.)
Rampe, Verlandungszone des Schweriner Sees, 5. 8. 1972: 11 Expl. – Lützow, Ende 6. 1971: 1 Expl., und 20. 9. 1977: 3 Expl. – Plötzenhöhe, Zeltplatz und Umgebung, 1.–12. 8. 1977: 9 Expl. – Klein Damerow, NSG „Mühlenholz", Bruchwald, Bodenstreu, 9. 8. 1977: 1 Expl.

Oxypoda elongatula AUBE
Rampe, Verlandungszone des Schweriner Sees, 5. 8. 1972: 4 Expl.

Oxypoda lividipennis MANNH.
Plötzenhöhe, Birken-Bruchwald, 10. 8. 1977: 2 Expl. – Klein Damerow, NSG „Mühlenholz", Bruchwald, Bodenstreu, 9. 8. 1977: 1 Expl.

Oxypoda lividipennis MANNH.
Plötzenhöhe, im Anspülicht eines Teiches, 5. 8. 1977: 1 Expl.

Oxypoda alternans (GRAV.)
Lützow, 19. 9. 1977: 3 Expl.

● *Oxypoda abdominalis* MANNH.
Flessenow, Erlen-Bruchwald am Schweriner See, 1. 8. 1972: 1 Expl.

● *Oxypoda lentula* ER.
Lützow, 18. 9. 1977: 1 Expl.
Wohl eurosibirisch verbreitet, wird diese Art bei uns nur sporadisch gefunden. Für Mecklenburg bisher nur eine unsichere Meldung: Rostock (CLASEN 1861).

Oxypoda umbrata (GYLL.)
Flessenow, Kiefern-Mischwald, in Moos und der Bodenstreu, 12. 8. 1972: 4 Expl.

Oxypoda brachyptera-Gruppe
Lützow, Ende 6. 1977: 1 Expl.
Unserer Meinung nach bestehen in dieser Gruppe immer noch systematische Unklarheiten. Vorliegendes Stück liegt intermediär zwischen *O. brachyptera* var. *wagneri* KORGE und *O. tarda* SHARP. Faunistische Aussagen sind daher vorläufig noch nicht möglich.

Oxypoda annularis MANNH.
Flessenow, Kiefern-Mischwald, in Moos und der Bodenstreu, 12. 8. 1972: 2 Expl.

Oxypoda haemorrhoa MANNH.
Lützow, 13. 9. 1977: 1 Expl.

Thiasophila angulata (ER.)
Lützow, Ende 6. 1971: 1 Expl. – Pokrent, Ende 7. 1974: 1 Expl.

Aleochara sparsa HEER
Plötzenhöhe, Zeltplatz und Umgebung, 1.–12. 8. 1977: 2 Expl.

! *Aleochara stichai* LIKOVSKY
Lützow, 2. 8. 1968: 1 Expl.

Erst 1965 durch LIKOVSKY von *A. sparsa* HEER abgetrennt, wurde die Art bisher für Nord- und Mitteleuropa nachgewiesen. Aus den Nachbargebieten Hamburg-Holstein und Brandenburg liegen Meldungen vor. Erstmeldung für Mecklenburg!

Aleochara lanuginosa GRAV.
Renzow, Ende 7. 1974: 1 Expl. – Plötzenhöhe, Birken-Bruchwald, 10. 8. 1977: 1 Expl.

Aleochara bipustulata (L.)
Flessenow, Zeltplatz, 1.–12. 8. 1972: 1 Expl. – Flessenow, Kiefern-Mischwald, in Moos und der Bodenstreu, 12. 8. 1972: 1 Expl. – Lützow, 3. 8. 1972 und Ende 6. 1971: je 1 Expl. – Plötzenhöhe, Zeltplatz und Umgebung, 1.–12. 8. 1977: 1 Expl.

Summary

CONTRIBUTIONS TO THE FAUNISTICS AND SYSTEMATICS OF STAPHYLINIDAE (COLEOPTERA)
3rd COLLECTING RESULTS FROM THE DISTRICT OF SCHWERIN (MECKLENBURG)

214 species of staphylinid beetles were recorded from the District of Schwerin (GDR). *Acrolocha pliginskii* BERNH. and *Lesteva sicula* ssp. *heeri* FAUV. are new for the fauna of GDR. The species *Eusphalerum torquatum* (MARSH.), *Carpelimus obesus* KIESW., *Lathrobium fennicum* RENK., *Philonthus addendus* STEPH., *Philonthus rotundicollis* MEN., *Philonthus bimaculatus* (GRAV.), *Ocypus globulifer* FOURC., *Quedius ochripennis* MEN., *Mycetoporus mulsanti* GGLB., *Sepedophilus marshami* (STEPH.), *Gyrophaena strictula* ER., *Autalia longicornis* SCHEERP., *Amischa decipiens* SHARP, *Atheta fallaciosa* SHARP, *A. gyllenhali* (THOMS.), *A. arctica* THOMS., *A. fungivora* THOMS., *A. intermedia* THOMS., and *Aleochara stichai* LIKOVSKY have been recorded for Mecklenburg for the first time. The first record of *Heterothops binotatus* (GRAV.) from the inland is given. The high portion of northern and atlantic species is pointed out. The taxonomic separation of the females of *Lathrobium brunnipes* (F.) and *L. spadiceum* ER. as well as of *L. quadratum* PAYK. and *L. fennicum* RENK. is discussed.

Literatur

BENICK, G., 1967: Die paläarktischen Arten der Gattung *Amischa* Thoms. – Ent. B., 63, 16–29.

BRUNDIN, L., 1942: Monographie der paläarktischen Arten der *Atheta*-Untergattung *Hygroecia*. – Ann. Nat.-Hist. Mus. Wien, 53, 129–300.

CLASEN, F. W., 1861: 4. Übersicht der Käfer Mecklenburgs. – Archiv d. Vereins d. Freunde d. Naturgeschichte in Mecklenburg, 15, 151–196.

DIECKMANN, L., 1972: Beiträge zur Insektenfauna der DDR: Coleoptera-Curculionidae: *Ceutorhynchinae*. – Beitr. Ent., 22, 3–128.

HAINMÜLLER, C., 1930: Ergänzungen zur Käferfauna Mecklenburgs. – Archiv d. Vereins d. Freunde d. Naturgeschichte in Mecklenburg, N. F., 5, 59–62.

HORION, A., 1951: Verzeichnis der Käfer Mitteleuropas (Deutschland, Österreich, Tschechoslowakei) mit kurzen faunistischen Angaben. Stuttgart, 536 pp.

HORION, A.: Faunistik der mitteleuropäischen Käfer.
Bd. IX, 1963: Staphylinidae 1. Teil. *Micropeplinae* bis *Euaesthetinae*. 412 pp.
Bd. X, 1965: Staphylinidae 2. Teil. *Paederinae* bis *Stahylininae*. 335 pp.
Bd. XI, 1967: Staphylinidae 3. Teil. *Habrocerinae* bis *Aleocharinae* (ohne Subtribus *Athetae*). 419 pp.

KORGE, H., 1961: Beiträge zur Koleopterenfauna der Mark Brandenburg (Teil XXV). – Mitt. Dt. Ent. Ges., 20, 21–27.

LOHSE, G. A., 1964: In FREUDE, HARDE, LOHSE: Die Käfer Mitteleuropas, Bd. 4: Staphylinidae I (*Micropeplinae* bis *Tachyporinae*). Krefeld, 264 pp.

LOHSE, G. A., BENICK, G. u. LIKOVSKY, Z., 1974: In FREUDE, HARDE, LOHSE: Die Käfer Mitteleuropas, Bd. 5: Staphylinidae II (*Hypocyphtinae* und *Aleocharinae*), Pselaphidae. Krefeld, 381 pp.

PUTHZ, V., 1976: Beiträge zur Kenntnis der Steninen CLIV. Dritter Nachtrag zur Faunistik der mitteleuropäischen Steninen (Staphylinidae, Coleoptera). – Philippia, 3, 38–40.

RABELER, 1931: Die Fauna des Göldenitzer Hochmoores. – Z. Morph. und Ökol., 21, 1. u. 2. Heft.

SCHIEFERDECKER, H., 1966: Zur Staphylinidenfauna Mecklenburgs (Beitrag zur Fauna des Naturschutzgebietes „Ostufer der Müritz"). – Archiv d. Freunde d. Naturgeschichte in Mecklenburg, N. F., 12, 28–34.

SIEBER, M., 1974: Interessante *Stenus*-Funde aus der DDR. – Ent. Nachr., 4, 64.

SMETANA, A., 1966: Systematische und faunistische Beiträge zur Kenntnis der Staphyliniden-fauna der Tschechoslowakei VII. (Col., Staphylinidae). (73. Beitrag zur Kenntnis der Staphyliniden). – Acta ent. bohemoslov., 63, 322–336.

Anschriften der Autoren:

Dr. M. Uhlig, Museum für Naturkunde der Humboldt-Universität, DDR – 104 Berlin, Invalidenstr. 43

Dipl.-Biol. J. Vogel, DDR – 8902 Görlitz, Straße der Bergarbeiter 19

M. Sieber, DDR – 8802 Großschönau, E.-Schiffner-Str. 30

Faunistische Abhandlungen

STAATLICHES MUSEUM FÜR TIERKUNDE IN DRESDEN

Band 7 | Ausgegeben: 25. April 1980 | Nr. 28

Zur Spinnenfauna in Höhlen und Bergwerksanlagen des Westerzgebirges

(Arachnida, Araneae)

ANDREAS ARNOLD
Langenbach

1. Einleitung

In den Jahren 1976–78 wurden vom Verfasser 4 Höhlen und 18 verlassene Bergwerksanlagen untersucht. Zielstellung war vor allem der Vergleich zwischen Höhlen- und Bergwerksfauna nach ökologischen Gesichtspunkten, insbesondere der Beginn der Besiedlung „anthropogener Höhlen" durch potentiell troglophile Elemente der oberirdischen Fauna. Außerdem ergab sich die Möglichkeit des Vergleiches mit den Ergebnissen von BÜTTNER (1926/32), der vor ca. 50 Jahren im gleichen Gebiet Untersuchungen durchführte.

Die Verwendung von Barberfallen zur Erfassung der Spinnen wurde anfangs versucht, hat sich aber nicht bewährt. Das Material wurde also bei Begehungen manuell gesammelt und von Dr. M. MORITZ (Berlin) determiniert, wofür ich ihm hiermit nochmals herzlich danke. Es befindet sich im Zoologischen Museum Berlin unter den Katalognummern ZMB 14828–14834, 14880–14883, 15170–15184, 15895–15905 und 15909–15918.

2. Charakteristik der Fundorte

Alle 4 hier angeführten Höhlen befinden sich in Steinbrüchen und besaßen wahrscheinlich ursprünglich keine Verbindung zur Erdoberfläche. Nach CREDNER (1901) begann der Steinbruchbetrieb im betreffenden Raum im 16. Jahrhundert. Sie wurden also sicher erst in historischer Zeit der tierischen Besiedlung von der Erdoberfläche her zugänglich, was sie mit den ebenfalls zum Großteil erst im 16. Jahrhundert und später entstandenen Bergwerksanlagen gemeinsam haben. Nur die Prinzenhöhle und der Stollen Nr. 16 bei Blauenthal waren wahrscheinlich ursprünglich schon als Klüfte vorhanden, sind aber von der Größe her wenig bedeutend und wurden durch künstliche Erweiterung klimatisch grundlegend verändert.

3. Fundortverzeichnis

Mtbl. = Meßtischblatt mit Angabe des cm-Abstandes vom Blattrand (z. B. N 12 = 12 cm vom oberen Blattrand). Höhen und Längenangaben (Gesamtlänge) sind gerundete Richtwerte.
Bewetterungsformen: statisch = nur eine Tagöffnung, durch die der relativ schwache Luftaustausch mit der Atmosphäre erfolgt; dynamisch = in den Gängen herrscht eine Bewegungsrichtung der Luft deutlich vor; statodynamisch = Mischtyp, der in verzweigten Höhlen und Bergwerken mit mehreren Tagöffnungen auftritt.
W = Sohle ganzjährig ganz oder teilweise wasserbedeckt.

1. Stollen im Haarholz bei Silberstraße, Kr. Zwickau (Mtbl. 5341, N 17, W 12); 60 m lang, 290 m NN, statisch, W.

2. Prinzenhöhle bei Hartenstein, Kr. Zwickau (Mtbl. 5342, W 4,1, S 16,7); 20 m lang, 350 m NN, statisch.

3. Stollen „1906" bei Alberoda, Kr. Aue (Mtbl. 5342, ca. W 8,5, S 2,5); 25 m lang, 400 m NN, statisch.

4. Reste des Bergwerks rechts der Straße Aue–Bockau (1976 nur noch zwei etwa 10 m lange Reststollen); 450 m NN, statisch.

5. Stollen links der Straße Lichtentanne–Stenn, Kr. Zwickau; 3,2 x 4 x 6 m, < 300 m NN, statisch.

6. Marmorbruchhöhle bei Grünau, OT von Langenbach, Kr. Zwickau (Mtbl. 5341, N 18,2, O 17,5); 120 m lang, 370 m NN, statodynamisch, W.

7. Schießstandhöhle, ca. 30 m östlich der Marmorbruchhöhle (Nr. 6) (Mtbl. 5341, N 18,3, O 17,4); 23 m lang, 370 m NN, statodynamisch.

8. Schacht 129 bei Aue, am linken Steilhang der Zwickauer Mulde unterhalb der Straße (Mtbl. 5341, ca. W 7, S 1); Länge > 1 km, 350 m NN, statodynamisch, W.

9. Stollen südöstlich des Sportplatzes von Wildenfels, Kr. Zwickau (Mtbl. 5341, N 16,1, W 32,0); 40 m lang, 330 m NN, statisch.

10. Stollen im Rödelbachtal bei Wilkau-Haßlau, Kr. Zwickau (Mtbl. 5341, N 28,8, W 7,4); 125 m lang, 300 m NN, statisch, W.

11. Marmorstollen bei Hammerunterwiesenthal, Kr. Annaberg-Buchholz, unmittelbar links in einer Biegung der Straße von H. nach Neudorf; Länge > 100 m, 850 m NN, statisch, W.

12. Gangsystem in der Staumauer der Talsperre Muldenberg, Kr. Aue; Länge < 100 m, 700 m NN, statisch, W.

13. Bergwerk am rechten Schwarzwasserufer oberhalb Aue; Länge ca. 1 km, 400 m NN, statisch, W.

14. Stollenrest in Kiefricht bei Wildenfels, Kr. Zwickau (Mtbl. 5341, N 15,0, 8); 10 m lang, 350 m NN, statisch.

15. Schacht am rechten Ufer der Schwarzwasser, ca. 50 m flußabwärts von Nr. 13; Länge > 1 km, 400 m NN, statisch, W

16. Stollen am rechten Steilufer der Großen Bockau, Blauenthal, Kr. Aue (Mtbl. 5441, O 11, S 6); 12 m lang, 550 m NN, statisch.

17. Etwa 30 m muldenabwärts von Schacht 129 (Nr. 8) bei Aue (Mtbl. 5342, ca. W 7, S 1); 15 m lang, 350 m NN, statisch.

18. Stollen am rechten Muldenufer bei Silberstraße, Kr. Zwickau (Mtbl. 5341, W 15,5, N 14,3); 45 m lang, 280 m NN, statisch.

19. Stollen am Bogenstein, Wilkau-Haßlau, Kr. Zwickau (Mtbl. 5341, W 12, N 12,5); 15 m lang, 330 m NN, statisch.

20. Stollen im Lohebachtal bei Schönau, K. Zwickau (Mtbl. 5341, W 21,4, N 13,7); 200 m lang, 320 m NN, dynamisch, W.

21. „Grotte" im Marmorbruch bei Grünau, OT von Langenbach, Kr. Zwickau (Mtbl. 5341, N 18,2, W 17,6); 24 m lang, 370 m NN, statisch.

22. Höhle bei Schönau, Kr. Zwickau (Mtbl. 5341, W 26,9, N 17,3); 5 m lang, 370 m NN, statisch.

4. Artenverzeichnis (dahinter die Nummern der Fundorte)

1 *Cicurina cicurea* (FABR.)	6
2. *Cineflo fenestralis* (STROEM)	11
3. *Clubiona terrestris* (WESTRING)	18
4. *Lepthyphantes leprosus* (OHLERT)	2, 5, 22
5. *L. pallidus* CAMBRIDGE	9
6. *Lepthyphantes* sp.	3, 17
7. *Linyphia* sp.	17
8. *Meta menardi* (LATR.)	2, 3, 4, 13
9. *M. merianae* (SCOP.)	1, 4, 6, 7, 8, 9, 10, 13, 14, 16, 17, 18, 20, 21
10. *Meta* sp.	19, 22

11. *Nesticus cellulanus* (CLERCK)	1, 3, 5, 6, 7, 8, 9, 10, 14, 17, 18, 19, 21, 22
12. *Porrhomma convexum* (WESTR.)[1])	8
13. *P. pallidum* JACKSON	1
14. *Tegenaria atrica* C. L. KOCH	2, 6, 9, 13
15. *T. derhami* (SCOP.)	2
16. *T. silvestris* L. KOCH	11
17. *T.* cf. *silvestris*	6
18. *Tegenaria* sp.	5, 6
19. *Tetragnatha nigrita* LENDL	20
20. *Theridion* gen. sp.	3

(Unter *Lepthyphantes* sp., *Meta* sp. und *Tegenaria* sp. sind je zwei Fundorte aufgeführt, was jedoch nicht bedeutet, daß es sich dabei um die gleichen Arten handeln muß.)

[1]) Bei den von BÜTTNER (1926/32) sowie HNATEWYTSCH (1929) als *Porrhomma thorelli* HERM. bezeichneten Tieren handelt es sich wahrscheinlich um *P. convexum*.

5. Vergleich mit den Angaben von BÜTTNER (1926/32)

Im festgestellten Faunenspektrum finden sich nur 5 (sicher determinierte) Arten, die in mehr als einem der untersuchten Höhlen bzw. Stollen angetroffen wurden. Das sind nach aufsteigenden Präsenzwerten (%, in Klammern die entsprechenden Werte von BÜTTNER): *Lepthyphantes leprosus* 13,5 (5,3), *Tegenaria atrica* 18,0 (5,3), *Meta menardi* 18,0 (10,5), *Nesticus cellulanus* 64,0 (55,5), *Meta merianae* 64,0 (72,7). Berechnet man die Präsenzwerte nach den vertretenen Gattungen, so ergibt sich aus dem vorliegenden Material die folgende Reihung nach aufsteigenden Präsenzwerten: *Porrhomma* – *Lepthyphantes* – *Tegenaria* – *Nesticus* – *Meta*. Diese stimmt (mit Ausnahme der umgekehrten Reihenfolge *Lepthyphantes* – *Porrhomma*) mit den entsprechenden Präsenzwerten der Befunde von BÜTTNER überein. Die Objekte 1, 2, 4, 6 u. 10 wurden sowohl von BÜTTNER (zwischen 1922 und 1932) als auch vom Verfasser (1976–78) besammelt (Stollen 4 u. 10 mit inzwischen verschlechtertem Erhaltungszustand). Die jeweils festgestellten Faunenspektren ergeben in Hinsicht auf gemeinsam vorgefundene Arten folgendes Bild:

Nur von BÜTTNER 1922–32 festgestellte Arten	Von beiden Autoren festgestellte Arten	Nur vom Verfasser 1976–78 festgestellte Arten
1 (3 Arten)	*Meta merianae* *Nesticus cellulanus*	(1 Art)
2 (2 Arten)	*Meta menardi*	(3 Arten)
4 (1 Art)	–	(2 Arten)
6 (5 Arten)	–	(5 Arten)
10 (2 Arten)	*Meta merianae* *Nesticus cellulanus*	–

Die Faunenspektren differieren im Vergleich beider, zeitlich auseinanderliegender Aufsammlungen sehr. Mit Ausnahme von *Meta menardi* handelt es sich bei *M. merianae* und *Nesticus cellulanus* um Arten mit hoher Stetigkeit des Auftretens, was im Bereich der Erwartung liegt.

Bei den festgestellten Spinnenarten handelt es sich nahezu ausschließlich um trogloxene oder troglophile, die Mundlochregion von Höhlen besiedelnde Arten, deren Bestand je nach der Fähigkeit, sich dort fortzupflanzen, mehr oder minder stark aus oberirdischen Populationen ergänzt wird. Daher werden die Eingänge von Höhlen und Stollen schon sehr bald nach ihrer Öffnung besiedelt (hier z. B. bei 10), der Artenbestand ist aber einer ständigen (auch zyklisch jahreszeitlichen) Veränderung unterworfen.

6. Beobachtungen zum Lebensraum und zur Biologie der Spinnenarten

Die untersuchten Höhlen bzw. Stollen bieten einer jeweils wechselnden Artenzahl von Spinnen Lebensraum. Als artenreicher erwiesen sich die Fundorte, die in ihrer Anlage differenzierter sind (z. B. 6, Kalkkarsthöhle) und besonders in der Mundlochregion reiche Spaltenbildung aufweisen (Steinaufschichtungen bei 3, Natursteinmauer bei 9). Die Höhenlage scheint im untersuchten Bereich (zwischen 290 u. 850 m NN) ohne Bedeutung auf die Verbreitung der Arten zu sein. Die Nahrung wird u. a. aus dem besonders in dynamisch bewetterten Höhlen bzw. Stollen bedeutenden, saisonal aber schwankenden „Aeroplankton"-Angebot gedeckt (Dipteren, besonders *Culicidae*, wurden häufig beobachtet). An Stellen mit hohem Insektenangebot können sich auch zahlenmäßig starke Spinnenpopulationen entwickeln (Stollen 20: *Meta merianae*, Schachtanlage 8: *Porrhomma convexum*).

Zusammenfassung

In 4 Höhlen und 18 verlassenen Grubenanlagen des Westerzgebirges wurden mehr als 16 Spinnenarten (20 Taxa) gefunden. Es handelt sich hauptsächlich um für die Eingangsregion von Höhlen typische Arten. Ein Vergleich mit älteren Untersuchungen – zum Teil in den gleichen Objekten – zeigt, daß der Artenbestand ständig wechselt. Spaltenreiche Höhlen und Stollen weisen ein größeres Artenspektrum auf.

Summary

ON SPIDER FAUNA IN CAVES AND ORE MINES IN THE WESTERN ERZGEBIRGE

In 4 caves and 18 abandoned ore mines of Western Erzgebirge (Saxony) more than 16 spider species (20 taxa) were found. They are mainly typical species for entry reach of caves. A comparison with former researches – partly from the same localities – proves that the species association of spiders permanently changes. Caves and galleries with many clefts show a more voluminous species spectrum.

Literatur

ARNOLD, A., 1977: Die Fauna einiger Höhlen und Stollen im Erzgebirge. – Der Höhlenforscher 9 (4), S. 50–52.

BÜTTNER, K., 1926/32: Die Stollen,Bergwerke und Höhlen in der Umgebung von Zwickau und ihre Tierwelt. – Jahresber. Ver. f. Naturk. Zwickau, S. 12–33 u. 28–35.

CREDNER, H., 1901: Erl. z. geol. Spezialkarte des Königreiches Sachsen, Sect. Kirchberg-Wildenfels, Bl. 125. Leipzig.

HNATEWYTSCH, B., 1929: Die Fauna der Erzgruben von Schneeberg im Erzgebirge. Diss. Leipzig.

TRIMMEL, H., 1968: Höhlenkunde. Braunschweig.

Anschrift des Autors:
A. Arnold, DDR – 9513 Langenbach Nr. 26 F.

Faunistische Abhandlungen

STAATLICHES MUSEUM FÜR TIERKUNDE IN DRESDEN

Band 7 | Ausgegeben: 25. April 1980 | Nr. 29

Der Zwergschnäpper Ficedula parva (BECHST.) im Erzgebirge

(Aves, Passeriformes, Muscicapinae)

Mit 1 Karte

DIETER SAEMANN und REINHARD MÖCKEL
Augustusburg Schneeberg

1. Einleitung

Zweifellos gehört der Zwergschnäpper, *Ficedula parva* (BECHSTEIN, 1794) – in der Namensgebung folgten wir NIETHAMMER, KRAMER u. WOLTERS (1964) – zu jenen heimischen Brutvögeln, über deren Verbreitung wir auf Grund ihrer heimlichen und versteckten Lebensweise nur unzulänglich unterrichtet sind. Das gilt in besonderem Maße für die westlich der Elbe gelegenen Mittelgebirge im Süden der DDR. Diese Gebiete liegen MAUERSBERGER u. PORTENKO (1967) zufolge außerhalb der Westgrenze des Artareales, so daß Brutnachweise im Erzgebirge und in Thüringen (über letztere wird an anderer Stelle zu berichten sein) die Frage aufwerfen, ob wir derzeit eine Westexpansion des Zwergschnäppers oder nur die Wiederbesiedlung einstiger Brutgebiete erleben.

Für das Erzgebirge vermochte HEYDER (1952, 1962) keinen sicheren Brutnachweis namhaft zu machen, wenngleich aus heutiger Sicht Einzelfeststellungen im Zeitraum 1945–1957 nach Ort und Zeit durchaus ein Brutvorkommen möglich erscheinen lassen. Seit Ende der 1960er Jahre mehrten sich die Nachweise des Zwergschnäppers. 1970 entdeckte BEJČEK (1971) ein Brutvorkommen im böhmischen Teil des Gebirges, und schließlich glückte R. MÖCKEL im Jahre 1977 ein sicherer Brutnachweis diesseits der Landesgrenze im Kreis Aue. Dieses Ereignis nehmen wir zum Anlaß, das bisherige Vorkommen des Zwergschnäppers im Erzgebirge bis einschließlich 1978 analysierend darzustellen.

Unser Dank gilt all denen, die uns über die zentrale Kartei der AG Avifaunistik im Bezirk Karl-Marx-Stadt oder brieflich ihre Beobachtungen zur Verfügung stellten und somit die vorliegende Auswertung ermöglichten.

2. Frühjahrs- und Brutzeitdaten (Mai–Juli) aus dem Erzgebirge

1945:
H. WARNKE sah am 11. 7. in einem Feldgehölz bei Elterlein, Kr. Annaberg, ein rotbrüstiges Männchen. Da keinerlei Hinweis auf Brut erwähnt wurde, stellte HEYDER (1952) diesen Nachweis zu den Zugfeststellungen. Der Zeitpunkt kann laut MÜLLER (1970) oder WEBER (1958) noch zur normalen Brutzeit gerechnet werden.

1953:
FISCHER (1960) stellte am 4. und 26. 6. im Buchenwald oberhalb Ehrenzipfel – Ortsteil von Rittersgrün, Kr. Schwarzenberg – ein singendes, weißkehliges Männchen fest.

1955–1957:
R. STOPP (HEYDER 1962) beobachtete im genannten Zeitraum die Art alljährlich in einem gemischten Fichtenaltholz im Tal der Roten Pfütze bei Elterlein, Kr. Annaberg. Nachdem die Parzelle 1958 stark aufgelichtet worden war, fehlte der Zwergschnäpper. STOPP war vom Nisten überzeugt.

1960:
B. STEPHAN (in MAUERSBERGER 1961) stellte am 14. 5. ein rotkehliges Männchen zwischen Lößnitz und Aue in einem lichten unterholzdurchsetzten Mischwald fest. Am 23. 5. fand F. GRUMMT den Vogel nicht mehr vor.

1966:
Durch den lauten Gesang aufmerksam geworden, entdeckte M. BERGER am 29. 5. in einem 150jährigen Buchenbestand bei Scharfenstein, Kr. Zschopau, ein hellkehliges Männchen und konnte es täglich bis zum 1. 6. feststellen. Am 30. 5. wurde der Vogel gefangen (Tonband, Japannetz) und von H. WITTIG beringt. Mitbeobachter: C. BERGER, K. GÜNTER, B. PETER, B. NESTLER und H. WEBER.

1967:
Am 10. 5. verhörte W. REISSMANN im Stadtpark von Reichenbach ein singendes Männchen. Der offenbar unverpaarte Vogel war wochenlang zu hören; ab Ende Juli fehlten weitere Nachweise.

1970:
Erster Hinweis auf Brut: B. LUDWIG (Mittenwalde) beobachtete im „Sommer" ein Paar beim Füttern flügger Jungvögel in der Nähe der Rauschenbach-Talsperre bei Neuhausen, Kr. Marienberg (pers. Mitt. an D. SAEMANN). Leider waren keine weiteren Einzelheiten der Beobachtungsumstände in Erfahrung zu bringen. G. IHLE blieb trotz gründlicher Nachsuche im gleichen Gebiet 1971/72 eine Begegnung mit dem Zwergschnäpper versagt.
G. SCHÖNFUSS verhörte am 31. 5. anläßlich einer öffentlichen Vogelstimmenwanderung ein singendes Männchen am rechten Talhang der Göltzsch bei Rodewisch, Kr. Auerbach. Nach Aussage eines Exkursionsteilnehmers soll dieses Exemplar bereits 14 Tage lang regelmäßig zu hören gewesen sein. Habitat: Mischwald mit hohem Buchenaltholzanteil.
M. BERGER gelang wiederum ein Nachweis bei Scharfenstein. Im gleichen Waldbestand wie 1966 stellte er am 18. 5. ein rotkehliges Männchen fest, das noch am gleichen Tag von H. WITTIG gefangen und beringt werden konnte. Täglich bis 5. 6. war der Vogel frühmorgens zu hören; in den Abendstunden wechselte er öfters das Revier um 200–400 m. Mitbeobachter: B. NESTLER, C. BERGER.

1971:
R. WENZEL berichtete von einem singenden Männchen, das er am 18. 5. nördlich vom Bahnhof Erdmannsdorf, Kr. Flöha, gehört hatte. Eine Nachsuche durch D. SAEMANN am 20. 5. brachte keinen Erfolg. Habitat: mäßig geneigter, nach West gerichteter Talhang der Zschopau; 300–380 m NN; etwa 100jähriger, einschichtiger Buchenbestand.

1972:
Am 22. 5. verhörte ST. ERNST in einem Buchen-Fichten-Bestand an der Haselmühle bei Schöneck, Kr. Klingenthal, ein singendes Männchen.
Ein weiterer Nachweis gelang H. KREISCHE und M. THOSS in einem ca. 130jährigen Buchen-Fichten-Altholz am Ferienheim Blechhammer nordwestlich Carlsfeld, Kr. Aue. Am 14. 6. hielt sich hier ein rotkehliges Männchen auf, das aber auch in ein angrenzendes Fichtenstangenholz flog. Weitere Beobachtungen erfolgten am 17. 6. (H. KREISCHE), 20. 6. (ST. ERNST, M. THOSS), 21. 6. (H. KREISCHE, G. SCHÖNFUSS, E. MÖCKEL, G. WOLF, M. und S. HUMMEL); am 26. 6. verlief die Kontrolle negativ.

1974:
Das Jahr 1974 brachte einen weiteren Hinweis auf Brut: D. SAEMANN wurde von J. HÄHNEL und J. IHLE an ein Vorkommen im Einsiedler Wald, Kr. Karl-Marx-Stadt, geführt, das beide am 15. 6. entdeckt hatten. Am 19. 6. sang abends ein weißkehliges Männchen sehr intensiv, während ein hellbrüstiges Exemplar (Weibchen?) an einer Wegekreuzung dicht über dem Boden Insekten fing und mit Futter im Schnabel mehrfach in ein nahes Fichtenstangenholz einflog. Obwohl kein Nestfund gelang, könnte dieser Vogel zum besagten Zeitpunkt Junge gefüttert haben (vgl. WIEBKE 1969) und müßte als Freibrüter aufgetreten sein, was MÜLLER (1970) zufolge, der 76 % aller Nester der von ihm untersuchten Population als freistehend angibt, keine Seltenheit darstellt. Habitat: einschichtiger 50- bis 60jähriger Fichten-Buchen-Lärchen-Bestand; 400–420 m NN.
Nach J. HÄHNEL und J. IHLE bestand 1974 im Obereinsiedler Wald, Kr. Karl-Marx-Stadt, ein weiteres Revier. Vom 14.–26. 5. sang hier ein rotkehliges Männchen (J. IHLE brfl. 3. 2. 1978).

1975:
Im Obereinsiedler Wald – gleiche Stelle wie 1974 – trat die Art (rotkehliges Männchen) im Juni erneut auf. Leider konnte J. IHLE (brfl. 3. 2. 1978) vom Beobachter J. HÄHNEL keine Einzelheiten in Erfahrung bringen.
H. WEISS beobachtete ein eifrig singendes Männchen am 22. 6. in der Übergangszone vom Fichtenwald in eine ca. 80jährige Buchenwaldinsel am Westhang des Pockautales südlich Pockau, Kr. Marienberg.
Weitere Nachweise erbrachte G. IHLE (Neuhausen) am Kälberhübel bei Rechenberg-Bienenmühle, Kr. Brand-Erbisdorf: Am 14. 6. sang ein Männchen in 50jährigem Fichtenbestand und ein weiteres Männchen in einem Buchenaltholz (kleines Bachtal). Das 2. Revier (rotkehliges Männchen) war am 22. 6. noch besetzt; am 29. 6. blieb auch hier die Nachsuche erfolglos (G. IHLE brfl. 29. 1. 1978).
Am 8. 6. sahen D. MÄDLER und M. PIERER in einem Buchenbestand bei Ellefeld (Ortsteil Juchhöh), Kr. Auerbach, ein Paar, das Männchen sang anhaltend. Am 11. 6. sang das Männchen am gleichen Ort, der zweite Vogel zeigte sich nicht.

1976:
Im Buchengarten bei Morgenröthe, Kr. Klingenthal, sang am 5. 6. ein Männchen an einem mit Buchen und Fichten bestockten Hang östlich des Köhlerhauses (ST. ERNST, M. THOSS).

1977:
Am 17. 7. beobachtete R. MÖCKEL in einem dunklen, hochstämmigen Buchenaltholz unweit der Talsperre Sosa, Kr. Aue, einen hellbrüstigen, warnenden Zwergschnäpper, der durch seine Vertrautheit auffiel. Leider erfolgte keine gründliche Nachsuche, obwohl sich der Vogel durchaus am Brutplatz befunden haben könnte.
Im Frauenbachtal bei Neuhausen, Kr. Marienberg, fand D. GEYER die Art erstmals am 16. 5. Der Vogel, ein hellbrüstiges Männchen, hielt sich in einem 60jährigen Buchenbestand auf und besetzte bis zum 18. 6. ein Revier, das sich etwa 400 m entlang eines Bachlaufes und 100 m hangaufwärts erstreckte. Dieses Männchen sang gern morgens bei kühler Witterung im Schaftbereich der Buchen, aber auch auf Steinen in oder auf Zweigen unmittelbar über dem Bach sitzend. Mitbeobachter: V. GEYER, G. IHLE, H. KLUGE und P. FISCHER.
D. GEYER bestätigte am 5./6. 6. im Hofegrund bei Bienenmühle, Kr. Brand-Erbisdorf, ebenfalls ein singendes, hellkehliges Männchen. Auch dieses hielt sich meist in Bachnähe (Buchenbaumholz mit einzelnen Fichten) auf, konnte später aber nicht mehr festgestellt werden.
Im Gebiet Einsiedel, Kr. Karl-Marx-Stadt, trat die Art erneut auf: Im „Weißholz", einem Laubmischwald zwischen Einsiedel und Berbisdorf, sang am 25. 6. ein Männchen, wurde jedoch bei späteren Rundgängen nicht mehr festgestellt (J. IHLE brfl. 3. 2. 1978).

1978:
Nach einer brieflichen Mitteilung von G. IHLE hörte J. HÄHNEL am 11. 6. im mehrfach erwähnten Zwergschnäpper-Gebiet bei Einsiedel, Kr. Karl-Marx-Stadt, ein singendes Männchen.
Bei Frankenstein, Kr. Flöha, sang ein Männchen am 18. 5. (M. TIETZ, K. HÄDECKE); Einzelheiten der Beobachtungsumstände wurden nicht mitgeteilt.
In einem Buchenaltholz des Forstrevieres Stein bei Hartenstein, Kr. Zwickau, sang am 27. 5. ständig ein rotkehliges Männchen. Am 29. 5. haßte ein Zwergschnäpper (dasselbe Ex.?) im gleichen Gebiet (linker Muldenhang, 360 m NN) auf Tannenmeise und Grauschnäpper (H. OLZMANN).
Im NSG „Rauenstein", einem Laubmischwald am linken Flöhahang bei Wünschendorf, Kr. Marienberg (390–450 m NN), hörten K. und G. ZAPF am 3. 6. ein singendes Männchen, verpaßten aber leider weitere Beobachtungen.

Es fällt auf, daß im Jahre 1978 trotz erhöhter Aufmerksamkeit Zwergschnäpper nur in relativ niedrigen Lagen (vgl. Karte) beobachtet wurden. Wir sehen die Ursache dafür in einem Kälteeinbruch am 11. 5. 1978 (Minimum-Temperatur in Augustusburg —7 °C), infolgedessen die gerade austreibenden Rotbuchen nahezu restlos erfroren. Noch am 2. 7. waren die Buchen im Oberen Westerzgebirge fast kahl, hatten sich zwar in den tieferen Lagen etwas besser erholt, doch blieb auch hier während des Sommers die Belaubung der Buchen sehr schütter. Somit dürften bei der Ankunft bzw. in der ersten Phase der Revier- und Paarbildung des Zwergschnäppers die Habitatansprüche dieser Art im überwiegenden Teil des Erzgebirges nicht erfüllt gewesen sein.

3. Der Brutnachweis 1977 im NSG „Conradswiese" bei Lauter, Kreis Aue

Am 21. 7. 1977 kontrollierten R. MÖCKEL und M. KUNZ im NSG „Conradswiese" Schwarzspechthöhlen auf Bruten der Hohltaube. Dabei wurden beide durch das eindringliche Warnen auf ein rotbrüstiges Zwergschnäpper-Männchen aufmerksam, dem sich bald auch das Weibchen zugesellte. Beide flogen fortan futtertragend einen Spalt in einem sich in 8 m Höhe gabelnden Buchenstamme an. Fest davon überzeugt, nunmehr den Neststandort lokalisiert zu haben, bestieg M. KUNZ den Baum. Bevor er das vermeintliche Nest erreichte, flatterten drei noch nicht flügge Jungvögel zu Boden. Zwei davon fanden die Beobachter bald, während der dritte Jungvogel erst nach über einer Stunde intensiven Suchens gegriffen werden konnte. Obwohl die nunmehr auf dem Boden weiterfütternden Altvögel, die zur Nahrungssuche auch in das angrenzende Fichtenstangenholz flogen, immer wieder den Aufenthaltsort des Jungvogels markierten, war dieser nahezu unauffindbar. Das hellbraune, gefleckte Jugendkleid ließ ihn im vorjährigen Buchenlaub förmlich verschwinden.

Nach HOEHER (1973) zeitigt der Zwergschnäpper nur eine Jahresbrut in der Zeit von Ende Mai bis Juni (vgl. MIERA 1978). Feststellungen in Mecklenburg (MÜLLER 1970, WEBER 1958) bestätigen, daß Bruten im Juli nicht ungewöhnlich sind; vermutlich handelt es sich dabei um Nachgelege oder später begonnene Bruten.

Nach dem „Handbuch der Naturschutzgebiete der Deutschen Demokratischen Republik" Band 5 (1974) bildet der Mischwald im NSG „Conradswiese" mit seinen Vorkommen von Rotbuche, Traubeneiche, Fichte und Weißtanne einen Übergang von der montanen, artenarmen Hainsimsen-Buchen-(Tannen-)Waldgesellschaft des Luzulo-Fagetum zu den submontanen, schwach azidiphilen Eichen-Buchenwäldern des Melampyro-Fagetum. Typisch für die nähere Umgebung des Brutplatzes waren die weit nach unten reichende Beastung der Buchen, reichlich Unterwuchs (Fichte, Bergahorn, Buche) sowie das angrenzende Fichtenstangenholz. Bäche oder sonstige Wasserstellen befanden sich nicht in unmittelbarer Brutplatznähe.

4. Wegzugdaten (August–September) im Erzgebirge

Während sich Heimzugdaten und Brutzeitfeststellungen (vgl. Abschnitt 2) nicht eindeutig trennen ließen – alle Beobachtungen in dieser Zeit erfolgten in potentiellen Bruthabitaten –, waren die wenigen Wegzugdaten von Zeit und Ort her sicher als solche zu interpretieren. Die nachfolgend aufgeführten Daten betreffen die normale Wegzugzeit der Art:

28. 8. 1927 – 1 Ex. Lößnitztal, Kr. Flöha (H. FRIELING, zit. HEYDER 1952).

3. 9. 1976 – 1 immat. Ex. im NSG „Großteich Großhartmannsdorf", Kr. Brand-Erbisdorf (P. KIEKHÖFEL).

10. 9. 1975 – 1 weibchenfarbiger Vogel in einer Gartenanlage in Limbach-Oberfrohna, Kr. Karl-Marx-Stadt (D. KRONBACH).

11. 9. 1910 – einige Exemplare, darunter ein Männchen, im Buchenwald des Rochlitzer Berges, Kr. Rochlitz (P. WEISSMANTEL, zit. HEYDER 1952).

13. 9. 1976 – 1 immat. Ex. im Helmsdorfer Teichgebiet, Kr. Zwickau; Aufenthaltsort war ein kleines Birkenwäldchen (B. SEIFERT).

17./18. 9. 1889 – 2 Ex. im Forsthausgarten Brotenfeld, Kr. Oelsnitz (FRITZSCHE, zit. HEYDER 1952).

19. 9. 1966 – 1 Ex. mit roströtlich getönter Kehle an der Nordseite des Schafberges bei Schlema, Kr. Aue, im Japannetz gefangen und beringt (P. NEUKIRCHNER).

5. Diskussion

Einleitend war auf jene Frage verwiesen worden, die uns im folgenden beschäftigen soll: Westexpansion oder Wiederbesiedlung zwischenzeitlich geräumter ehemaliger Brutgebiete des Zwergschnäppers in Mitteleuropa? Wir wagen es nicht, eine endgültige Antwort auf diese Frage zu geben, möchten jedoch mit unserem Diskussionsbeitrag andere Ornithologen anregen, der Verbreitung des Zwergschnäppers künftig ihre Aufmerksamkeit zu schenken.

Beim Studium der verfügbaren Quellen fällt zunächst ein gewisser Widerspruch zwischen der „historischen Verbreitung" und jener von MAUERSBERGER u. PORTENKO (1967) fixierten NW-Grenze des Brutareales von *Ficedula parva* auf. So erscheint es geradezu paradox, daß als „Terra typica" der von BECHSTEIN im Jahre 1794 beschriebenen Art eine Landschaft (Thüringer Wald) gilt, die weit außerhalb des Areals liegt. Nun mag eine Arealgrenze durchaus keine markierte, feststehende Linie sein, doch welche Abweichungen davon liegen im normalen Toleranzbereich? Darüber hinaus ist bekannt, daß besonders im Herbst weit außerhalb der West- und Nordwestgrenze des Brutareals Zwergschnäpper auftreten. Im deutschsprachigen Schrifttum haben DIESSELHORST (1971), GATTER (1972) und SCHLENKER (1973) eine Vielzahl solcher Daten zusammengetragen und die Erscheinung diskutiert; GATTER (1972) erklärt sie teilweise mit Zugprolongation, DIESSELHORST (1971) – freilich nur hypothetisch – mit Wegzug eines Teiles der Westpopulation in den SW-Sektor. Es wäre also denkbar, daß BECHSTEIN ein Durchzügler für die Artbeschreibung vorlag.

Der Brutnachweis im Erzgebirge fällt in eine Zeit, da auch anderenorts Brutvorkommen außerhalb des geschlossenen Areales bekannt geworden sind. Doch vergegenwärtigen wir uns zunächst die Westgrenze, wie sie von MAUERSBERGER u. PORTENKO (1967) auf Grund eines tiefschürfenden Quellenstudiums fixiert worden ist: quer durch die DDR verlaufend mit den Grenzpunkten Jonsdorf (Zittau) – Bernau – Rheinsberg – Parchim. In der ČSSR gilt als westlicher Grenzpunkt Dečin; südlich davon weicht die Arealgrenze nach Osten zurück, doch dürfte Zábřeh in Nordmähren, wo ŠTASTNÝ (1970) Brutbeobachtungen tätigte, innerhalb des Areals liegen. Noch weiter südlich reichen die Vorkommen in einer relativ schmalen Zone über Österreich bis nach Bayern/BRD. Die Laubwälder Nordungarns – Mitte Juni 1975 fand D. SAEMANN die Art im Börzsöny-Gebirge an mehreren Stellen – gehören bereits zum geschlossenen Areal.

Das Erzgebirge betreffend fand HEYDER (1952, 1962) seine Hoffnungen auf einen Brutnachweis nicht erfüllt. Ein solcher gelang erstmals BEJČEK (1971) bei Litvinov/ČSSR. An diesem 1970 entdeckten Brutplatz sang auch am 6. 6. 1973 sowie am 5. 6. 1974 je ein Männchen (G. IHLE brfl. 29. 1. 1978). Im gleichen Gebiet und bei Dubi hatte es schon vor 1970 Brutzeitfeststellungen durch SALAŠEK u. TYRPAK (zit. FLASAR u. FLASAROVA 1975) gegeben, worüber außerdem BARTA u. TYRPAK (1968; zit. VONDRAČEK 1978) berichteten. Eine direkte Verbindung zu den oben genannten „Grenzpunkten" Jonsdorf und Dečin stellen die Vorkommen im Elbsandsteingebirge dar. Am Großen Winterberg fand WÜNSCHE (zit. HEYDER 1952) die Art von 1885–1889 und ein Paar am 16. 5. 1899. Während CREUTZ (in MAUERSBERGER 1964) die Art am gleichen Ort nicht bestätigen konnte, gelang dies wenig später RICHTER (1965; CREUTZ 1971). Über gegenwärtige Vorkommen sind wir nicht umfassend informiert, doch sind solche FEHSE (1978) zufolge durchaus anzunehmen.

Die in Abschnitt 2 und 3 vorliegender Arbeit aufgeführten Nachweise lassen eine kontinuierliche Besiedlung des gesamten Erzgebirges erkennen (Karte 1). Eine Fortsetzung finden sie in den neuerlichen Nachweisen aus den Bezirken Gera und Suhl (L. REISSMANN mdl., v. KNORRE brfl.). So scheint der Sächsisch-Thüringische Mittelgebirgsgürtel zum gegenwärtigen Zeitpunkt eine reguläre Population aufzuweisen; möglicherweise besteht hier eine ebenfalls weit nach Westen vorspringende Verbreitungszone wie im Alpenraum.

In den Bayerischen Alpen fand BEZZEL (1971) eine obere und untere Vertikalverbreitungsgrenze des Zwergschnäppers bei 1400 m bzw. 800 m NN. Auch dazu gibt es im Erzgebirge eine Parallele: hier konzentrieren sich die Vorkommen eindeutig auf die höheren Lagen zwischen 500 und 800 m NN (vgl. Karte 1). Sie liegen damit zwar in wesentlich niedrigeren Lagen als im Alpenraum, doch will das wenig besagen, da beispielsweise der Birkenzeisig (*Carduelis flammea*) in der gleichen Arbeit von BEZZEL (1971) als Hochgebirgsvogel bezeichnet wird, im Erzgebirge hingegen bereits in Höhenlagen von 300 m NN brütet. Übrigens hat BEZZEL (1974) die Verbreitung des Birkenzeisigs am Nordalpenrand erneut dar-

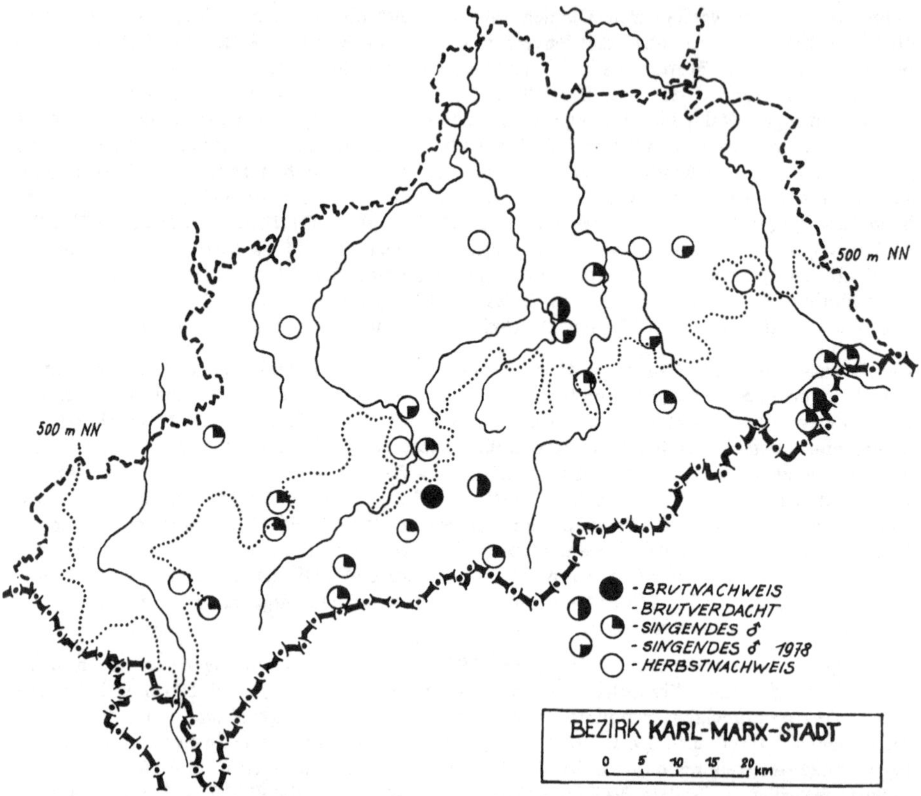

Karte 1. Die Verbreitung des Zwergschnäppers, *Ficedula parva,* im Bezirk Karl-Marx-Stadt.

gestellt und die Funde unterhalb 1200 m NN (bis 610 m NN) mit der Bestandsentwicklung der Birkenzeisig-Populationen anderer Mittelgebirge sowie an der Nordseeküste verglichen. Interessant ist dabei der Hinweis, daß die vielfältigen vom Birkenzeisig besiedelten Biotope sich nur scheinbar wenig ähnlich sind, in wichtigen Strukturelementen jedoch auffallend übereinstimmen.

Ähnliche Verhältnisse wie beim Birkenzeisig sind auch beim Zwergschnäpper hinsichtlich der Habitatwahl denkbar. Somit brauchen Brutvorkommen in den Laubwäldern Mecklenburgs, Brandenburgs, des Sächsisch-Thüringischen Mittelgebirgsgürtels und des Alpenraumes durchaus nicht widersprüchlicher Natur zu sein. Das gilt letztlich auch für Einzelbruten in Gebieten, aus denen bisher überhaupt keine Anhaltspunkte für Brutvorkommen existierten – wie beispielsweise eine Brut 1978 in Oschatz (S. SCHÖNN brfl.). Die Ursache dafür kann im Ausfall der potentiellen Brutgebiete des Erzgebirges liegen (vgl. Abschnitt 2 1978).

Es soll nicht unerwähnt bleiben, daß GRÜN et al. (1973) den Zwergschnäpper in Thüringen als „Durchzügler in sehr geringer Zahl" einstufen. HILDEBRANDT dagegen (HILDEBRANDT u. SEMMLER 1975) sah sich anhand der ihm zur Verfügung stehenden Quellen veranlaßt, die Art als Brutvogel des Thüringer Waldes zu bezeichnen, was durch die jüngsten Funde eine Bestätigung erfährt. Bei gewissenhafter Nachsuche treten sicher auch in diesem Raum weitere Vorkommen zutage.

Selbst im Bezirk Halle zeigt sich der Zwergschnäpper in neuerer Zeit häufiger (GNIELKA 1968 u. mdl., HINSCHE 1974, SCHUBERT 1974). Den Brutnachweis im Bezirk Leipzig haben wir bereits erwähnt. GRÖSSLER u. TUCHSCHERER (1975) sehen im Zwergschnäpper einen gelegentlichen Durchzügler (September/Oktober) und erkennen nur noch einen Frühjahrsnachweis an, was jedoch im Falle der von BERNDT (1950) mitgeteilten Beobachtung – die wir für durchaus glaubwürdig halten – nicht einleuchtet. Neuerdings scheinen sich auch im Bezirk Leipzig die Nachweise zu häufen (GRÖSSLER u. TUCHSCHERER 1978).

Nach dem gegenwärtigen Stand der Kenntnisse fehlt die Art als Brutvogel im Harz (H. KÖNIG mdl.); die Angabe von BORCHERT (1927), „wahrscheinlich früherer Brutvogel", ist angesichts dessen vielfach unsicherer Angaben wertlos.

Es kann nicht Ziel vorliegender Studie sein, das Vorkommen des Zwergschnäppers in Mitteleuropa umfassend zu analysieren. Dennoch erscheint ein Blick über das hier besprochene Gebiet hinaus gerechtfertigt, weil erst dadurch die jüngste Entwicklung in das rechte Licht gerückt werden kann.

Während in Mecklenburg westlich der Linie Parchim – Schwerin PRILL u. WEBER (1977) zufolge der Zwergschnäpper nur sporadisch brütet und damit die von MAUERSBERGER u. PORTENKO (1967) fixierte Arealgrenze annähernd beibehalten hat, scheint das Vorkommen im Hamburger Raum an Stetigkeit und Anzahl zugenommen zu haben. EGGERT et al. (1976) geben beispielsweise für 11 km^2 des Sachsenwaldes 11 singende Männchen im Jahre 1974 an (vgl. dazu HAARMANN 1967). Bei Celle in Niedersachsen/BRD tritt die Art 1966/67 in Anzahl auf, 1968 gelingt ein Brutnachweis (DIERSCHKE 1969). Noch weiter westlich werden Brutzeitnachweise aus dem Gebiet des Teutoburger Waldes/BRD gemeldet (CONRADS 1969, HELBIG et al. 1976). GRIES (1969) bezeichnet ihn für Westfalen/BRD zumindest als unregelmäßigen Brutvogel; die Frühjahrsdaten konzentrieren sich dort eindeutig auf den Teutoburger Wald, ein Gebiet mit Mittelgebirgscharakter.

Für die brandenburgischen Bezirke verweisen H. u. W. DITTBERNER (1975) auch auf isolierte Brutplätze westlich der bekannten Arealgrenze beispielsweise im Kreis Nauen. Mit diesen scheinen die Vorkommen im Gebiet von Westberlin (WESTPHAL 1977) zu kommunizieren.

Alle genannten Gebiete, in denen der Zwergschnäpper neuerdings vielfach auch brütet, liegen teilweise weit westlich der Arealgrenze und scheinen eine leichte Westexpansion, wie sie von MAUERSBERGER u. PORTENKO (1967) erwähnt wird, eindeutig zu belegen. All diesen Gebieten ist aber gemeinsam, daß es dort Jahrzehnte zurückliegende Funde gibt, die freilich auf Grund der Schilderung der Umstände nicht immer zweifelsfrei erscheinen bzw. nicht unbedingt auf Brut schließen lassen.

Für Brandenburg hat SCHALOW (1919) die Funde sorgfältig zusammengestellt. RENSCH (1925) findet den Zwergschnäpper zur Brutzeit 1925 im Berliner Grunewald, einem Gebiet, das heute wieder besiedelt ist (WESTPHAL 1977). Für Hamburg formuliert DIETRICH (1928) seine Aussage betreffs Zwergschnäpper noch recht unbestimmt; ATHEN (1925) findet ihn 1922 im bereits erwähnten Sachsenwald. HAGEN (1913) gibt ihn für den Raum Lübeck als ausnahmsweisen Brutvogel an, bringt aber wenige Jahre später weitere Nachweise bei HAGEN (1920). Schließlich führt BRINKMANN (1933) eine ganze Anzahl Brutzeitdaten auf und erwähnt den ersten Brutnachweis für den Teutoburger Wald bei Schötmar im Jahre 1917; für dieses Gebiet bezeichnet ihn GOETHE (1948) als seltenen Brutvogel und seltenen Durchzügler. Auch im Wolfsburger Raum soll er nach BERNDT (zit. SCHERNER 1966) in den 1930er Jahren brutverdächtig gewesen sein. Thüringen betreffend haben wir die Verhältnisse bereits diskutiert; weiter westlich bzw. südwestlich – in Hessen/BRD – fehlt die Art als Brutvogel (GEBHARDT u. SUNKEL 1954, BERG-SCHLOSSER 1968). Ob das gegenwärtig noch zutrifft, wissen wir nicht.

Der Exkurs in potentielle Brutgebiete westlich, nordwestlich und nördlich des Erzgebirges verfolgt vor allem den Zweck, die mögliche Herkunft der Herbstdurchzügler im Besprechungsgebiet (Erzgebirge) zu erklären. Wir sehen darin – Abzug in den SE-Sektor vorausgesetzt – reguläre Durchzügler aus benachbarten Brutgebieten, sind uns jedoch des hypothetischen Charakters dieser Aussage bewußt.

Angesichts der zur Zeit in der DDR laufenden Kartierung der Brutvögel sollte verstärkt auf diese Art – besonders in den Buchen- und Laubmischwäldern der Mittelgebirge einschließlich Harz – geachtet werden. Der charakteristische Gesang des Zwergschnäppers ist vor allem in der Zeit von (Mitte –) Ende Mai bis Mitte Juni zu hören; einschichtige Buchen- und Laubmischwälder mit dichtem Kronenschluß kennzeichnen in vielen Fällen das Habitat.

Zusammenfassung

Brutzeitbeobachtungen und ein sicherer Brutnachweis des Zwergschnäppers *Ficedula parva* (BECHST.) im Erzgebirge (DDR) im Zeitraum 1945–1978 werden dahingehend interpretiert, daß in diesem Gebiet eine reguläre Population außerhalb der Westgrenze des Brutareals gemäß MAUERSBERGER u. PORTENKO (1967) existiert. In einer umfangreichen Diskussion wird diese Erscheinung mit weiteren Nachweisen in Mitteleuropa verglichen. Die gegenwärtige Verbreitung der Art reicht westlich bis zu einer gedachten Linie Suhl – Hamburg.

Summary

THE RED-BREASTED FLYCATCHER FICEDULA PARVA (BECHST.) IN THE ERZGEBIRGE MOUNTAINS

Watching of breeding times and a reliable brood evidence of the Red-breasted Flycatcher *Ficedula parva* (BECHST.) in the Erzgebirge mountains (GDR) from 1945 to 1978 are interpreted in a way that this region has a regular population beyond the western boundary of the brood area according to MAUERSBERGER and PORTENKO (1967). A comprehensive discussion compares these phenomena with other evidences in Central Europe. For the time being, the western boundary of occurrence of this species is a fictive line between Suhl and Hamburg.

Literatur

ATHEN, AD., 1925: Beobachtungen am Zwergfliegenschnäpper in NW-Deutschland. – Orn. Mber. 33, 154–155.

BARTA, Z. u. TYRPAK, J., 1968: Lejsek malý *Ficedula parva* Bechst. v Krušnych horách. – Živa 16, 77.

BEJČEK, V., 1971: Brutnachweis des Zwergschnäppers für das böhmische Erzgebirge. – Falke 18, 425.

BERG-SCHLOSSER, G., 1968: Die Vögel Hessens. Ergänzungsband. Frankfurt/M., S. 200 bis 201.

BERNDT, R., 1950: Zwergschnäpper, *Muscicapa p. parva* Bechstein, bei Leipzig. – Orn. Mitt. 2, 124.

BEZZEL, E., 1971: Grobe Analyse der Verbreitung einiger Brutvögel in den Bayerischen Alpen und ihrem Vorland. – Anz. orn. Ges. Bayern 10, 7–37.

–, 1974: Zur Verbreitung und Biotopwahl des Alpenbirkenzeisigs *Carduelis flammea cabaret* am deutschen Nordalpenrand. – Anz. orn. Ges. Bayern 13, 157–170.

BORCHERT, W., 1927: Die Vogelwelt des Harzes, seines nordöstlichen Vorlandes und der Altmark. Magdeburg, S. 94.

BRINKMANN, M., 1933: Die Vogelwelt Nordwestdeutschlands. Hildesheim, S. 82.

CONRADS, K., 1969: Der Zwergschnäpper im Teutoburger Wald. – Anthus 6, 13–21.

CREUTZ, G., 1971: Zum Vorkommen der Schnäpper am Großen Winterberg. – Beitr. z. Vogelk. 17, 77.

DIERSCHKE, F., 1969: Der Zwergschnäpper *(Ficedula parva)* Brutvogel im Lüßwald. – Vogelk. Ber. Niedersachsen 1, 23–24.

DIESSELHORST, G., 1971: Die Westfunde des Zwergschnäppers *(Ficedula parva)* im Herbst. – Anz. orn. Ges. Bayern 10, 92–96.

DIETRICH, F., 1928: Hamburgs Vogelwelt. Hamburg, S. 278–279.

DITTBERNER, H. u. DITTBERNER, W., 1975: Artenliste der Vögel der Mark Brandenburg. – Mitt. IG Avifauna DDR 8, 3–60.

EGGERT, B., LEUSCHNER, CH. u. SPERLING, H., 1976: Ornithologischer Jahresbericht 1974 für das Hamburger Gebiet. – Hamb. Avifaun. Beitr. 14, 87–130.

FEHSE, C., 1978: Die Vogelwelt der Sächsischen Schweiz. Vortrag 16. Orn.-Tag. Bez. Dresden, 21./22. Okt. 1978, Bad Schandau.

FISCHER, W., 1960: Zwergschnäpperbeobachtungen im oberen Erzgebirge. – Beitr. z. Vogelk. 7, 137.

FLASAR, I. u. FLASAROVÁ, M., 1975: Die Wirbeltierfauna Nordwestböhmens. – Zool. Abh. Mus. Tierk. Dresden 33 Suppl., S. 76.

GATTER, W., 1972: Über das Auftreten des Zwergschnäppers *(Ficedula parva)* in Europa und Afrika westlich des Brutareals. – Vogelwelt 93, 91–98.

GEBHARDT, L. u. SUNKEL, W., 1954: Die Vögel Hessens. Frankfurt/M., S. 226–227.

GNIELKA, R., 1968: Der Zwergschnäpper im Raum Halle/S. – Apus 1, 255–256.

GOETHE, F., 1948: Vogelwelt und Vogelleben im Teutoburgerwald-Gebiet. Detmold-Hiddesen, S. 52.

GRÖSSLER, K. u. TUCHSCHERER, K., 1975: Prodromus zu einer Avifauna des Bezirkes Leipzig. – Actitis 10, 72–73.

– u. –, 1978: Beobachtungsbericht für die Jahre 1969–1972, Teil III. – Actitis 14, 19.

GRIES, B., 1969: Zwergschnäpper – *Ficedula parva.* In: PEITZMEIER, J., 1969: Avifauna von Westfalen. Münster, S. 365.

GRÜN, G., HEYER, J. u. Mitarb., 1973: Verzeichnis der Vögel Thüringens 1945–1971. – Thür. Orn. Rundbrief, Sonderheft 1, S. 37.

HAARMANN, K., 1967: Der Zwergschnäpper, *Ficedula parva,* im Hamburger Raum. – Corax 2 (18), 70–78.

HAGEN, W., 1913: Die Vögel des Freistaates und Fürstentums Lübeck. Berlin, S. 83.

–, 1920: Der Zwergfliegenschnäpper *(Muscicapa parva)* in Lauenburg und Lübeck. – Orn. Mber., 28, 28–29.

HELBIG, A., STANGE, CH. u. CONRADS, K., 1976: Brut des Zwergschnäppers *(Ficedula parva)* im Grenzgebiet Westfalen–Niedersachsen bei Melle (Kr. Osnabrück). – Alcedo 3, 14–21.

HEYDER, R., 1952: Die Vögel des Landes Sachsen. Leipzig, S. 190–191.

–, 1972: Nachträge zur sächsischen Vogelfauna. – Beitr. z. Vogelk. 8, 1–106.

HILDEBRANDT, H. u. SEMMLER, W., 1975: Ornis Thüringens. Teil 1: Passeriformes. – Thür. Orn. Rundbrief, Sonderheft 2, 41–42.

HINSCHE, A., 1974: Zwergschnäpper bei Dessau. – Apus 3, 131–132.

HOEHER, S., 1973: Gelege der Vögel Mitteleuropas. Radebeul.

MAUERSBERGER, G., 1961: Wo brütet bei uns der Zwergschnäpper? – Falke 8, 209–210.

–, 1964: Gesammelte Zwergschnäppernotizen. – Falke 11, 127–130.

–, PORTENKO, L. A., 1967: *Muscicapa parva* Bechstein. In: STRESEMANN, E., PORTENKO, L. A. u. MAUERSBERGER, G.: Atlas der Verbreitung palaearktischer Vögel. 2. Lieferung. Berlin.

MIERA, C., 1978: Zur Brutbiologie des Zwergschnäppers. – Falke 25, 120–127.

MÜLLER, S., 1970: Das Brutvorkommen des Zwergschnäppers bei Warnemünde 1964–1968. – Falke 17, 76–82.

NIETHAMMER, G., 1937: Handbuch der deutschen Vogelkunde, Bd. 1. Leipzig.

–, KRAMER, H. u. WOLTERS, H. E., 1964: Die Vögel Deutschlands. Frankfurt/M.

PRILL, H. u. WEBER, H., 1977: Zwergschnäpper *Ficedula parva* (Bechst., 1794). In: KLAFS, G. u. STÜBS, J. (Hrsg.): Die Vogelwelt Mecklenburgs. Jena, S. 242–243.

RENSCH, B., 1925: Der Zwergschnäpper *(Muscicapa parva)* Brutvogel im Grunewald. – Orn. Mber. 33, 155–156.

RICHTER, H., 1969: Zwergschnäpper, *Ficedula parva* (Bechstein 1794), zur Brutzeit 1965 in der Sächsischen Schweiz. – Beitr. z. Vogelk. 14, 376–377.

SCHALOW, H., 1919: Beiträge zur Vogelfauna der Mark Brandenburg. Berlin, S. 320–322.

SCHERNER, E. R., 1966: Die Vögel des Wolfsburger Raumes. – Wolfsburger orn. Beitr. 1, 56.

SCHLENKER, R., 1973: Zum Herbstzug des Zwergschnäppers *(Ficedula parva)* im Bereich der Deutschen Bucht. – Vogelwarte 27, 65–68.

SCHUBERT, P., 1974: Zwergschnäpper bei Jeber-Bergfrieden (Kreis Roßlau). – Apus 3, 130–131.

ŠTASTNY, K., 1970: Einige Beobachtungen über die Brutbiologie des Zwergschnäppers *(Ficedula parva)*. – Sylvia 18, 81–93.

VONDRÁČEK, J., 1978: Veränderungen in der Vogelwelt des Nordböhmischen Bezirkes. – Falke 25, 386–389.

WEBER, H., 1958: Beobachtungen am Nest des Zwergschnäppers *(Muscicapa parva)*. – J. Orn. 99, 160–172.

WESTPHAL, D., 1977: Neue Brutnachweise und Vorkommen des Zwergschnäppers *(Ficedula parva)* in West-Berlin. – Orn. Ber. f. Berlin (West) 2, 3–20.

WIEBKE, J., 1969: Brutbiologische Notizen vom Zwergschnäpper *(Ficedula parva)*. – Orn Rundbr. Mecklenburgs 9, 67–68.

Anschriften der Autoren:

Dipl.-Biol. D. Saemann, DDR - 9382 Augustusburg, Museum f. Jagdtier- u. Vogelkunde d Erzgebirges.

R. Möckel, DDR - 9412 Schneeberg VI, Schwalbner Flügel 1.

D 104/79

Faunistische Abhandlungen

STAATLICHES MUSEUM FÜR TIERKUNDE IN DRESDEN

Band 7 | Ausgegeben: 25. April 1980 | Nr. 30

Hyloniscus transsilvanicus (VERHOEFF, 1901) im Gebirge Malé Karpaty in der Westslowakei [1]

(Isopoda, Oniscoidea)

Mit 8 Figuren und 2 Fotos

MARIE FLASAROVÁ
Teplice v Čechách

I.

Angaben über die Landasseln des Gebirges Malé Karpaty und der weiteren Umgebung von Bratislava sind in der Arbeit *„Oniscoidea Slovakiae"* von Z. FRANKENBERGER (1940) vertreten. Der Autor stellte im genannten Gebiet 21 Arten fest. Seltenere Funde erwähnte er noch in der Monographie „Fauna Československa *(Oniscoidea)*" (FRANKENBERGER 1959), und einige Lokalitäten führte er auch in dem Artikel an, der das Vorkommen der Art *Orthometopon planum* (B.-L.) in der Slowakei behandelt (FRANKENBERGER 1964). – Das saisonale Vorkommen einiger Arten von Oniscoideen im Naturschutzgebiet Šúr (einem Erlenwald – Alno-Padion – unweit von Bratislava) verfolgten J. GULIČKA (1960) und M. KRUMPÁL (1971, 1973, 1976).

Von der Gattung *Hyloniscus* waren in der Slowakei bisher zwei Arten bekannt, der in Mitteleuropa allgemein verbreitete *Hyloniscus riparius* (C. L. KOCH) und *Hyloniscus mariae*, den VERHOEFF (1908) aus der Slowakei bei Tatranská Kotlina beschrieb. L. MÉHELY (1929a, b) führte weitere Lokalitäten an: zwischen Kežmarok und Tatranská Kotlina, Bánská Bystrica, Korytnica; E. DUDICH (1957): Kremnica; Z. FRANKENBERGER (1959): das Gebirge Vihorlat (Remetské Hámre) und in Ostmähren das Gebirge Moravskoslezské Beskydy (Solánec pod Soláněm).

II.

Im Jahre 1978 wurde bei der Durchforschung der Bodenfauna (*Mollusca, Isopoda*) des Gebirges Malé Karpaty eine weitere Art der Gattung *Hyloniscus* – *Hyloniscus transsilvanicus* (VERHOEFF) – entdeckt, die gleichzeitig eine neue Art für die Fauna der Tschechoslowakei ist.

Geographische Verbreitung

Rumänien: Umgebung von Braşov (VERHOEFF 1901); Umgebung von Braşov, Muntii Bucegi, Banat – Bŏile Herculane (MÉHELY 1929a, b); Umgebung von Sinaia, Muntii Bucegi (RADU 1939); Erlenwald südlich von Cluj (RADU u. TOMESCU 1976).

Ungarn: Gebirge Bükk, Bátorliget (Nyirség), Umgebung von Sátoraljaújhely (MÉHELY 1929a).

Slowakei: Gebirge Malé Karpaty – Rača bei Bratislava (Tal eines namenlosen Waldbaches am Wanderweg Rača – Dolný červený kríž).

[1]) The research referred to in this paper forms part of project MAB – UNESCO No. 2 of the Czechoslovak contribution, Project No. 90.

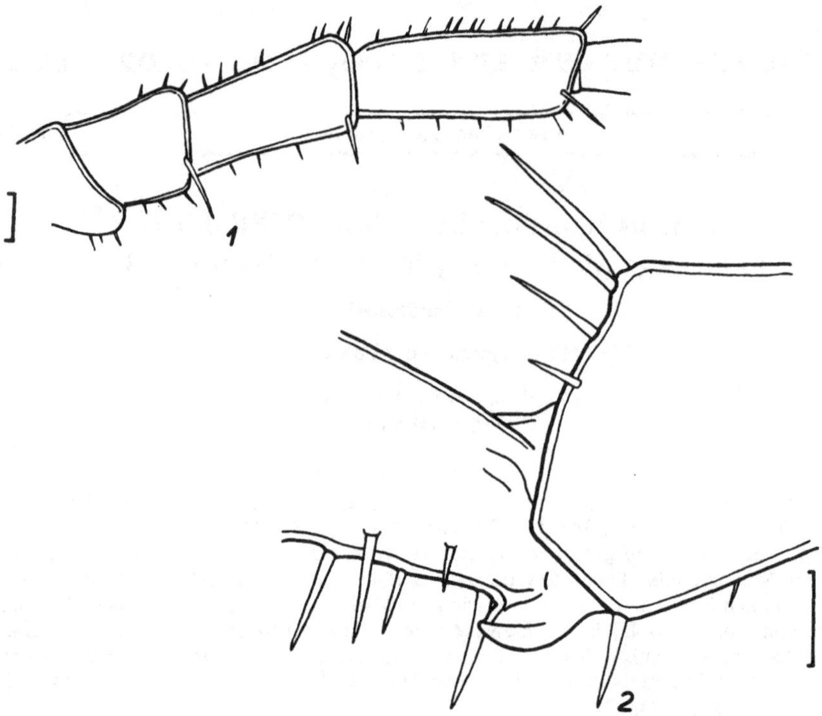

Fig. 1, 2. *Hyloniscus transsilvanicus* (VERHOEFF), ♂, 6 mm.
1: 2.–4. Antennenglied. 2: Greifhaken am Meropodit des 7. Peraeopoden.

Ökologische Bemerkungen

Hyloniscus transsilvanicus lebt in feuchten und kalten Wäldern, in Schluchten von hohen Bergen und an Ufern von Bächen am Fuße des bewaldeten Gebirges. Die ursprünglichen Bedingungen blieben in Rumänien erhalten. – Das Vorkommen in Oberungarn stammt aus der Zeit, als die rumänischen und ungarischen Lokalitäten durch umfangreiche Wälder verbunden waren. In Bátorliget auf der Nyirség, die heute hier und da durch einige Quellen, Moräste und Parkwälder unterbrochene Sandsteppe ist, erhielten sich die Tiere in Sumpfgebieten, deren torfiger Untergrund es ihnen ermöglichte, sich während der heißen Jahreszeit in die tieferen, kühlen und feuchten Erdschichten zu begeben. An dieser Lokalität kann die Art als ein Relikt der großen Wälderzeit betrachtet werden, welches hier aus jener Zeit, als die ganze Nyirség mit Wäldern bedeckt war, verblieb.

Als Anpassung an neue Bedingungen entstanden einzelne Lokalrassen, die sich durch Größe und Färbung unterscheiden. Die aus Rumänien stammenden Exemplare sind groß (♂ 6–7 mm, ♀ 7–8 mm) und intensiv gefärbt. Dasselbe betrifft das in Nordungarn in der Umgebung von Sátoraljaújhely gesammelte Material (♂ 5–6 mm, ♀ 7–8 mm). Aus Bátorliget sind die Tiere kleiner (♂ 3,7–4,7 mm, ♀ 6 mm) und weniger intensiv gefärbt, im Gebirge Bükk stellen sie eine Kümmerform (♂ 3–3,5 mm, ♀ 5–6 mm) mit dunkler Färbung dar (nach MÉHELY 1929a).

Die Reproduktion und postembryonale ontogenetische Entwicklung studierte N. TOMESCU (1976). Quantitativ-ökologische Beobachtungen stammen von V. RADU und N. TOMESCU (1976). Mit der Anatomie des Magens beschäftigte sich N. TOMESCU (1974).

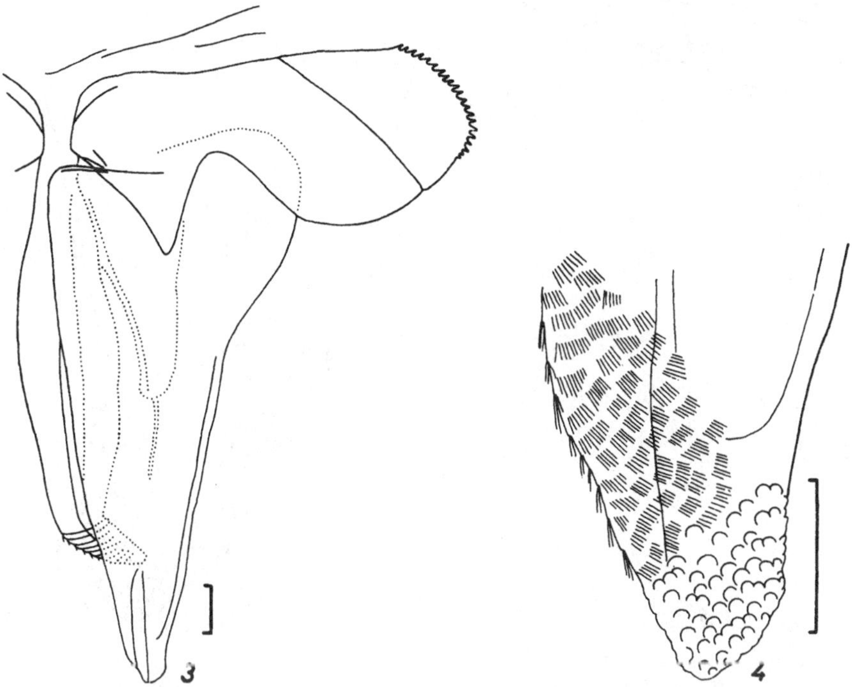

Fig. 3, 4. *Hyloniscus transsilvanicus* (VERHOEFF), ♂, 6 mm.
3: 1. Pleopod mit Genitalpapille, Ventralseite. 4: Distalende des 1. Pleopoden-Exopoditen, Ventralseite.

Im Gebirge Malé Karpaty wurde *Hyloniscus transsilvanicus* im Tal eines Waldbaches (Quercus, Fagus, Carpinus, Alnus) gesammelt, und zwar in seinem unteren Teil, ungefähr einen Kilometer von der letzten Wohnstätte in Rača entfernt (bachaufwärts). Die Lokalität liegt etwa 300–400 m ü. NN. Die Art lebt hier an den Ufern des Baches in feuchtem Humus unter Laub, Baumrinde, Steinen u. a., gemeinsam mit den Arten *Trichoniscus pusillus pusillus, Porcellium conspersum, Protracheoniscus politus, Trachelipus ratzeburgi,* einmal wurde auch *Orthometopon planum* (1 ♂) gefunden. – In seiner Größe (♂ 5,5 bis 6 mm, ♀ 5,5–7,5 mm) nähern sich die hier gesammelten Exemplare den in der Umgebung von Sátoráljaújhely in Nordungarn gesammelten Tieren.

Im Gebirge Malé Karpaty wurde *Hyloniscus transsilvanicus* am 6. IX. (44 ♂♂, 102 ♀♀) und 8. IX. 1978 (42 ♂♂, 150 ♀♀) gesammelt (lgt. M. FLASAROVÁ).

Danksagung

Für die Ermöglichung dieser Arbeit bin ich Herrn Ing. Josef NOSEK, CSc. vom Virologischen Institut der Slowakischen Akademie der Wissenschaften in Bratislava zu herzlichem Dank verpflichtet. Die Durchforschung der Bodenfauna stellt einen Teil des staatlichen Arbeitsplanes „Funktion und Produktivität der Waldökosysteme des Gebirges Malé Karpaty" dar.

Zusammenfassung

Bei der Durchforschung der Bodenfauna *(Mollusca, Isopoda)* des Gebirges Malé Karpaty (Slowakei) wurde 1978 *Hyloniscus transsilvanicus* (VERHOEFF) entdeckt, der eine neue Art für die Fauna der Tschechoslowakei darstellt. *Hyloniscus transsilvanicus* ist eine silvi-

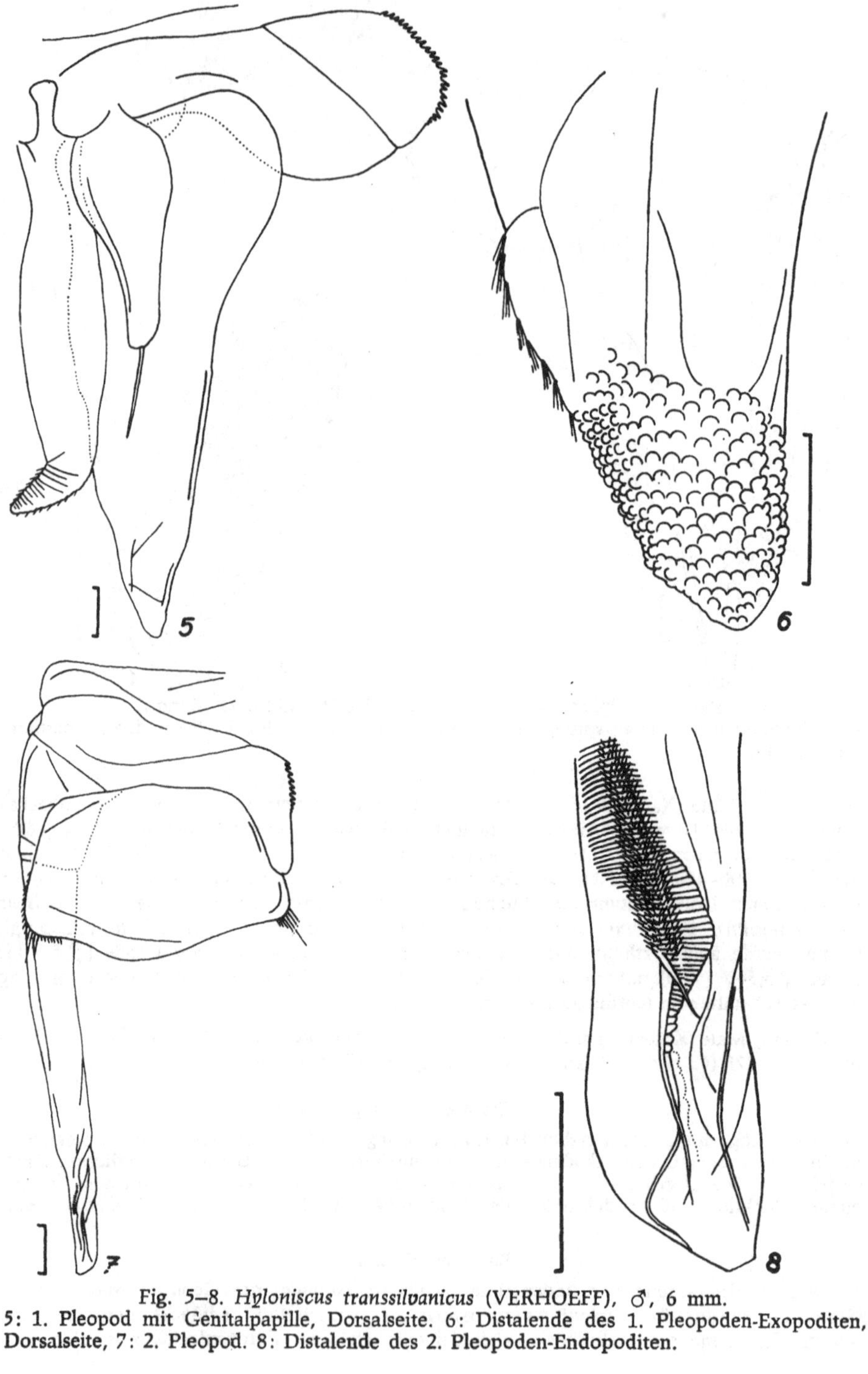

Fig. 5–8. *Hyloniscus transsilvanicus* (VERHOEFF), ♂, 6 mm.
5: 1. Pleopod mit Genitalpapille, Dorsalseite. 6: Distalende des 1. Pleopoden-Exopoditen, Dorsalseite, 7: 2. Pleopod. 8: Distalende des 2. Pleopoden-Endopoditen.

Abb. 1. Tal des namenlosen Waldbaches bei Rača unweit von Bratislava. Fundort von *Hyloniscus transsilvanicus* (VERHOEFF) (im unteren Teil).

Abb. 2. Tal desselben Waldbaches bei Rača (im oberen Teil).

Fotos I. Flasar

cole Art, welche bisher nur von einigen Lokalitäten in Rumänien und in Nordungarn bekannt war. Im Gebirge Malé Karpaty wurde die Art im Tal eines namenlosen Baches (Quercus, Fagus, Carpinus, Alnus) unweit der Gemeinde Rača bei Bratislava, 300–400 m ü. NN, gesammelt.

Summary

HYLONISCUS TRANSSILVANICUS (VERHOEFF, 1901) FROM MALÉ KARPATY MOUNTAINS IN WEST SLOVAKIA

During exploration of the soil fauna *(Mollusca, Isopoda)* of Malé Karpaty mountains in 1978 the isopod *Hyloniscus transsilvanicus* (VERHOEFF) was found. This species is new for the fauna of Czechoslovakia. *Hyloniscus transsilvanicus* is a forest-inhabiting species which have known hitherto only from several localities in Roumania and North Hungary. In Malé Karpaty mountains the species was collected in the valley of a nameless forest-brook (Quercus, Fagus, Carpinus, Alnus) not far from the village Rača near Bratislava, 300–400 m. above sea-level.

Literatur

DUDICH, E., 1957: Die Grundlagen der Krebstierfauna des Komitates Bars. – Opuscula zoologica Inst. zoosyst. Univ. Budapestinensis. 2 (3): 27–41.

FRANKENBERGER, Z., 1940: *Oniscoidea* Slovakiae. – Sborník entomol. odd. Nár. Musea v Praze, 18 (179): 60–69.

–, 1959: Stejnonožci suchozemští – *Oniscoidea.* – Fauna ČSR, 14: 1–212. Praha.

–, 1964: *Orthometopon planum* B. L. *(Isopoda-Oniscoidea),* zajímavý příslušník slovenské fauny *(Orthometopon planum* B. L. *(Isopodes-Oniscoides),* un membre intéressant de la faune de la Slovaquie). – Biológia (Bratislava), 19 (10): 792–799.

GULIČKA, J., 1960: Vplyv kolísania vodného režimu na pôdnu makrofaunu Svätojurského šúru (Der Einfluß der Wasserstandsschwankung auf die Bodenmakrofauna des St. Georger Moores) *(Diplopoda, Chilopoda, Isopoda).* – Acta fac. rer. nat. Univ. Comenianae, Zool., 4 (6–8): 437–486.

KRUMPÁL, M., 1971: Populačná charakteristika terestrických isopod Jurského šúru. Diplomarbeit, Bratislava.

–, 1973: Sezónna dynamika populácie suchozemských rovnakonožcov *(Isopoda, Oniscoidea)* prírodnej rezervácie Jurský šúr (Seasonal dynamics of dry land woodlice populations *[Isopoda, Oniscoidea]* of the Jurský šúr nature reservation). – Biológia (Bratislava), 28 (11): 879–884.

–, 1976: Knowledge from biology of isopode reproduction in Jurský Šúr. – Acta fac. rer. nat. Univ. Comenianae, Zool., 20: 63–67.

MÉHELY, L. von, 1929a: Species generis *Hyloniscus.* – Studia Zoologica, reg. sci. Univ. Hungaricae Budapestinensis, 1: 1–75.

–, 1929b: Der wahrhaftige Artcharakter. – Zool. Anz., 81 (7–10): 219–223.

RADU, V. GH., 1939: Isopodes terrestres de Roumanie. I. Isopodes des environs de Sinaia. – Annales sci. l'univ. Jassy, sec. partie, 25 (2): 447–462.

–, u. N. TOMESCU, 1976: Quantitativ-ökologische Untersuchungen an Landisopoden. – Pedobiologia, 16: 36–43.

TOMESCU, N., 1974: Morfologia stomacului la cîteva specii de izopode terestre (On stomach morphology in some species of terrestial Isopodes). – Studia Univ. Babeş-Bolyai, ser. biol., 1974 (1): 77–83.

–, 1976: Reproduction et developpement ontogénétique post-embryonnaire chez *Hyloniscus transsylvanicus* Verh. 1901 *(Crustacea, Isopoda).* – Ibidem, 21: 44–48.

VERHOEFF, K. W., 1901: Über paläarktische Isopoden (4. Aufsatz). – Zool. Anz., 24 (635): 66–72; (636): 73–79.

–, 1908: Über Isopoden (15. Aufsatz). – Arch. Biontologie, 2: 339–387.

Anschrift der Autorin:

Dr. Marie Flasarová, Krajské muzeum, CS – 415 01 Teplice v Č., Zamecke namesti 14, ČSSR.

Faunistische Abhandlungen

STAATLICHES MUSEUM FÜR TIERKUNDE IN DRESDEN

Band 7 Ausgegeben: 25. April 1980 Nr. 31

Zur taxonomischen Gliederung sowie Verbreitung von Aphrodes bicinctus (SCHRK.) sensu RIB.

(Homoptera, Auchenorrhyncha, Cicadellidae)

Mit 3 Abbildungen

RAINER EMMRICH
Dresden

Von NAST (1976) wurde die bereits von RIBAUT (1952) begründete subspezifische Trennung von *Aphrodes bicinctus* (SCHRK). in den Artstatus erweitert, wobei der erstere Autor gleichzeitig auf Grund der Priorität für *A. bicinctus bicinctus* sensu RIB. den älteren Namen *Aphrodes makarovi* ZACHVATKIN, 1948 einführte, während *A. bicinctus diminutus* sensu RIB. in die Synonymie von *A. bicinctus* (SCHRK.) gestellt wurde. Beide „Arten" lassen sich im männlichen Geschlecht nach RIBAUT und NAST morphometrisch sowie mittels des Baues des Aedoeagus trennen. Nach RIBAUT hatte bereits LE QUESNE (1965) die morphometrische Separation der ♂♂ beider Formen unter Kombination von Körper- und Aedoeagusmaßen bestätigt, diese aber (unter Einschluß einer sich hierbei ergebenden dritten Individuengruppe) als Ökophänotypen der Art *A. bicinctus* sensu RIB. angesehen, bis experimentelle Untersuchungen den biologischen Artstatus sichern. Im Rahmen der Revision der holarktischen Aphrodinen schloß sich HAMILTON (1975) der Ansicht LE QUESNEs an und erwähnte als Ergebnis von Züchtungsversuchen (CHIYKOWSKI) die Variabilität des Abstandes beider Aedoeagusdornen-Paare im Verlauf zweier aufeinanderfolgender Generationen. So dürfte die Berechtigung des Artstatus beider sympatrischer Formen weiterhin unterschiedlich beurteilt werden.

Aus praktischen Gründen erscheint es zweckmäßig, die durch NAST nominell gekennzeichneten Individuengruppen bei der Analyse von Untersuchungsmaterial von „*A. bicinctus*" zu berücksichtigen (umfassende zoogeographische oder ökologische Analysen werden erst dann möglich sein, wenn beide Formen in Zukunft getrennt erfaßt werden). Auch die Aufgliederung bis zur bisherigen Subspezies *A. bicinctus diminutus* wurde insbesondere in der faunistischen Literatur kaum vorgenommen. Ein Weg hierzu kann die Revision des in Sammlungen vorhandenen Materials von „*A. bicinctus*" sein, was im vorliegenden Fall an Hand der im Staatl. Museum für Tierkunde Dresden vorhandenen bzw. vom Autor in den vergangenen beiden Jahren determinierten Exemplare (157 ♂♂) erfolgte.

Nach RIBAUT, LE QUESNE, NAST sowie den vorliegenden Befunden bestehen folgende Differentialmerkmale der ♂♂ im Genitalbereich und in den morphometrischen Maßen:

Insertionsstellen der Dornenpaare des Aedoeagus bei *bicinctus* voneinander entfernt, bei *makarovi* einander genähert (siehe Aedoeagus-Abbildungen bei RIBAUT und NAST). Dieses Merkmal ist variabel (Variationsserien beider Formen bei NAST) und mitunter schwer zu erkennen.

Apikalteil des Aedoeagus (vom Gonoporus bis zum oberen Dornenpaar), bedingt durch die Stellung beider Dornenpaare, bei *bicinctus* im Vergleich zu *makarovi* kürzer, bei vergleichsweise gleicher absoluter Aedoeaguslänge (dessen Länge nach LE QUESNE an Hand von britischen Exemplaren: 9 ♂♂ von *makarovi* 0,86–1,01 mm; 6 ♂♂ von *bicinctus* 0,84 bis 0,99 mm).

Apikalteil des Aedoeagus bei *bicinctus* gerade oder kaum merklich gebogen, bei *makarovi* deutlich (nach NAST mitunter fast S-förmig) gekrümmt. Dieses Merkmal wurde von NAST als taxonomisch relevanter als die Stellung der Dornenpaare gewertet und fiel auch bei der Durchsicht des vorliegenden Materials auf. Es wurde von RIBAUT, LE QUESNE und HAMILTON nicht erwähnt. Der Grad der Ausprägung ist jedoch auch variabel.

Aedoeagusbasis bei *bicinctus* parallelseitig, bei *makarovi* etwas verbreitert (nach NAST).

Verhältnis der Distanz zwischen den Spitzen beider Dornenpaare des Aedoeagus zu dessen Gesamtlänge nach LE QUESNE bei *bicinctus* 0,15–0,34 (6 ♂♂), bei *makarovi* 0,05–0,15 (9 ♂♂).

Gesamtlänge des Körpers von *bicinctus* nach RIBAUT 4,50–5,70 mm (? ♂♂), nach LE QUESNE < 5,65 mm (6 ♂♂)[1]); von *makarovi* nach RIBAUT 5,00–7,30 mm (? ♂♂), nach LE QUESNE > 5,65 mm (9 ♂♂).

Verhältnis von Gesamtlänge zu Kopfbreite nach RIBAUT bei *bicinctus* 2,5–2,8, bei *makarovi* 2,7–3,1.

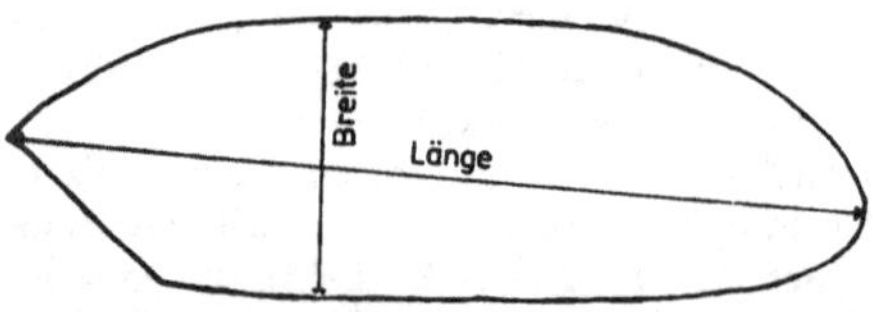

Abb. 1. Meßstrecken der Elytre (vgl. Abb. 2+3).

Alle morphometrischen Maße, die hier nur für die ♂♂ gelten, zeigen einen mehr oder weniger großen Überschneidungsbereich. Bei der Suche nach Maßangaben, welche die Größenverhältnisse beider Formen vergleichbar wiedergeben können und die auch für die ♀♀ anwendbar sind, boten sich die Maße Elytrenlänge (größte Länge) und Elytrenbreite (größte Breite im vorderen Elytrendrittel, s. Abb. 1) an. Diese Werte erscheinen einesteils genügend absolut groß, um erkennbare Differenzen zu markieren, andererseits vermeiden sie die Verwendung der Werte der totalen Körperlänge, die bei trockenpräparierten Exemplaren durch Stauchung oder Streckung des Körpers verändert sein können. Gemessen wurde, soweit möglich, jeweils die linke Elytre am unpräparierten Flügel (d. h. in dessen Ruhelage).

Die bei den ♂♂ (deren artliche Zuordnung stets mittels Genitalpräparation gesichert wurde) im weiteren mitteleuropäischen Rahmen sich ergebenden Elytrenmaße zeigt Abb. 2. Ein Überschneidungsbereich der Elytrenmaße, welcher in der Länge zwischen 4,3 und 4,6 mm, in der Breite zwischen 1,5 und 1,6 mm liegt, ist auch hierbei nicht auszuschließen. ♂♂ mit Meßwerten außerhalb dieser Bereiche können mit großer Wahrscheinlichkeit auch ohne Genitalprüfung spezifisch eingeordnet werden, sofern sie streng mitteleuropäischer Herkunft sind. Die wenigen vermessenen ♂♂ aus dem Raum Ungarn/Rumänien weisen jedoch wesentlich höhere Elytrenlängen auf.

Bei den ♀♀ der ursprünglichen *A. bicinctus* sensu RIB. zeichnet sich in den entsprechenden Meßwerten ein weiterer Streuungsbereich ab, der erwarten läßt, daß auch der Überschneidungsbereich beider Werte breiter ist (Abb. 3). Ausgehend vom Überschneidungsbereich

[1]) Die von LE QUESNE morphometrisch unterschiedene Formengruppe von „peaty heathland" (3 ♂♂) weist gleiche Körpergröße, jedoch noch geringere Aedoeaguslänge (0,74–0,81 mm) auf. Die Maße LE QUESNEs beruhen nur auf einem verhältnismäßig kleinen Material, welches von sehr differierenden und gut abgegrenzten Habitaten stammt.

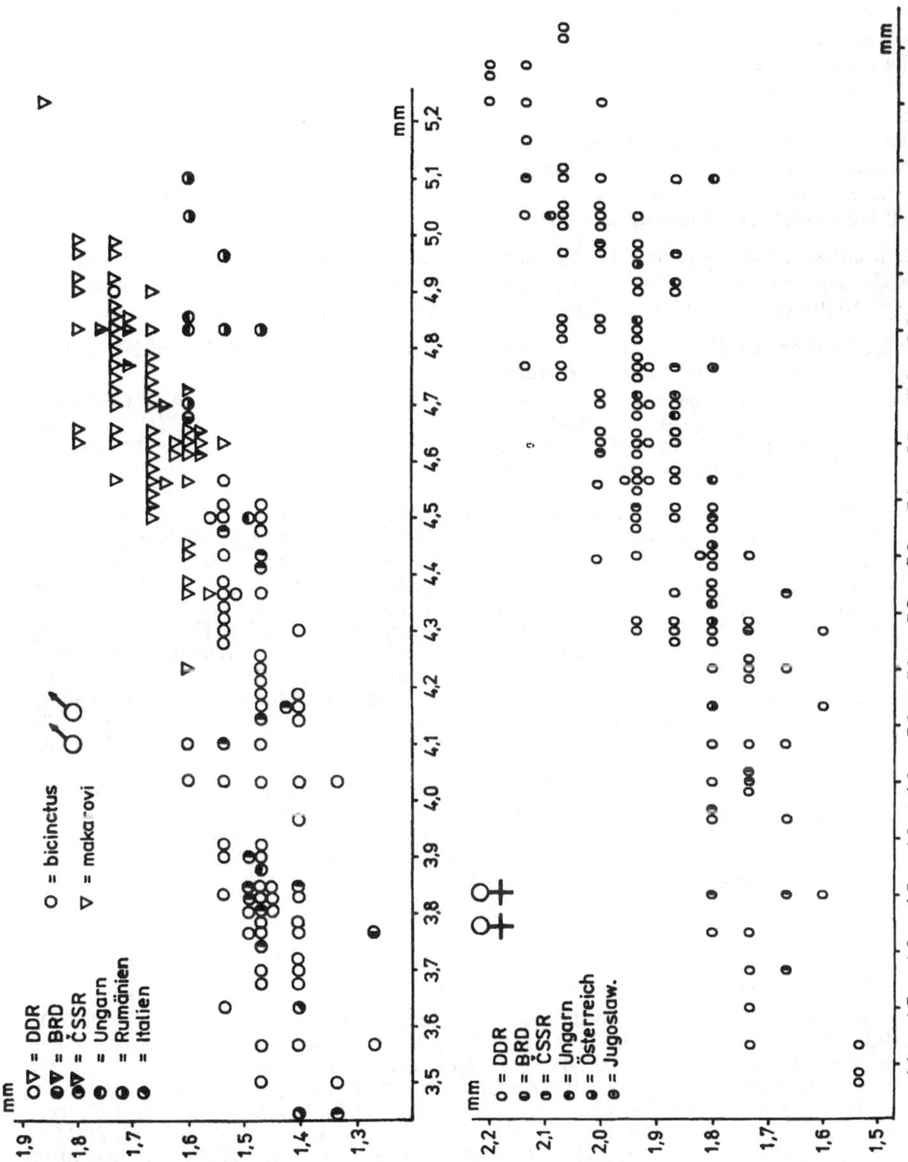

Abb. 2 (links). Elytenmaße von *Aphrodes bicinctus* (SCHRK.) und *A. makarovi* ZACHV. (♂♂).

Abb. 3 (rechts). Elytrenmaße von „*Aphrodes bicinctus*" sensu RIB. (♀♀).

Anmerkung zu den Abb. 2+3: Aufgenommen wurden die etwa bis VI. 1979 vorliegenden Exemplare.

der Werte der ♂♂, dürfte der entsprechende Bereich der Elytrenmaße der ♀♀ etwa zwischen 5,1 und 5,6 mm (Länge) sowie 1,8 und 2,0 mm (Breite) liegen. ♀♀ mit den Elytrenmaßen 5,1/1,8 mm und < dürften demnach mit großer Wahrscheinlichkeit der Form *A. bicinctus* zugehören, ♀♀ mit den Elytrenmaßen 5,6/2,0 mm und > der Form *A. makarovi*. Der dazwischenliegende Bereich schließt jedoch hier eine große Anzahl ♀♀ ein, die nach diesem Verfahren nicht zuordnungsbar sind. Zusätzlich ist als (nicht konstanter) Färbungsunterschied zu nennen, daß die Tendenz zur Dunkelfärbung der ♀♀ offenbar nur bei *makarovi* ausgeprägt ist, währen die ♀♀ von *bicinctus* vorwiegend eine hellere (gelbe – hell bräunliche) Grundfärbung aufweisen.

Nach diesem Modus wurde auch die Zuordnung der entsprechenden ♀♀ in der folgenden Aufstellung vorgenommen (Abkürzungen: A. = Autor, Bf. = Barberfallenfang, Lf. = Lichtfang). Vertreten sind alle bis Anfang VIII. 1979 gesammelten Exemplare.

Aphrodes bicinctus (SCHRK.) = *A. bicinctus diminutus* sensu RIB. (♂♂, daneben ♀♀ mit den Elytrenmaßen 5,1 mm Länge/1,8 mm Breite und <):

Insel Hiddensee, Kr. Rügen, 18. VIII. 1965, 1 ♂, leg. A.; Groß-Schönwalde b. Greifswald, 2. VIII. 1967, 5 ♂♂, leg. MORITZ/BROEN (Bf.); Rostock, 1977, 1 ♂, leg. DUTY; „Berolina", 1 ♂, coll. KRAATZ; Berlin, 1 ♂, leg. JACOBI; Umgeb. Berlin, 7 ♂♂ 1 ♀, leg. KORSCHEFSKY; Kyffhäuser-Gebirge b. Bad Frankenhausen, Kr. Artern, 19. VII.–18. VIII. 1964, 2 ♂♂, leg. MESSNER/BROEN (Bf.); „Thuringia", 9 ♂♂ 5 ♀♀; Schmiedefeld (725 m), Kr. Ilmenau, VIII., 1 ♂, leg. HEYNE; Graitschen b. Bürgel, Kr. Eisenberg, 1. VII. 1934, 2 ♂♂, leg. MICHALK; Maxhütte b. Zwickau, 11. VII. 1945, 1 ♂, leg. BÜTTNER; Kirchberg b. Zwikkau, 18. VIII. 1956, 1 ♂, leg. BÜTTNER; Ebersbrunn b. Zwickau, 1 ♀, leg. BÜTTNER; Oberwiesenthal, Kr. Annaberg-Buchholz, Zechengrund (900–1000 m), IX. 1970, 1 ♂, leg. NÜSSLER; Geyer, Kr. Annaberg-Buchholz, NSG Hermannsdorfer Wiesen (ca. 700 m), IX.–X. 1969, 1 ♀, leg. NÜSSLER; Dresden-Rochwitz, 1902, 16. VII. 1950, 3 ♂♂, leg. KOKSCH; Dresden-West, Plauenscher Grund, 1 ♂, leg. KIRSCH; Tharandt, Kr. Freital, 1 ♀, leg. JACOBI; Bad Schandau, Kr. Pirna, 2. VIII. 1911, 2 ♂♂, leg. SPANEY-SCHUMACHER (Mus. Naturk. Berlin); Sächs. Schweiz: Bielatal, Schmilka, Wehlen, „Hintere Sächs. Schweiz", Kr. Pirna u. Sebnitz, 13 ♂♂ 8 ♀♀, 5.–26. VIII. 1970, 6. VIII. 1971, 1.–24. VIII. u. 14. IX.–25. X. (Bf.) 1972, 30. VII.–8. VIII. 1974, 23. VII. 1978, leg. KRAUSE u. A.; Kamenz, 2 ♀♀, leg. KIRSCH; Weifa, Kr. Bischofswerda, 14. VIII. 1974, 4 ♂♂, leg. A.; Umgeb. Görlitz, 2. u. 15. VIII. 1974, 2 ♂♂ 1 ♀, leg. FRANKE (Mus. Naturk. Görlitz).
BRD: Darmstadt, 2 ♂♂, leg. JACOBI; Borkum, 1 ♂, leg. SCHNEIDER.
ČSSR: „Mähren" (Morava, u. a. „Weißkirchen" = Hranice), 13 ♂♂ 6 ♀♀.
Ungarn: „Ungarn", 1 ♂; Budapest, 2 ♂♂; U'pest, 2 ♂♂, leg. MEUSEL.
Rumänien: „Siebenbürgen", 6 ♂♂, leg. DEUBEL.
Österreich: Graz, 1 ♀.
Italien: „Südtirol, Seiß a. Schl.", 2 ♂♂.

Aphrodes makarovi ZACHV. = *A. bicinctus bicinctus* sensu RIBAUT (♂♂, daneben ♀♀ mit den Elytrenmaßen 5,6 mm Länge/2,0 mm Breite und >):

Insel Hiddensee, Kr. Rügen, 24. VIII. 1965, 1 ♂, leg. A.; Rostock, 1977, 1 ♂, leg. DUTY; Dudendorf, Kr. Rostock, 8. VIII. 1978, 2 ♂♂ 2 ♀♀, leg. RUDNICK; Rostock-Markgrafenheide, NSG Hütelmoor, 12. VIII. 1978, 1 ♀, leg. RUDNICK; Groß-Schönwalde b. Greifswald. 2. VIII. 1967, 1 ♂, leg. MORITZ/BROEN (Bf.); Finkenkrug b. Falkensee, Kr. Nauen, 1 ♂, leg. KORSCHEFSKY; Umgeb. Berlin, 1 ♂, leg. KORSCHEFSKY; Berlin, 1 ♂, coll. OLDENBERG; Dübener Heide, Kr. Gräfenhainichen, Rev. Jösigk, 1967, 3 ♂♂, leg. FEILER; „Thuringia", 3 ♂♂ 1 ♀; Friedrichroda, Kr. Gotha, 2.–13. VIII. 1976, 7 ♂♂ 4 ♀♀, leg. BEMBENEK; dito, 1 ♂; Planitz b. Zwickau, 3. X. 1945, 1 ♀, leg. BÜTTNER; Pöhlau b. Zwickau, 28. VII. 1942, 1 ♂, leg. BÜTTNER; Dresden-Hosterwitz, Keppgrund, 2. IX. 1974, 1 ♂ 2 ♀♀, leg. A.; Dresden-Rochwitz, 1902, 16. u. 18. VII. u. 18. VIII. 1950, 5 ♂♂ 4 ♀♀, leg. KOKSCH; Dresden-Tolkewitz, 29. VII. 1944, 10. u. 19. VII. 1946, 27. VIII. 1949, 27. VII. 1951, 3 ♂♂ 3 ♀♀, leg. KOKSCH; Dresden-Wachwitz, 10. VII. 1938, 1 ♂, leg. KOKSCH; Dresden-Pillnitz, 10. VII. 1949, 1 ♂, leg. KOKSCH; Dresden-Bühlau, 28. VII. 1948, 1 ♂, leg. KOKSCH; Dresden-West, Plauenscher Grund, 1 ♂, leg. KIRSCH; dito, „Heidenschanze", 20. VII. 1977, VIII. 1977, VII. 1979, 5 ♀♀, leg. NÜSSLER; Dresden-Heller, 7. IX. 1951, 1 ♀, leg. KOKSCH; Dresden-Omsewitz, Zschonergrund, 17. IX. 1967, 1 ♀, leg. RIETZSCH; Freital, Stadtgebiet,

VIII. 1961, 17. VII. 1966, VIII. 1973, VIII. 1979, 1 ♂ 4 ♀♀, leg. NÜSSLER; Freital, Kesselgrund, VIII. 1977, 16. X. 1977, 20. VIII. 1978, VII. 1979, 6 ♂♂ 6 ♀♀, leg. NÜSSLER; Tharandt, Kr. Freital, 2 ♂♂, leg. JACOBI; dito, VII. 1966, 1 ♀, leg. NÜSSLER; Constappel, Kr. Meißen, Saubachtal, 5. VIII. 1978, 1 ♂, leg. NÜSSLER; Radeberg, Kr. Dresden-Land, 1963/64, 1 ♂ (Lf.); Wilisch, Kr. Freital, 31. VIII. 1950, 1 ♀, leg. KOKSCH; Zadel b. Meißen, Elbtal, 12. VIII. 1978, 1 ♀, leg. NÜSSLER; zw. Diesbar u. Seußlitz, Kr. Meißen, Elbtal, 28. VI. u. 1. VII. 1977, 2 ♂♂, leg. KRAUSE; Schwarzbachtal b. Dippoldiswalde (ca. 400 m), VIII. 1968, 1 ♂ 1 ♀, leg. NÜSSLER; Bad Schandau, Kr. Pirna, 2. VIII. 1911, 1 ♂, leg. SPANEY-SCHUMACHER (Mus. Naturk. Berlin); Sächs. Schweiz: Bielatal, Wehlen, „Hintere Sächs. Schweiz", Kr. Pirna u. Sebnitz, VII. 1963, 21. VII. 1967, 18. VII.–18. VIII. 1969 (Bf.), 6. VIII. 1971, 8.–26. VIII. 1973, 6.–11. IX. 1974, 3.–31. VII. 1977, 10 ♂♂ 11 ♀♀, leg. NÜSSLER, KRAUSE u. A.; Umgeb. Görlitz, 2. VIII. 1974, 1 ♂, leg. FRANKE (Mus. Naturk. Görlitz).
BRD: Schleswig, 2 ♂♂, leg. JACOBI; Darmstadt, 12. VII. 1904, 1 ♂, leg. JACOBI; Gr.-Gerau (Hessen), 10. VII. u. 10. VIII. 1904, 2 ♂♂, leg. JACOBI.
ČSSR: „Mähren" (Morava), 5 ♂♂ 2 ♀♀.
Ungarn: Budapest, 2 ♀♀; westl. Balatongebiet, VII. 1978, 1 ♂, leg. ZIRKEL.
Österreich: Wien, Schneeberg, 1 ♀, leg. KIRSCH.

Nach LE QUESNE und NAST differieren beide „Arten" in ihren ökologischen Ansprüchen deutlich (*bicinctus*: besonnte Lokalitäten nach NAST, „calcareous hillsides" nach LE QUESNE; *makarovi*: feuchte und schattige Lokalitäten nach NAST, Teich- und Bachufer mit Urtica-Beständen nach LE QUESNE). NAST (nach Sammelmaterial aus den Pieninen) machte auch unterschiedliche Angaben zur Phänologie. Verallgemeinert würden diese Befunde bedeuten, daß es sich bei der in den Körpermaßen kleineren Form *A. bicinctus* (SCHRK.) um die xerophil tendierende Form mit saisonal früherer (?) Maturität, bei der körperlich größeren *A. makarovi* ZACHV. um die hygrophil tendierende Form mit saisonal späterer Reife handeln würde. Die Verteilung beider Formen (Verbreitungsgrenzen werden für beide im erfaßten Gebiet nicht sichtbar) läßt ansatzweise erkennen, daß Funde aus den Habitatkategorien „Täler/Gründe/Moore" (soweit den Etiketten zu entnehmen) vorzugsweise für *A. makarovi* vorliegen, während „Trockenrasen" nur für *A. bicinctus* zu verzeichnen sind (Bad Frankenhausen, Schmilka). Das Spektrum der beiden Formen akzeptablen Habitate ist jedoch weitaus umfassender und dürfte, da vom Entwicklungstyp her eine synchrone Entwicklung vorgegeben ist, Möglichkeiten der Vermischung beider Formen einschließen, was auch das Auftreten einzelner, nach Genitalmorphologie und Größe intermediär erscheinender ♂♂ erklären kann. Das Auftreten beider Formen in identischen „Sammelserien" im vorliegenden Material unterstützt diese Möglichkeit, läßt aber auch die Frage nach ihrem realen taxonomischen Status offen.

Summary

ON TAXONOMIC SEPARATION AND DISTRIBUTION OF APHRODES BICINCTUS (SCHRK.) SENSU RIB.

Basing upon specific separation of *Aphrodes bicinctus* sensu RIB., the features of *A. bicinctus* (SCHRK.) and *A. makarovi* ZACHV. are compiled. In the light of museum specimens further morphometric data of both taxonomic units (length and width of elytra) as well as informations on distribution in Central Europe are given. The question of specific separation of both units whose justification had been distinctly estimated by the authors is discussed.

Literatur

HAMILTON, K. G. A., 1975: A review of Northern Hemisphere Aphrodina (Rhynchota: Homoptera: Cicadellidae), with special reference to the Nearctic Fauna. – Canad. Ent., 107, No. 10, 1009–1027.

Le QUESNE, W. J., 1965: The Establishment of the Relative Status of Sympatric Forms, with Special Reference to Cases among the Hemiptera. – Zool. Beitr. (N. F.), 11, H. 1/2, 117–128.

NAST, J., 1976: Auchenorrhyncha (Homoptera) of the Pieniny Mts. – Fragm. Faun. PAN, 21, 145–183.

RIBAUT, H., 1952: Homoptères Auchénorhynques. II (Jassidae). In: Faune de France, 57. Paris.

Anschrift des Autors:
Dr. R. Emmrich, Staatl. Museum für Tierkunde, DDR – 801 Dresden, Augustusstraße 2.

Faunistische Abhandlungen

STAATLICHES MUSEUM FÜR TIERKUNDE IN DRESDEN

Band 7 Ausgegeben: 25. April 1980 Nr. 32

Zur Bestandsentwicklung einiger Limikolenarten am Natronsee „Büdösszék-tó" in der ungarischen Pußta

(Aves, Charadriiformes)

Mit einer Karte und 6 Fotos

FRANZ ROBILLER, KLAUS BORRMANN und LÁSZLÓ MOLNÁR
Weimar Lüttenhagen Pusztaszer

Im Mai 1978 unternahmen wir eine Fotoexkursion in das Landschaftsschutzgebiet Fehértó-Pusztaszer im Süden der ungarischen Pußta, das wegen einiger Brutvögel über die Landesgrenzen bekannt ist und als Raststätte für ziehende Wasservögel auch internationale Bedeutung hat. Es umfaßt die Reservate Fehértó, Sasér, Csaj-tó, Labodár und Pusztaszer und gehört zu den acht Naturschutzgebieten Ungarns, die in der Ramsarer Konvention (Iran) genannt werden ((BERDÁR u. STERBETZ 1976). Die vier genannten Gebiete sind streng geschützt und dürfen nur mit einer Sondergenehmigung betreten werden.

Unser Augenmerk galt den avifaunistischen (und floristischen) Besonderheiten des Pusztaszerer Naturschutzgebietes. Dabei war eine interessante Frage die Bestandsentwicklung einiger Limikolenarten des Sees „Büdösszék-tó" in den letzten Jahren, wobei es uns besonders auf die für dieses Gebiet sehr kostbaren Säbelschnäbler *(Recurvirostra avosetta)* und Seeregenpfeifer *(Charadrius alexandrinus)* ankam. Vögel also, deren Biotop überwiegend die flachen Meeresküsten und Mündungen von Strömen und Flüssen mit teils lehmigen, teils salzhaltigen, trockenen Schlickbänken, wie auch Lagunen sind. Die ungarische Pußta ist für Mitteleuropa ein prägnantes Beispiel für ihre Brutplätze an salzhaltigen Gewässern im steppen- bis wüstenartigen Binnenland. Nach P. BERETZK und I. STERBETZ (in GLUTZ VON BLOTZHEIM et al. 1975) deutet sich in Ungarn ein Bestandsrückgang des Säbelschnäblers an.

Das Pusztaszerer Naturschutzgebiet „Büdösszék" im Südteil der großen ungarischen Tiefebene ist ein streng geschützter Teil des Pusztaszerer Landschaftsschutzgebietes. Das Reservat umfaßt 443 ha, größtenteils Weide. Der Rest sind Sumpf und Wiese sowie zwei Robinien-Wäldchen (Robinia pseudoacacia) und der salzhaltige See. Seine Fläche beträgt 60 ha, und er wird als „Büdösszék-tó" bezeichnet. Er ist identisch mit dem von W. MAKATSCH 1964 genannten „Steppensee". Auf Vorschlag von W. MAKATSCH und B. VARGA (1964) wurde er mit der näheren Umgebung ab 1963 zum Vogelschutzgebiet erklärt. Er stand damit für die Frühjahrsmonate unter Schutz. Somit war der Zerstörung zahlreicher Limikolengelege durch den Weidebetrieb Einhalt geboten. Am 2. 12. 1965 erklärte das Amt für Naturschutz das Gebiet als geschützt, zur „Erhaltung und Erforschung der wertvollen Vogel- und Pflanzenwelt". Wie es in der Erklärung zum Beschluß weiter heißt, „finden wir hier die typischen Landschaftsformen der Pußta, den alkalihaltigen See sowie von Pflanzen bedeckte Sumpfwassergebiete und die Salzweide."

Das Naturschutzgebiet wurde hier früher durch das Theißhochwasser, durch den Donger Kanal sowie die aus der Richtung Kecskemét, Kiskunfélegyháza kommenden Gewässer mit Wasser versorgt, was heute durch die Errichtung von Deichen nicht mehr möglich ist und

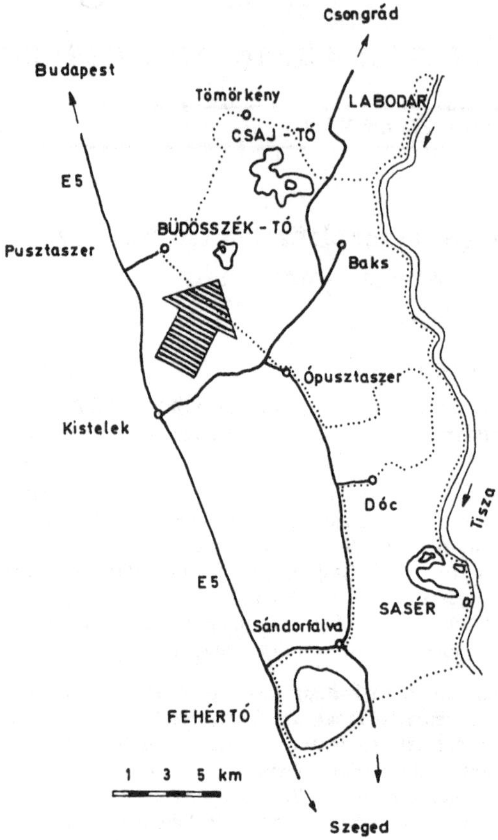

Abb. 1. Das Landschaftsschutzgebiet Fehértó-Pusztaszer.

nur noch durch Niederschläge und Grundwasser geschieht. Der „Büdösszék-Teich" ist geographisch gesehen ein Glied der alkalihaltigen Seenkette, die sich vom Südteil des Bezirkes Pest über das Donau-Theiß-Zwischenstromland bis über die ungarische Grenze erstreckt. Die geologische Besonderheit des Gebietes besteht darin, daß es zwischen der Theiß-Niederung und dem Donau-Theiß-Zwischenstromland liegt und deren charakteristische Bodentypen bzw. deren Mischungen aufweist.

Der Jahresniederschlag schwankt um 570 mm, der nicht immer die Wasserversorgung des Sees und des Sumpfgeländes sichert. So trocknet der „Büdösszék-tó" in manchen Jahren ganz aus. Zum Beispiel war der Natronteich von Mai bis November 1968 und jeweils von Juli bis November der Jahre 1976 und 1977 ohne Wasser. Je nach dem Wasserstand hat er einen pH-Wert von 7,5 bis 11, während der nur wenige Kilometer entfernt liegende „Csaj-tó" maximal nur 7,0 erreicht. Es gibt aber auch ausgesprochen nasse Jahre, ein solches war 1978. Die Niederschlagsmenge betrug allein vom 1. 5. bis 20. 5. 102 mm und ließ den Wasserstand des Sees und vor allem auf den vorgelagerten Binsen-, Simsen-, Seggen- und Salzflorafächen mit der dominierenden Salzgerste (Hordeum hystrix) und dem Salzschwaden (Puccinellia limosa) weit über das normale Maß ansteigen. Selbst die höher gelegene teichentfernte Zone der Kräuter mit der vorherrschenden Echten Kamille (Matricaria chamomilla) war stellenweise überschwemmt. Der Verlust fast aller Gelege von Kiebitz (*Vanellus vanellus*), Rotschenkel (*Tringa totanus*) und Uferschnepfe (*Limosa limosa*) waren die Folgen. Der sonst in trockenen Jahren dem Teichufer nahegelegene flache, weitgehend vegetationslose Sandstreifen im Westen, wo sonst regelmäßig Seeregenpfeifer (*Charadrius alexandrinus*) und

Abb. 2. Ein verlassenes Gelege des Rotschenkels. Ausgiebige Niederschläge in der ersten Maihälfte 1978 setzten die angrenzenden Teichflächen so unter Wasser, daß die hier brütenden Kiebitze, Rotschenkel und Uferschnepfen ihre Gelege aufgeben mußten.

Foto: F. Robiller

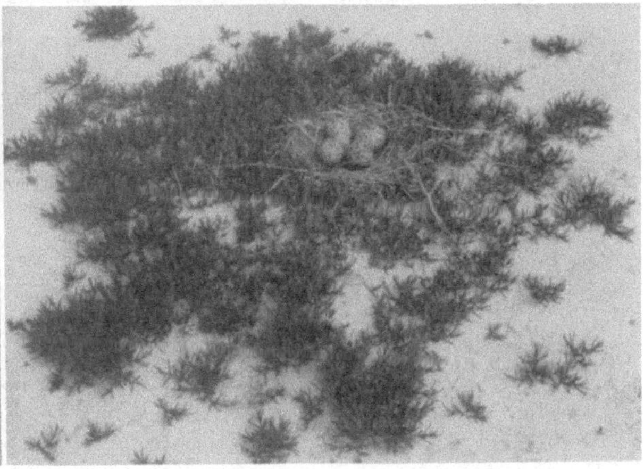

Abb. 3 (links). Ein Säbelschnäbler der Pußta, d. h. die Schwimmhäute werden auf dem Sodaboden der Insel des „Büdösszék-tó" sichtbar. – Abb. 4 (rechts). Eine typische "Nestinsel" des Säbelschnäblers. Sein Nest hat er inmitten einer der wenigen kleinen flächenhaften Ansammlungen des Salzkrautes (Salsola kali ruthenica) gebaut. Der alkalihaltige Sand ist bereits so ausgetrocknet, daß er erste Risse aufweist.

Fotos: K. Borrmann (3) u. F. Robiller (4)

vor Jahren auch noch Säbelschnäbler (*Recurvirostra avosetta*) brüteten, stand dieses Jahr 10–20 cm unter Wasser. Da in diesen Wochen der Wasserstand kaum sank, kam es auch nur zu wenigen Nachgelegen. Allein 3 Kiebitz-, 1 Rotschenkel- und 1 Uferschnepfenpaar legten ein zweites Mal auf kleinen Bodenerhebungen bzw. auf die höhergelegenen Wiesenfläche, die bereits etwa 150 m vom Teich entfernt war. Aus diesen Gelegen schlüpften auch Junge. Nur auf der bereits von MAKATSCH (1964) erwähnten flachen Insel im Westen des Teiches brüteten noch Limikolen, umgeben von der charakteristischen Salzflora mit dem dominierenden Salzkraut (Salsola kali ruthenica), weitgehend unbetroffen von den ausgiebigen Niederschlägen. Allerdings mußte auch hier ein Säbelschnäbler-Paar durch den gestiegenen Wasserstand sein Nest am Inselrand verlassen. Es hatte erst ein Ei gelegt.

Nun zur Bestandsentwicklung einiger Limikolenarten, die wir aus der Literatur und eigenen Beobachtungen zusammentrugen.

Abb. 5. Brütender Säbelschnäbler auf der Insel im „Büdösszéktó", der im Sonnenschein wie seine anderen brütenden Artgenossen durch die reflektierte Hitze des Sandes häufig hechelte.
Foto: F. Robiller

Abb. 6 (links). Brütendes Seeregenpfeifer-Weibchen. – Abb. 7 (rechts). Ein Seeregenpfeifer-Weibchen, das nicht auf der Insel brütete und möglicherweise einst sein Nest in der unter Wasser stehenden Uferzone im Nordwesten des Teiches hatte. In den Jahren vorher nisteten dort stets mehrere Paare auf einem Streifen Natronsand. Fotos: F. Robiller

Recurvirostra avosetta LINNAEUS

Vom Säbelschnäbler hielten sich 1959 nach MAKATSCH (1964) nur 3 Paare am „Büdösszéktó" auf, deren Gelege wahrscheinlich den weidenden Schweinen zum Opfer fielen. MAKATSCH (mdl.) fand bei einem kurzen Besuch 1961 nicht mehr als 10 brütende Paare. Durch die Schutzmaßnahmen stellte er 1963 10 Brutpaare sicher auf der flachen Insel im Westen des Teiches und 3 weitere an seinem Nordrand fest. Zwischen 1964 und 1974 haben hier jährlich 20–30 Paare gebrütet. Genaue Angaben gibt es aber aus keinem Jahr (MARIÁN u. VARGA 1969; VARGA 1974; MARIÁN 1976; MOLNÁR, im Druck). 1975 nisteten im Pusztaszerer Reservat 22 Paare, je zur Hälfte auf der Insel und auf dem ufernahen Sandstreifen im Nordwesten. 1976 konnte die gleiche Verteilung registriert werden, dieses Mal von 30 Brutpaaren. 1977 nisteten nur 4–5 Paare ausschließlich auf der Insel. Etwa das gleiche Bild bot sich 1978. Die 5 Paare hatten ihre Nester allein auf der Insel angelegt.

Parallel zu diesen Angaben die Zahl der Brutpaare der letzten Jahre auf dem wenig entfernten Gewässer „Csajo-tó" (s. Karte) mit einer ganz anderen ökologischen Struktur. 1975 brüteten an diesem Teich 37 Paare. 1976 nisteten keine Säbelschnäbler, 1977 haben 16 Paare wieder hier gebrütet, und 1978 ist die gleiche Situation wie 1976, also kein Brutnachweis.

Gewisse jährliche Bestandsverschiebungen beim Vergleich beider Gewässer auf Grund von umweltabhängigen Faktoren können als Erklärung für diese starken Schwankungen nicht ausgeschlossen werden. Eine nähere Interpretation wäre aber nach den vorhandenen Unterlagen und Beobachtungen sehr hypothetisch. Die rückläufige Tendenz der Bestandsentwicklung der Säbelschnäbler-Brutpaare des Teiches „Büdösszék" in den Jahren 1977 und 1978 mag nach der Unterschutzstellung des Gebietes und der danach allgemein starken Zunahme der nistenden Vögel verwundern. Eine sichere Erklärung gibt es dafür nicht. Am ehesten kann der Rückgang brütender Säbelschnäbler als Folge des abnehmenden Salzgehaltes des Wasser gedeutet werden. Dadurch siedelten sich dichte Bestände von Pflanzenarten an, die vorher durch den höheren Salzgehalt keine Lebensmöglichkeiten hatten. Die trockenen Jahre 1977 und 1978 begünstigten die Ausbreitung neuer Pflanzengesellschaften. Die ufernahe Vegetation wanderte dadurch weiter in den Teich hinein und verringerte wesentlich das Bruthabitat für die Jahre 1977 und 1978. Das trockene Jahr 1976 wies im Frühjahr noch die alten Grenzen der Uferzonierung auf, so daß keine Beschränkungen seitens der natürlichen Umwelt für die Brutplätze der Säbelschnäbler eintraten. Die 30 Brutpaare in jenem Jahr bekräftigen eine derartige Interpretation.

Himantopus himantopus (LINNAEUS)

Die Stelzenläufer nisten auf der Insel des „Büdösszék-tó" und auf den Halbinseln der angrenzenden Sumpfwiesen. Nach MARIÁN u. VARGA (1969), VARGA (1974) und MARIÁN (1976) brüteten 1966 und 1967 hier jeweils 20–22 Paare. 1968 nisteten die Vögel nicht. Ungenau werden die Angaben für den Zeitraum 1969 bis 1971. Von den obengenannten Beobachtern wird nur angegeben, daß sich in diesen Jahren die Zahl der Brutpaare gegenüber früher verringerte. Zwischen 1972 und 1974 brütete *Himantopus himantopus* nicht im Reservat. Erst 1975 konnte MOLNÁR (im Druck) wieder den Brutnachweis erbringen. Es nisteten in diesem Jahr 14 Paare. Ihre Zahl nahm in den kommenden Frühjahren stark ab. So registrierte der gleiche Beobachter 1976 8 Brutpaare, 1977 6 und 1978 fand er nur noch ein Gehege am „Gömöri-tó", und das im Juni. Als Ursachen für den Rückgang können keine stichhaltigen Erklärungen genannt werden.

Burhinus oedicnemus (LINNAEUS)

MAKATSCH beobachtete 1963 in der Umgebung von Pusztaszer Triele, die sich wie Brutvögel benahmen, ohne daß er Gelege oder Jungvögel fand. Am 30. 5. 1968 wurde ein Nest der Vögel im Naturschutzgebiet weit entfernt vom See auf der Salzweide entdeckt (VARGA 1974, MARIÁN 1976). 1973, 1977 und 1978 brütete je ein Paar etwa 2 km nördlich vom Reservat in der Pußta.

Charadrius alexandrinus LINNAEUS

Der Seeregenpfeifer als typischer Brutvogel der flachen Salzseen in der Pußta hat nach MAKATSCH (1964) seit den Schutzmaßnahmen für das Pusztaszerer Gebiet gegenüber 1959 „eine deutliche Zunahme" erfahren. 1963 berichtete der gleiche Beobachter von mindestens 20 Brutpaaren auf der Insel. Auch in den folgenden Jahren 1964–1974 nisteten hier stets 20–25 Paare. 1975 waren es 7–8, 1976 und 1977 jeweils 5–6 und 1978 nur noch 5 Paare, wobei das nasse Jahr sicherlich eine Rolle spielte, denn wir trafen brütende Vögel nur auf der Insel. Außerdem konnten wir mehrere unverpaarte Exemplare beobachten, die möglicherweise im Habitat verbliebene Brutvögel der unter Wasser stehenden Uferzonen waren.

Auch für den Seeregenpfeifer wird die Bestandsentwicklung in gleicher Weise wie für *Recurvirosta avosetta* gedeutet.

Limosa limosa (LINNAEUS)

Die Uferschnepfe fand MAKATSCH (1964) nur vereinzelt 1959 am „Büdösszék-tó", während er 1963 von 5 Nestern in der Umgebung des Teiches berichtete. Von 1964–1974 nisteten hier jährlich 20–30 Paare, die oftmals ohne großen Vegetationsschutz brüteten. Der Rückgang des Weidebetriebes mag eine wesentliche Rolle für die größere Zahl der Brutpaare spielen. Wie wir mehrfach beobachten konnten, werden aber die nicht selten ausbrechenden Schafherden und in den Abendstunden nahrungsuchende Hausschweine um die Gehöfte im Westen der Uferzone auch für den Verlust des einen oder anderen Geleges verantwortlich sein. So wird der Rückgang der Brutpaare von 1975 bis 1977 auf 14–15 und 1978 auf 12–15 (Nestfunde von 9 Paaren) nicht allein durch KEVEs (1960) Feststellung, daß die Art in sehr wechselnder Zahl brütet, zu belegen sein.

Tringa totanus LINNAEUS

Vom Rotschenkel schreibt MAKATSCH (1964), daß er 1959 und 1963 häufig zu sehen war. Auch MARIÁN (1976) gibt an, daß er in beachtlicher Zahl im Naturschutzgebiet brütet. In nassen Jahren nisten 50–60 Paare. Mit Sicherheit nisteten um den See und auf der Insel von 1975–1978 jährlich 15–20 Paare. 1978 waren auf der Insel nur 2 Brutpaare vertreten.

Vanellus vanellus (LINNAEUS)

Alljährlich brütet der Kiebitz zahlreich im Reservat (MARIÁN 1976; MOLNÁR, im Druck). MARIÁN (1969) berichtet von einem Nachgelege, das mit einem geschlüpften Jungvogel am 23. 7. 1965 gefunden wurde.

Summary

ON DEVELOPMENT OF POPULATIONS OF SOME LIMICOLAE BIRD SPECIES FROM THE SODA-LAKE „BÜDÖSSZÉK-TÓ" IN THE HUNGARIAN STEPPE

The development of the populations of *Recurvirostra avosetta, Himantopus himantopus, Burhinus oedicnemus, Charadrius alexandrinus, Limosa limosa,* and *Vanellus vanellus* on Büdösszék-tó in the nature preservation area Pusztaszer in Hungary during the last 15 to 20 years is treated. The reasons for the annual fluctuations and the decline of breeding pairs of that species are discussed.

Literatur

BERDÁR, B. u. I. STERBETZ, 1976: Hungarian National Report Bulletin No. 41/42. International Waterfowl Research Bureau July/December 1976, Slimbridge, p. 31–34.

GLUTZ VON BLOTZHEIM, U. N., K. M. BAUER, u. E. BEZZEL, 1975: Handbuch der Vögel Mitteleuropas, Bd. 6. Wiesbaden.

KEVE, A., 1960: Nomenclator Avium Hungariae. Budapest.

MAKATSCH, W., 1964: Ornithologische Beobachtungen in Ungarn. Zool. Abh. Mus. Tierk. Dresden, 27 (6), p. 129–172.

MARIÁN, M. u. B. VARGA, 1969: A. Pusztaszeri Rezervátum és madárvilága. – Móra Ferenc Múzeum Évkönyve, Szeged, 1, p. 229–256.

–, 1976: A. Pusztaszeri Természetvédelmi Terület madárvilága. – Aquila 82, p. 81–98.

MOLNÁR, L., 1978: A Büdöszék madárvilága. (im Druck)

VARGA, B., 1974: A Dongér-tó és környéke madárvilágáról. – Allattani Közlemények, 61, p. 151–156.

Anschrift der Autoren:

Dr. sc. F. Robiller, DDR-5300 Weimar, Wilhelm-Bode-Str. 8

K. Borrmann, DDR-2081 Lüttenhagen, Oberförsterei

L. Molnár, H-6042 Fülöpháza, KNP Madárvárta

D 2/7/79

Faunistische Abhandlungen

STAATLICHES MUSEUM FÜR TIERKUNDE IN DRESDEN

Band 7 | Ausgegeben: 25. April 1980 | Nr. 33

Omophlina muminovi sp. n. aus Tadshikistan, mit einem Beitrag zur Verbreitung tadshikischer Omophlina-Arten

(Coleoptera, Alleculidae)

Mit 4 Figuren

W. HEINZ MUCHE
Radeberg

Omophlina muminovi sp. n.

Holotypus (♂) sowie 39 Paratypen in Sammlung MUCHE, Radeberg.

Locus typicus: Tadshikische SSR, UdSSR.

Länge: 4,5–6 mm.

Differentialdiagnose: *Omophlina willbergi* REITTER.

Schwarz. Oberkiefer außer Basis und Spitze braun. Gelbbraun sind: Oberlippe, Maxillartaster außer der Spitze, Lippentaster, Fühler, Trochanteren, mehr oder weniger die Basis der Schenkel; Schienen meist ockergelb, aber oft treten Verdunklungen auch an den Schienen auf; Flügeldecken pechschwarz und fettglänzend, selten dunkelbraun; das Halsschild bleibt stets schwarz.

K o p f : Oberlippe glänzend, mit einigen Punktgruben, reichlich 1,5mal so breit wie lang, am Vorderrand eingebuchtet, Seitenecken breit abgerundet, Vorderrand lang beborstet; Supraclypealfurche breit, bogenförmig bis zum Supraantennalhöcker, glänzend, mit grober Punktierung; zwischen den Fühlern durch eine flache Querfurche abgesetzt; zwischen den Augen diskal glatt, wenig punktierte Platte. Schläfen und Scheitel dicht punktiert; Maxillartaster (Fig. 2) schlank, das Endglied länger und breiter als das vorletzte Glied. Fühler beim ♀ bis zu den Spitzen der Hinterhüften, beim ♂ bis hinter die Hinterhüften reichend, 1. Glied breit, eiförmig; 2. Glied gleichbreit, 3. Glied becherförmig und kleiner als die folgenden Glieder; 4.–7. Glied fast gleichlang, Endglied verlängert; beim ♂ 4.–6. Glied verbreitert, 4.–5. Glied beim ♂ weniger als 1,5mal so lang als breit, 6. Glied fast 1,5mal so lang als breit.

H a l s s c h i l d (Fig. 1): Glänzend, 1,3–1,4mal so breit als lang; undeutlich und oft fein gerandet, Vorderrand breit abgerundet, Hinterecken fast rechteckig, spitz abgerundet; Basalrand etwas geschweift, im basalen Drittel mit flacher Depression; Seitendepression undeutlich und variabel; Punktierung ziemlich dicht, aber die Punktgruben kleiner als auf dem Kopf, Platte wenig punktiert oder mit unpunktierten breiten Intervallen; Behaarung scherbengelb, nach hinten gerichtet, zum Teil gescheitelt, Haarlänge maximal wie das Endglied der Kieferntaster, Halsschild viel schmäler als die Flügeldecken.

F l ü g e l d e c k e n : Parallelseitig, ungefähr doppelt so lang wie breit, Schulter schwach vortretend; Streifen schwach angedeutet und nur neben der Naht oder apikal deutlich; Punktgruben tief und flach, größer als auf dem Halsschild, z. T. in Runzeln übergehend, an

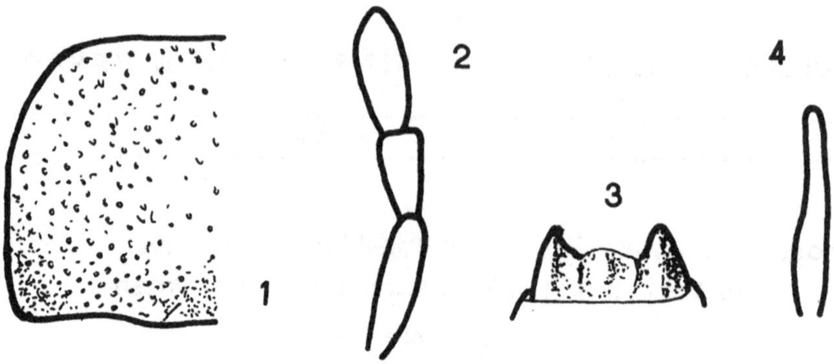

Fig. 1–4. *Omophlina muminovi* sp. n., ♂
1: Linke Halsschildseite – 2: Maxillartaster – 3: Analsternit – 4: Penis.

der Naht die Punktgruben kleiner und meist in länglicher Form; Punktzwischenräume glänzend, ohne Mikroskulptur, z. T. querrunzlig, die langen Haarborsten nach hinten geneigt, gelbbraun, fast von der Länge der Kralle des Mitteltarsus; Epipleuralrand deutlich, bis zur Spitze allmählich verschmälert.

Unterseite: Prosternalfortsatz schmal, aber nicht schneidig, die Höhe der Vorderhüften fast erreichend, Prosternum mit Querfurche; Abdominalsternite stark querrunzlig, vorletztes Sternit stark glänzend, beim ♂ diskal mit einer Depression, beim ♀ die Mitte kielförmig, aber ohne Ausbuchtung; Seitenteile (Fig. 3+4) beim ♂ als zwei kurze Hörner erscheinend.

Beine: Schlank; Vorderschiene länger als Vordertarsus (3:2); Enddorn der Vorderschiene gerade, innerer Enddorn etwas kürzer, beide kürzer als das 1. Tarsenglied; Vordertarsus beim ♂ wenig verbreitert, mit gleichen Seiten, 3mal so lang wie breit; Zähnelung der Vorderkralle normal.

Die neue Art gleicht *willbergi* REITTER, sie trennt sich wie folgt ab·

willbergi RTT.

Form weniger schlank, 5,5–7,5 mm.
3. Fühlerglied länger als das 4. Glied; ohne deutlichen Eindruck der Vorderbrust; mit bläulichem Schimmer; Hinterecken des Halsschildes breit abgerundet; Behaarung der Oberseite liegend, nur auf der Flügeldeckenspitze meist abstehend.

muminovi sp. n.

Form sehr schlank, 4,5–6 mm.
3. Fühlerglied viel kürzer als das 4. Glied; mit deutlichem queren Eindruck der Vorderbrust; pechschwarz, ohne bläulichen Schimmer; Hinterecken des Halsschildes spitz abgerundet; Behaarung der Oberseite nach hinten abstehend, aber nicht liegend.

38 ♂♂, 2 ♀♀. Tadshikische SSR: Samgarskij-Massiv, 30 km östlich von Leninabad, 500–700 m, 19.–20. Mai 1979, leg. W. H. MUCHE u. N. N. MUMINOV. Die neue Art wurde in der Artemisia-Salsola-Steppe gesammelt. Die Tiere hielten sich einzeln an Salsola sp. auf. Diese *Omophlina*-Art wurde während einer Expedition gesammelt, die unter der Leitung des Heteropterologen Dr. N. N. MUMINOV stand. Diese neue Art widme ich in Freundschaft Kollegen MUMINOV.

An dieser Stelle herzlichen Dank Herrn Dr. L. DIECKMANN, der mir für die Differentialdiagnose das Material von *Omophlina willbergi* des Institutes für Pflanzenschutzforschung (Eberswalde) auslieh, und Herrn Dr. Z. KASZAB (Ung. Naturwiss. Museum Budapest) für die Ausleihe der Typen von *O. willbergi*.

Zur Verbreitung der Omophlina-Arten in Tadshikistan

OGLOBLIN erwähnt von *Omophlina reitteri* OGLOBLIN als Fundort Tadshikistan: Romit- und Gissarskij-Gebirgskette. Diese *Omophlina*-Art hat in Tadshikistan eine weitere Verbreitung. Ich fand *O. reitteri* auf dem Berg Kwak bei Kondara sowie bei Siddi auf Umbelliferen, zumeist in Gesellschaft der *Omophlina corva* (SOLSKY). Die in Tadshikistan sehr häufige *Omophlina arcuata* geht besonders an die Blütendolden des Prangos pabularia LINDL.

Summary

OMOPHLINA MUMINOVI SP. N. FROM TADZHIKISTAN, INCLUDING A NOTE TOWARDS DISTRIBUTION OF TADZHIK OMOPHLINA SPECIES

Omophlina muminovi sp. n. from steppe biotopes (Salsola sp.) in the Tadzhik SSR (USSR) is described. Diagnostic characters compared to the near related *O. willbergi* RTT. are given. A short remark on distribution of three further *Omophlina* species in Tadzhikistan is added.

Literatur

OGLOBLIN, D. A. u. ZNOJKO, D. V., 1950: Alleculidae (Teil 2). Fauna SSSR, Tom XVIII, Lief. 8, pp. 30–38.

Anschrift des Autors:
W. H. Muche, DDR – 8142 Radeberg, Postfach 62.

Faun. Abh. Mus. Tierk. Dresden, Bd. 7, 1979, 2. Teilband
Akadem. Verlagsgesellschaft Geest & Portig K.-G. Leipzig
Genehm.: Min. f. Kultur, Nr. 105/11/79 III-19-2

Berichtigung

In Nr. 15 (SCHLAWE) muß auf Seite 154 unter dem Abschnitt 3.1.2.1. *(G. angolensis)* die 1. Textzeile nach der Symbolerklärung („Das nördlichste Vorkommen ...") durch die folgende Zeile ersetzt werden:

Die nördliche, sehr undeutlich zu beschreibende Verbreitungsgrenze verläuft von W beim

Übersicht über die herausgegebenen Publikationen

Reichenbachia

Fachgebiet: Taxonomie (Neubeschreibungen, Revisionen und andere taxonomische Arbeiten mit geringem Umfang).

Tiergruppen: Insecta, Myriapoda, Arachnida.

Entomologische Abhandlungen

Fachgebiete: Taxonomie (Bestimmungstabellen, Monographien und andere taxonomische Arbeiten mit größerem Umfang), Phylogenie, Evolution, Morphologie, Anatomie, Biologie, Ökologie, Zoogeographie.

Tiergruppen: Insecta, Myriapoda, Arachnida.

Faunistische Abhandlungen

Fachgebiet: Faunistik. Diese Reihe dient auch zur Veröffentlichung faunistischer Kurzmitteilungen.

Tiergruppen: alle Gruppen mit Ausnahme der Protozoa.

Zoologische Abhandlungen

Fachgebiete: Taxonomie, Phylogenie, Evolution, Morphologie, Anatomie, Biologie, Ökologie, Zoogeographie.

Tiergruppen: Vertebrata; daneben Evertebrata mit Ausnahme der Insecta, Myriapoda, Arachnida, Mollusca und Protozoa.

Malakologische Abhandlungen

Fachgebiete: Taxonomie, Phylogenie, Evolution, Morphologie, Anatomie, Biologie, Ökologie, Zoogeographie.

Tiergruppe: Mollusca.

Übersicht über die erschienenen Publikationen

Nach 1945 erschienen folgende Bände:

Abhandlungen und Berichte aus dem Staatlichen Museum für Tierkunde in Dresden

Bände 21 (1953) – 25 (1960)
(Band 21 ist vergriffen).

Ab 1961 wurden die „Abhandlungen und Berichte aus dem Staatlichen Museum für Tierkunde in Dresden“ in zwei Reihen unterteilt:

Entomologische Abhandlungen

Ab Band 26 (1961–1962) ff.
Zu den Bänden 36, 37, 39 und 40 erschienen Supplementbände.

Zoologische Abhandlungen

Ab Band 26 (1961–1964) ff.
Ab Band 26 ohne Insecta, ab Band 27 ohne Mollusca.
(Bände 26–29 sind vergriffen).

Im Zeitraum von 1962–1964 wurden zusätzlich die folgenden Reihen neu eingerichtet:

Reichenbachia

Ab Band 1 (1962–1963) ff.

Faunistische Abhandlungen

Ab Band 1 (1963–1966) ff.

Malakclogische Abhandlungen

Ab Band 1 (1964–1967) ff.

Alle genannten Reihen erscheinen fortlaufend, jedoch zwanglos und ohne feste Bindung an das Kalenderjahr.

III-9-16 Jt 1943/75 10 T. (30045/9)

FSC
www.fsc.org
MIX
Papier | Fördert
gute Waldnutzung
FSC® C083411

Zeitfracht Medien GmbH
Ferdinand-Jühlke-Straße 7
99095 Erfurt, Deutschland
produktsicherheit@kolibri360.de